轨道交通网络化运营组织理论与关键技术

Operational Theories and Key Technologies of Rail Transit Networks

毛保华　刘明君
黄荣　杜鹏　等著

科学出版社

北京

内 容 简 介

本书针对成网条件下轨道交通运营组织理论与关键技术进行了较为系统的探讨和分析,旨在为做好轨道交通系统的网络化运营组织和管理工作进行探索。全书研究了网络化运营组织模式、资源共享技术、运营组织方法及实施技术,突出网络运营条件下的技术、经济和管理特点,并结合大量国内外经典案例进行分析,力求给读者提供一幅较为生动的轨道交通网络化运营全景图。

本书可作为从事轨道交通运营管理工作、科学研究工作的专业人员的研究参考书,也可作为高等院校轨道交通与城市交通相关专业高年级本科生及研究生的参考教材或教学参考书。

图书在版编目(CIP)数据

轨道交通网络化运营组织理论与关键技术＝Operational Theories and Key Technologies of Rail Transit Networks/毛保华等著. —北京:科学出版社,2011

ISBN 978-7-03-030612-8

Ⅰ.轨… Ⅱ.毛… Ⅲ.城市铁路-运营管理-网络化 Ⅳ.U239.5

中国版本图书馆 CIP 数据核字(2011)第 046745 号

责任编辑:耿建业 汤 枫 / 责任校对:包志虹
责任印制:赵 博 / 封面设计:耕者设计工作室

科 学 出 版 社出版
北京东黄城根北街 16 号
邮政编码:100717
http://www.sciencep.com

新 蕾 印 刷 厂 印刷
科学出版社发行 各地新华书店经销

*

2011 年 4 月第 一 版 开本:B5(720×1000)
2011 年 4 月第一次印刷 印张:16 3/4
印数:1—2 500 字数:323 000

定价:60.00 元
(如有印装质量问题,我社负责调换)

前　　言

随着我国城市轨道交通的发展,不少城市的城市轨道交通系统的运营实体正逐步从单一线路模式转变为网络化线路模式,如何在网络条件下做好轨道交通系统的运营组织与管理工作备受关注。可以说,目前关于城市轨道交通网络化运营方法与技术的研究已经成为国内轨道交通行业实践的焦点。总体上看,我国轨道交通网络化运营组织目前主要还是建立在单线或局部的运营经验基础上。网络化运营组织的研究成果比较零散,对许多关键问题的研究与认识也不够深入,可以说还未能形成完整的理论与方法体系。

在这种背景下,系统研究城市轨道交通网络化运营组织理论与关键技术,探讨城市轨道交通网络化运营组织方法与理论,对提高我国城市轨道交通运营组织水平,促进城市轨道交通健康、有序发展具有重要意义。

网络化运营是指在由多线路组成的城市轨道交通线网上建立的,旨在有效满足出行者需要的安全的、可持续的运输组织方法与经营行为的总称。网络化是世界城市轨道交通运营管理发展的趋势。相对于单条线路下的独立运营,当城市轨道交通系统规模发展到由若干条轨道交通线路有经有纬、交错衔接形成整体的"网"状系统时,系统需要更加强调自身整体功能和规模效应的客观发展要求。因此,网络化运营需要通过建立安全、高效、系统的轨道交通网络运营管理体系,统筹安排既有资源,统一协调线、网间关系,实现线、网运营的有效性、安全性和可靠性,实现网络运营的社会效益、经济效益最大化。

本书是国内第一本系统研究轨道交通网络化运营组织理论与关键技术的专著。根据在该领域内长期的研究成果,作者比较系统地阐述了城市轨道交通网络化运营组织模式、资源共享技术、运营组织理论及方法,丰富了既有的城市轨道交通运营组织理论与技术,对我国城市轨道交通网络化运营实践具有重要的指导意义。本书的重点是城市轨道交通运营管理中的典型问题,其内容结合了国内城市轨道交通发展战略以及城市轨道网络化运营特点,一方面从运营组织模式、票务清算技术、票价补贴技术、资源共享、应急处理、信息共享对轨道交通网络化运营组织模式与资源共享技术进行了详细论述;另一方面,作者还结合国内外经典案例,从换乘组织、过轨组织、共线运营、多交路运营、快慢车结合、可变编组等方面对网络化运营技术进行了深入探讨,并对网络化运营环境下线路通过能力计算方法、列车运行计划编制方法和网络化服务水平分析与评价方法进行了研究。作者希望通过对上述内容的研究,能够补充国内轨道交通网络化运营组织理论领域的研究不足,为深化城市轨道交通的运营实践奠定基础。

　　本书是作者以多年科学研究工作为基础,在城市交通复杂系统理论与关键技术教育部重点实验室的工作中完成的。全书的具体分工为:毛保华撰写了前言、第1、2章和第14章第1、2、5节;刘智丽撰写了第3章;柏赟撰写了第4章;高利平撰写了第5、11章;刘明君撰写了第6、10、12章;杜鹏撰写了第7章和第14章第3、4节;黄荣撰写了第8、9、13章。

　　围绕本书著述内容开展的相关研究包括国家自然科学基金项目(60634010,70971010),科技部基础科学研究计划项目(2006CB705507)以及铁道部科技发展计划项目(2005K003-C(X))。研究工作还得到了国家发展和改革委员会基础产业司、北京市基础设施投资有限公司、北京市城市规划设计研究院、北京市交通委员会路政局、中铁第四勘察设计院集团有限公司、中国地铁工程咨询有限责任公司、铁道第三勘察设计院集团有限公司、中铁第一勘察设计院集团有限公司、中铁工程设计咨询集团有限公司等单位的支持。在著述过程中,得到了王庆云、郑剑、蒋玉琨、焦桐善、全永燊、沈景炎、高世廉、田振清、郭春安、朱军、郭小碚、程先东、刘迁、边颜东、秦国栋、孙壮志、许双牛、卫和君、方琪根、苏梅、李建新、聂英杰、李凤军、刘剑锋、张凌、陈鹏、陈团生等专家的帮助和指导。研究与著述过程中,北京交通大学城市轨道交通系彭宏勤、刘海东、王保山、徐彬、丁勇以及杨远舟、赵宇刚、李枭、王冬博、马超云、黄宇、吴燕伶、蒋文、陈涛、吴珂琪等同志参加了相关项目研究工作。出版过程中得到了北京交通大学交通运输学院和科学出版社的支持。全书著述中引用了大量同行的研究成果,作者在此一并表示衷心感谢。

作　者

2011 年 3 月

目　　录

下篇　网络化运营组织方法与实施技术

上篇 网络化运营组织模式与资源共享技术

资源的共享与运行过程的协调是提高轨道交通网络整体运营效率的基础。服务于城市社会运转与居民日常生活的城市轨道交通系统具有明显的公益性。随着我国城市轨道交通网络规模的扩大与运输组织网络环境的形成,研究轨道交通网络化运营组织理论与应用技术具有重要的现实意义。本篇结合对轨道交通网络化运营组织基本特征的分析,在借鉴国内外轨道交通系统运营管理经验的基础上,从宏观上探讨了网络化运营组织管理模式,研究了网络化运营环境下多运营商的票务清算方法与技术。鉴于轨道交通的公益性与企业经营上的实际困难,本篇还探讨了政府对轨道交通企业运营的补贴技术。最后,本篇讨论了轨道交通网络环境下的运营资源共享技术,研究了网络化运营条件下应急事件的处理技术。

第1章 轨道交通网络化运营组织特征

1.1 概　　述

随着城市化进程的迅速推进以及大城市人口的急剧膨胀,城市交通需求与交通供给日益突出的矛盾所导致的交通拥堵及其伴生的交通安全、环境污染、交通能耗等问题已成为世界各国普遍面临的社会问题,严重影响着城市的经济建设和运转效率,并成为制约城市可持续发展的主要瓶颈。在此背景下,优先发展公共交通成为有效缓解城市交通问题的首选;城市轨道交通以其大运量、低能耗、高效率、高环保的特有优势,在大城市公共交通体系中占有重要地位,布局合理、公众欢迎的轨道交通已成为城市交通现代化的重要标志之一。

21 世纪以来,我国各大城市的轨道交通已经进入一个新的快速发展时期,以北京、上海、广州为代表的一批大城市先后规划了较大规模的远景线网并相继建设与投入运营。截至 2010 年年底,北京、上海、广州等 12 个城市已经开通轨道交通运营线路长度近 1400km,再加上已批准建设的哈尔滨、长沙、杭州、西安、苏州等城市在建和规划线路,到 2015 年将建成 87 条线路约合 2495km 城市轨道交通线路,在建线路总投资接近 1 万亿元。根据国务院国办发[2003]81 号文提出的建设地铁的 3 个指标,即城市人口超 300 万、GDP 超 1000 亿元、地方财政一般预算收入超 100 亿元,目前全国有近 50 个城市符合条件,我国轨道交通发展潜力巨大。伴随着北京奥运会、上海世博、广州亚运会的筹备与承办,这三个城市已经成为我国内地城市轨道交通网络化运营的先驱,2010 年年底运营里程均超过了 200km。

2003 年,北京市对城市轨道交通线网进行了第五轮调整,编制完成了《北京城市轨道交通线网调整规划(2050 年)》,规划线网由 22 条线路组成(其中地铁线路 16 条,轻轨线路 6 条),规划线路总长度 700.6km。2010 年 12 月,开通运营的线路有 1 号线、2 号线、八通线、4 号线、5 号线、13 号线、10 号线一期、奥运支线、机场轨道线、亦庄线、房山线、昌平线、大兴线以及 15 号线等 14 条线路,运营总里程达到 336km。

2007 年,上海市对城市轨道交通线网进行了最新一轮的调整,编制完成《上海城市轨道交通线网规划(2020 年)》,规划线网由 18 条线路组成,规划线路总长度 877km;到 2010 年 6 月,开通运营的线路有 1～10 号线以及 13 号线等 11 条线路,运营总里程达到 410km。

2008 年,广州市对城市轨道交通线网进行了最新一轮的调整,编制完成《广州市轨道交通线网规划(2040 年)》,规划线网由 20 条线路组成,规划线路总长度 761km。到 2010 年 11 月,开通运营的线路有 1～5 号线、广佛线等共计 8 条线路,运营总里程 236km。

我国的轨道交通建设虽然始于 20 世纪 60 年代,但在很长一段时期内,由于开通的轨道交通线路数量少,各城市均以单线模式进行城市轨道交通线路运营组织。随着轨道交通网络规模的扩大,这种运营组织模式已难以适应网络化的运营需求。

网络化运营是指在由多线路组成的城市轨道交通线网上建立的,旨在有效满足出行者需要的安全的、可持续的运输组织方法与经营行为的总称。相对于单条线路下的独立运营来说,网络化运营实际上是在城市轨道交通系统规模发展到由若干条轨道交通线路有经有纬、交错衔接形成整体的"网络"状态时,系统强调自身整体功能和规模效应的一种客观发展要求。

线网是城市轨道交通网络化运营的基础设施。从整体看,线网本身的物理结构形态,决定了网络的服务区域与辐射范围;从局部看,线路中的换乘站、折返线、越行线、联络线等基础设施的设置情况,从根本上制约着网络化运营组织方法与技术的应用。同时,服务对象的实际需求是确定网络化运营组织方法的基本依据,即列车开行方案必须适应线网覆盖区域内不同客流特征。

综上所述,本章将主要从线网形态和客流特征两方面来研究城市轨道交通网络化运营特征。线网形态研究着重分析线路几何形态和换乘站衔接线路模式两方面;客流特征研究主要探讨网络状态下的客流空间分布特征和换乘客流特征。

1.2　轨道交通线网形态分析

不同城市其城市功能、区位、用地布局、人口分布等存在差异,轨道交通线网规模大小、线路走向也有所不同,从而轨道交通线网的整体结构形态也各不相同。可以说,世界上任何一个城市的轨道交通线网形态和规模都是独一无二的,鉴于此,这里不考虑线网规模、线路走向、车站设置等因素,单纯从线网几何形态角度探讨网络化运营环境下城市轨道交通线网特征。

1.2.1　线网基本形态和特点

轨道交通线网结构的几何形态,是轨道交通系统在城市空间布局中的点、线、面的组合。线路是最基本的要素,线路越长,线路数越多,所构成的线网形态就越复杂。若干条线路的交汇、衔接所形成的节点一般就是线网的换乘枢纽,交织成"网"的轨道交通线路所覆盖的区域,决定了线网的服务和辐射范围。

　　将轨道交通线网的形态抽象化,可以得到最常见、最基本的线网整体形态结构类型,即网格型(棋盘型)结构和放射型结构。在此基础上,考虑增加环线,则又可形成"环线＋网格型"和"环线＋放射型"两类形态。

1. 网格型线网

　　线网由两组或两组以上的平行线正交而成,得到多个交叉点,基本几何形态为"艹"字形[如图 1-1(a)所示]。

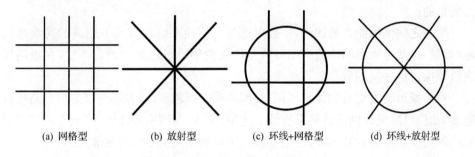

(a) 网格型　　　　(b) 放射型　　　　(c) 环线+网格型　　　　(d) 环线+放射型

图 1-1　轨道交通线网基本类型

　　这种线网形态的特点是多点四方向,在每个点上均有可通往四个方向的路径;平行线之间的点需要二次换乘到达,而任意两点之间也最多仅需二次换乘。

2. 放射型线网

　　线网自某中心点(从城市空间布局上看,一般位于市中心区)出发,向周边放射形伸展,基本几何形态为"米"字形[如图 1-1(b)所示]。

　　这种形态的特点是交叉点上向各处的出行最为便捷,即一点多方向、轮轴辐射特点;而交叉点以外各点到其余各处都需要到中心点换乘,因此中心点换乘压力很大,为解决此问题,通常做法是将一个中心分散为几个连接点。

3. 增加环线线网

　　分析上述两种基本形态,存在一个共同的弊端:任意两条线路的远中心端之间的 OD 对必须通过迂回路径才能到达,为提高线网的便捷性,一般在这两种基本形态上增加弧线或环线[如图 1-1(c)和(d)所示]。

　　由于远中心端往往位于城市边缘地区,必须当远中心端之间的客流数量大到一定程度时才考虑增加相应的弧线或环线,以便适应这些地区之间的交通需求。

1.2.2　换乘便捷性

　　城市轨道交通线网的形态决定了乘客能否通过轨道交通线路完成出行以及是

否需要换乘。随着城市轨道交通线网规模的扩大,线网内换乘总量大幅提高,由此对乘客的出行时间效益及线网的服务水平造成的影响随之增大。从乘客的个体出行行为上看,随着出行距离的增大,换乘次数对于路径选择的影响也随之增大。因此,从线网层面考查换乘能力的优劣应成为选择线网形态的一个重要依据。

一般而言,城市轨道交通线网敷设于城市地下,一旦建成,线网形态难以发生改变。因此,不同线网形态的换乘能力的差异性,必须在线网规划阶段予以充分考虑,通过合理地选择线网形态,尽可能减少乘客的换乘次数,达到提高线网换乘能力的目的。

线路之间换乘能力的评价,一般可通过一定换乘组织方式下完成的换乘客流量(数量)以及考虑时间价值的出行者总广义费用(质量)来实现。不过,在线网规划阶段探讨这些问题似乎并不现实。

对于城市轨道交通的规划线网,线网换乘节点越多,乘客可选择的出行路径就越多,相应可降低线网的总换乘次数。这里,引入"线网换乘便捷性"概念以探讨规划线网的换乘能力的差异性,与之直接相关联的是线网中的换乘节点数。

以线网中两两线路间的换乘节点数可定义线网的换乘便捷性矩阵,即

$$D_{m \times m} = (d_{ij}) \tag{1-1}$$

$$d_{ij} = \begin{cases} \lambda_{ij} & i \neq j \\ 0, & i = j \end{cases} \quad i = 1, 2, \cdots, m, j = 1, 2, \cdots, m \tag{1-2}$$

式中,m 为线路条数(单位:条);λ_{ij} 为线路 i 可换乘到线路 j 的站点数(单位:个);d_{ij} 为线路 i 和线路 j 之间的直接换乘节点的数目(单位:个),当两条线路不存在直接换乘关系时,$d_{ij} = 0$。

以矩阵元素和与线路数量的比值 K,即线网中各线路与其他线路的换乘点数量的平均值,可定义线网的换乘便捷性(可称之为线网换乘便捷性指数)K:

$$K = \sum_{i=1}^{m} \sum_{j=1}^{m} d_{ij} / m \tag{1-3}$$

显然,当线网的规模一定时,换乘便捷性指数 K 越大,乘客的平均换乘次数越少,即线网的换乘便捷性越好。

假设一个由 5 条线路组成的简单线网,如图 1-2 所示。

统计得到线网的换乘便捷性矩阵,如表 1-1 所示。矩阵的行标与列标表示对应的线路标号,行数与列数均等于线网内的线路数目;得到的线网换乘便捷性矩阵是一个对称矩阵,即 $d_{ij} = d_{ji}$。

线网的换乘便捷性为:$K = 3.2$。

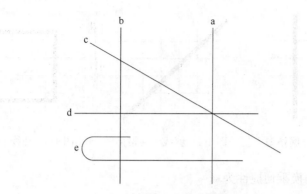

图 1-2 某简单线网示意图

表 1-1 某简单线网的换乘便捷性矩阵

线路	a	b	c	d	e
a	0	0	1	1	1
b	0	0	1	1	2
c	1	1	0	1	0
d	1	1	1	0	0
e	1	2	0	0	0

1.2.3 典型线网的换乘便捷性分析

基于上述线网换乘便捷性,可以就各种典型的线网形态来分析线网换乘便捷性,即探讨相同线网规模下,增加不同形态的线路对线网换乘便捷性的边际贡献。进一步,改变换乘节点的衔接线路数,可探讨 3 线换乘、多线换乘车站与换乘便捷性、换乘车站数量的关系。

1. 典型线网形态的换乘便捷性边际贡献分析

设定图 1-1(a)所示的基础线网。由 n 条横线、l 条纵线组成的典型网格型线网,形成 $n \times l$ 个两线交叉的换乘节点;增加横线第 $n+1$ 条,形成 $(n+1) \times l$ 个节点;增加纵线第 $l+1$ 条,形成 $(l+1) \times n$ 个节点。

对于简化为几何形态的线网,相同的线网规模即简化为相同的线路数量,令 $m = n+l$,则基础线网的换乘便捷性指数为

$$K_基 = 2(n \times l)/m \tag{1-4}$$

1) 网格型

在基础线网上,增加平行线路。不妨假设增加线路为纵线第 $l+1$ 条(即线网中的第 $m+1$ 条),则线网仍为网格型(图 1-3,粗线为增加线路)。

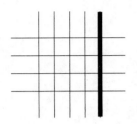 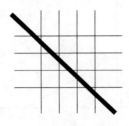 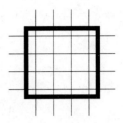

图 1-3　平行线＋网格型　　图 1-4　斜线＋网格型　　图 1-5　环线＋网格型

网格型线网的换乘便捷性为

$$K_{格} = 2[n \times (l+1)]/(m+1) \tag{1-5}$$

增加平行线路对线网换乘便捷性的边际贡献为

$$\Delta K_{格} = K_{格} - K_{基} = 2n^2/[m \times (m+1)] \tag{1-6}$$

2）斜线＋网格型

在基础线网上，增加对角贯穿线路，与其他所有线路相交一次。不妨假设增加的斜线标号为第 $m+1$ 条，如图 1-4 所示（粗线为增加线路）。

斜线＋网格型线网的换乘便捷性为

$$K_{斜} = 2(n \times l + n + l)/(m+1) \tag{1-7}$$

增加斜线线路对线网换乘便捷性的边际贡献为

$$\Delta K_{斜} = K_{斜} - K_{基} = 2(n^2 + m \times l)/[m \times (m+1)] \tag{1-8}$$

3）环线＋网格型

在基础线网上，增加环形线路，与其他所有线路相交两次。不妨假设增加的环线标号为第 $m+1$ 条，如图 1-5 所示（粗线为增加线路）。

环线＋网格型线网的换乘便捷性为

$$K_{环} = 2[n \times l + 2(n+l)]/(m+1) \tag{1-9}$$

增加环线线路对线网换乘便捷性的边际贡献为

$$\Delta K_{环} = K_{环} - K_{基} = 2(n^2 + m^2 + m \times l)/[m \times (m+1)] \tag{1-10}$$

比较三类线网的换乘便捷性：

由于 $n > 0, l > 0, m > 0$，则 $\Delta K_{环} > \Delta K_{斜} > \Delta K_{格}$，因此，$K_{环} > K_{斜} > K_{格}$。三种线形的边际贡献与基础网格线网规模的函数关系如图 1-6 所示。

通过以上分析，得到如下的结论：

（1）理论计算结果表明，线网建设过程中，增加不同线形的线路对线网换乘便捷性 K 的边际贡献不同，有"环线＞对角线＞平行线"的规律。

（2）加入平行于原线网中的线路，提高的换乘便捷性较小，同时对原线网覆盖的区域改善作用不明显。

（3）加入对角线后提高的换乘便捷性高于平行线，主要是改善对角线周边线

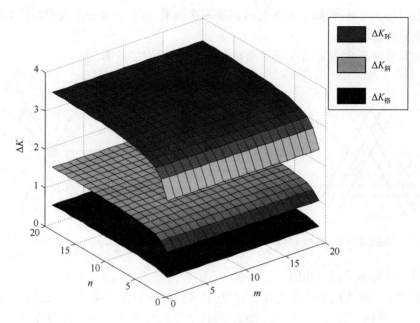

图 1-6　三种线形的边际贡献

网的换乘便捷性。

（4）加入环线或大弧度曲线后,原线网换乘便捷性提高最大,同时对于增加环线周边及环线以外的换乘便捷性、改善原线网覆盖区域的作用明显。

（5）上述比较结果表明,线网完善过程中线路条数的增长总是低于换乘点的增长。因此,总体而言,线网规模越大,换乘问题解决得越好;相反,出现换乘压力大、感觉换乘问题严重是轨道交通建设初期线网不完备时的普遍问题。

2. 多线换乘节点的换乘便捷性贡献分析

以上三种形态中,换乘节点均为 2 线换乘。在这种情况下,换乘便捷性 K 与换乘节点(换乘站)个数 N 成正比,即换乘便捷性的提高意味着换乘车站的增加、线路建设工程费用的增加。

因此,可以通过合理设置换乘站的衔接线路数,保证换乘站的数量维持在一个适当的范围内:线网中的换乘站太多,将增加工程费用和运营费用;换乘站太少,则将导致单个换乘站的负荷过重,降低换乘站的服务水平。

以下进一步探讨 3 线换乘、多线换乘的线网形态对换乘便捷性的贡献。为便于比较,不妨设 $m = 9$。

1）2 线换乘平行三角网

由 3 组 3 条平行线交叉而成的正三角形线网,该线网标记为 a,如图 1-7 所示。

所有节点均为 2 线换乘,每组平行线间需两次换乘、其余各线一次换乘即可实现任意两点间的出行。

换乘节点个数 $N = 27$;计算可得线网换乘便捷性为:$K_a = 6$。

图1-7　2线换乘平行三角网 a　　图1-8　3线换乘平行三角网 b　　图1-9　多线换乘放射网 c

2) 3 线换乘平行三角网

平移上一种线网中的各条线路,3 组平行线紧密衔接后形成 3 线换乘平行三角网,该线网标记为 b,如图 1-8 所示。共计 7 个三线节点,6 个两线节点。

换乘节点个数 $N = 13$;计算可得线网换乘便捷性为:$K_b = 6$。

3) 多线换乘放射网

取消上一种线网的各线之间的平行关系,并且使节点进一步紧凑形成一个节点,即典型的放射型线网,该线网标记为 c,如图 1-9 所示。线网中仅有一个 9 线换乘的节点,任意线路之间可以两两换乘。

换乘节点个数 $N = 1$;计算可得线网换乘便捷性为:$K_c = 8$。

可以看出,形成换乘便捷性差异的原因可分析如下所述。

(1) 图 1-8 的线网与图 1-7 的相比,由于线网中央存在 7 个 3 线换乘节点,因此只需 13 个换乘节点就能达到与图 1-7 线网形态中 27 个换乘节点等同的通达效果。这两种特定形态下,3 线换乘节点比 2 线换乘节点的换乘便捷性高 200%。

虽然单个 3 线或多线换乘站的造价比 2 线换乘站大且承担的换乘压力大,但线网中总的换乘站数目要少得多。因此,在换乘站数一定情况下,合理选取 3 线或多线换乘枢纽是提高线网换乘便捷性的有效方法。

(2) 图 1-9 是一种较为极端的做法,它直观地表明:取消或减少平行线和建设多线换乘枢纽对于提高线网换乘便捷性有着明显的作用。

(3) 三种线网虽然只是特定线路数、特定线间关系下的简单示例,但其节点数和换乘便捷性的演变趋势表明:在线网规划和建设中,可通过合理设置 3 线和多线换乘站使换乘站数量维持在一个适当范围内,同时保证线网的换乘便捷性。

1.2.4 东京与北京线网换乘便捷性分析

基于换乘便捷性和换乘节点个数的计算,下面选取国内外两个典型的城市轨道交通线网(日本东京的营团地铁线网和中国北京的城市轨道交通线网)为案例进行对比研究,探讨两者的换乘便捷性差异。

1. 东京营团地铁线网

2009 年,日本东京营团地铁线网由 9 条线路组成,营业里程全长 195km。不考虑营团地铁线网与外部轨道交通线网(东京都营地铁及 JR 铁路、民营铁路)的换乘连接,线网的线路与换乘节点分布如图 1-10 所示。其中,大节点表示 3 线及 3 线以上的多线换乘节点。

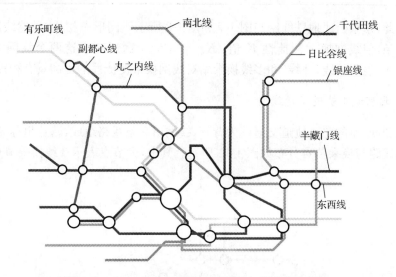

图 1-10 2009 年东京营团地铁线网与换乘节点分布

东京营团地铁线网共有 25 个换乘站,即 $N = 25$。由换乘站的情况计算线网的换乘便捷性矩阵,如表 1-2 所示。

计算可得东京营团地铁线网的换乘便捷性为:$K_东 = 12.9$。

分析东京营团地铁线网的 25 个换乘节点,有 6 个节点是 3 线换乘,2 个节点是 4 线换乘,1 个节点是 5 线换乘(多线换乘节点参见图 1-10),其余 16 个节点是 2 线换乘;大部分线路走向呈大弧度曲线线形,存在两线间通过多个换乘节点连接的情况,该形式类似于几何形态中的环线。

表 1-2　东京营团地铁线网的换乘便捷性矩阵

线路	日比谷线	银座线	丸之内线	东西线	南北线	有乐町线	千代田线	半藏门线	副都心线	合计
日比谷线	0	3	2	1	1	1	2	0	0	10
银座线	3	0	3	1	2	1	2	5	1	18
丸之内线	2	3	0	1	4	2	4	2	2	20
东西线	1	1	1	0	1	1	1	2	0	8
南北线	1	2	4	1	0	3	1	1	0	13
有乐町线	1	1	2	1	3	0	1	1	2	12
千代田线	2	2	4	1	1	1	0	2	1	14
半藏门线	0	5	2	2	1	1	2	0	1	14
副都心线	0	1	2	0	0	2	1	1	0	7
合计	10	18	20	8	13	12	14	14	7	116

因此,东京营团地铁线网与图 1-7 和图 1-8 所示线网形态相比,虽然线路数量均为 9 条,但线网换乘便捷性 K 值($K_东 = 12.9$)远远高于这两个线网($K_a = K_b = 6$),表明弧线(环线)和多线换乘站对线网换乘便捷性的提高具有积极贡献。

2. 北京城市轨道交通线网

以 2009 年的北京轨道交通网为背景,线网由 9 条线路组成,营业里程 228km。线网的线路与换乘节点分布如图 1-11 所示。其中,大节点表示 3 线换乘节点。

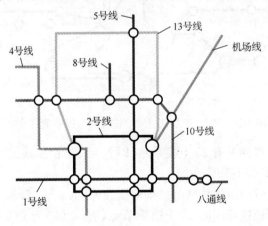

图 1-11　2009 年北京城市轨道交通线网与换乘节点分布

北京城市轨道交通线网共有 19 个换乘站,即 $N = 19$。由换乘站的情况计算线网的换乘便捷性矩阵,如表 1-3 所示。

表 1-3　北京城市轨道交通线网的换乘便捷性矩阵

线路	1 号线	2 号线	4 号线	5 号线	8 号线	10 号线	13 号线	八通线	机场线	合计
1 号线	0	2	1	1	0	1	0	2	0	7
2 号线	2	0	2	2	0	0	2	0	1	9
4 号线	1	2	0	0	0	1	1	0	0	5
5 号线	1	2	0	0	0	1	1	0	0	5
8 号线	0	0	0	0	0	1	0	0	0	1
10 号线	1	0	1	1	1	0	2	0	0	7
13 号线	0	2	1	1	0	2	0	0	0	7
八通线	2	0	0	0	0	0	0	0	0	2
机场线	0	1	0	0	0	1	1	0	0	3
合计	7	9	5	5	1	7	7	2	3	46

计算北京城市轨道交通线网的换乘便捷性为：$K_北 = 5.1$。

19 个换乘节点中，仅有 2 个节点是 3 线换乘，其余 17 个节点均是 2 线换乘；且大部分线路走向呈平行线线形，仅有 1 条斜线、1 条环线、1 条大弧度曲线，两线间最多仅有 2 个换乘节点连接且大部分线间仅有 1 个换乘节点。

北京轨道交通线网与东京营团地铁线网的线网规模接近，线路数量均为 9 条，但由于线网形态的差异，换乘便捷性差距显著。换乘便捷性 K 值（$K_北 = 5.1$）大大低于东京营团地铁线网，换乘便捷性仅为后者（$K_东 = 12.9$）的 40%（表 1-4）。

表 1-4　案例线网的比较数据

城市	线路数/条	运营里程/km	换乘车站数/个	多线换乘车站数/个	换乘便捷性
东京	9	195	25	9	12.9
北京	9	228	19	2	5.1

进一步分析产生换乘便捷性差异的原因，主要得到以下几点结论。

（1）两个线网的换乘节点分别为 19 个和 25 个。北京轨道交通线网是在网格型结构的基础上建立的，多为纵横方向的平行线，故两线之间的换乘节点较少；而东京营团地铁线网的大部分线路走向呈大弧度曲线线形，存在两线间通过多个换乘节点连接的情况。

（2）北京轨道交通的中心区线网中缺少有效率的对角形态的线路，这是形成换乘差异的重要结构原因。

（3）北京轨道交通线网只有 2 个换乘节点实现了 3 线换乘，仅占全部换乘节点的 10%，其余换乘节点均为 2 线换乘（参见图 1-11），连通功能较差；而东京营团地铁线网的多线换乘节点占全部换乘节点的 36%（参见图 1-10）。

综上所述,以网格型结构为基础的线网,换乘便捷性较低是其突出的缺陷所在,直接影响了网络化运营的效率。

随着北京轨道交通线网的继续发展,在规划与建设过程中,建议在扩展规模的同时,注重提高轨道交通的换乘便捷性。一方面应当在线网规划中注重研究换乘站本身的结构,适时地选择适宜的地点增加3线、多线换乘站的设置;另一方面,注意线网形态对换乘便捷性的影响,加强对对角线、大弧度曲线、环线线形的研究,在工程技术允许的条件下,在线网中增加这三种线形的线路,从本质上提高轨道交通线网的换乘便捷性。

1.3　网络化运营客流特征

轨道交通网络的运输能力,必须与其服务区域内的客流相适应,同时兼顾地域空间、时间的适配。轨道交通线网运营组织方法也需要与城市空间、土地利用、客流分布等相适配,以保障各条线路组合或合作形成统一的高效运营整体。

1.3.1　连接市郊线路的客流空间分布特征

一般而言,一条城市轨道交通线路上客流的空间分布可通过车站乘降人数和线路断面客流量体现。由于轨道交通线网中的线路途经区域的用地性质不同,线路覆盖区域内的客流集散点的数量和规模不同,这些导致了线路各个车站的乘降人数不同,从而形成了线路单向各个断面的客流的不均衡性。

此外,客流分布还会受到线路本身的设置情况的影响,如沿线车站、换乘车站的位置及其站间距,线路中单线、共线、平行线、环线的设置等,这些都是轨道交通客流分布的重要影响因素。

轨道交通线网中,线路单向各个断面客流的不均衡系数,可按下式计算:

$$\alpha_k = A_{\max} / \left(\sum_i A_i / n \right) \qquad (1\text{-}11)$$

式中:α_k 为单向断面客流不均衡系数;i 为断面序号;A 为单向断面客流量(单位:人次);n 为单向全线断面数(单位:个)。

网络规模扩大过程中,部分线路的一端或两端可能延伸到城市的近郊地区甚至远郊区,从而出现一端连接市中心区一端连接郊区,或者贯穿市区而两端连接郊区的线路。与中心区线路相比,这类线路客流空间分布有以下几个特征。

1. 全线客流不均衡,呈凸型或单向增减分布

这类线路的客流空间分布与一般轨道交通线路的相同点在于它同样受到用地性质差异而出现客流空间分布不均衡的现象。

差异在于:中心区的线路上,这种不均衡的现象一般并不沿着线路的走向出现规律的递增或者递减;在连接郊区的城市轨道交通线路上,断面客流和乘客乘降量总体出现较为明显的单向递增或者递减,这是由于市区客流与郊区客流特征的巨大差异造成的。一般而言,单向最高断面流量出现在市区的边缘区域。

2. 高峰时段断面客流的潮汐特征明显

连接郊区的城市轨道交通线路上,早晚高峰通勤客流的影响尤为突出,同时由于行程较远,出行时间较长,断面客流的潮汐现象比市区线路更加明显且持续时间更长。

从沿线车站乘客乘降量来看,其分布的曲线特征和最高点与全日的呈基本吻合的变化趋势。图 1-12 所示为 2005 年北京城铁 13 号线早晚高峰时段进出城客流分布情况,早高峰时段通过轨道线路进出四环的居民出行量之比为 3.1∶1。

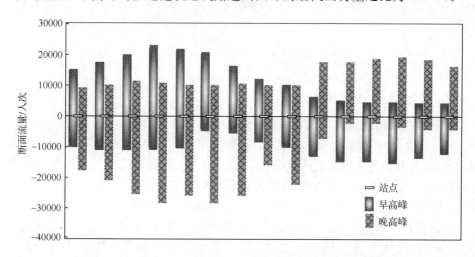

图 1-12　2005 年北京城铁 13 号线高峰时段进出城客流分布

3. 各区段客流交换量不均衡

根据断面客流情况,将断面客流量相近的各站间划为同一个区段。研究各区段的客流 OD 特征,进而分析各区段客流交换量。该指标可以进一步反映线路客流空间分布的不均衡性。根据客流交换性质,可以从两两区段间的交换量、区段内部的交换量以及两者之和的总交换量这三个方面来考查各区段的客流交换特征。由于市区客流与郊区客流的明显差异,一般而言,区段间的最大交换量出现在这两个区段之间。交换总量最大的区段,一般位于城市的边缘区,即市区客流与郊区客流的结合部。

区段客流交换量是设定长短交路、快慢车站停方案的基本依据。规划中的北京地铁 6 号线是典型的一端连接市中心区一端连接郊区的线路,北京交通发展研究中心对该线路进行了客流预测,以下利用其中的 2038 年预测数据,对区段客流交换量进行案例研究。

根据断面预测客流情况,将全线划分为 A～E 共 5 个区段,预测结果如图 1-13 所示。

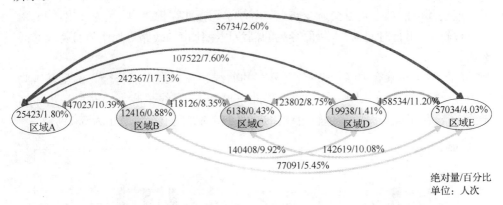

图 1-13　北京地铁 6 号线 2038 年全日 OD 区段交换量

从区段交换量的性质来看,区段间交换量最大的为 A～C 段,日交换量约为 24.24 万人次;对外交换量最大的 C 段,该段为中央商务区所处地段,其内部交换量较小,但与其他各区段的交换量最大,约为 62.69 万人次,充分说明了中央商务区的强大吸引力;内部交换量最大的为 E 段,即通州地段,日交换量约为 5.70 万人次,表明随着通州新城的开发,其内部的交通需求不断增强。

从区段的交换总量来看,C 段最高,日交换总量约为 63.30 万人次;其次是 A 段与 D 段,日交换总量分别约为 55.90 万、55.02 万人次;再次是 B 段,日交换总量约为 49.50 万人次;E 段最低,日交换总量约为 47.20 万人次。这一差距表明,由于区域的差异导致客流特征的变化,即使到 2038 年,北京市的轨道交通网络进一步完善,同时通州新城的发展达到一定程度,作为郊区段的 E 段与市中心段的 A～D 段的交通需求仍有较大的差别,适宜设置不同的列车交路。

1.3.2　线网中的区域客流的空间分布特征

城市轨道交通网络从市区逐渐扩展到整个市域,必须将客流空间分布特征由单条线路推广到整个线网,从网络运行的层面探讨线路客流的空间分布特征。

线网中每条线路(特别是连接郊区的城市轨道交通线路)具有不同方向的客流空间分布特征,综合在一起即表现出线网的总体客流空间分布特征。

在特大城市或都市圈,发达的城市轨道交通线网覆盖范围遍及整个市域。通过单条线路客流空间分布不均衡性研究,确定连接郊区的城市轨道交通各线路的最高流量客流断面,将这些断面在线网中联系起来,往往会形成围绕城市中心区的一个闭合环线或大弧度曲线。

在这个环线上,同时也是断面客流发生骤变的"临界面",往往作为设定分段区间、长短交路的依据。

2007 年,日本东京营团地铁线网主要线路在早高峰时段的最高断面客流量,如图 1-14 所示。从区域位置上看,这些客流量最大的断面基本位于东京都中心区的外围,围绕中心区形成一条闭合曲线,这条曲线也是营团地铁发生大量网内外换乘、过轨运营的区域。

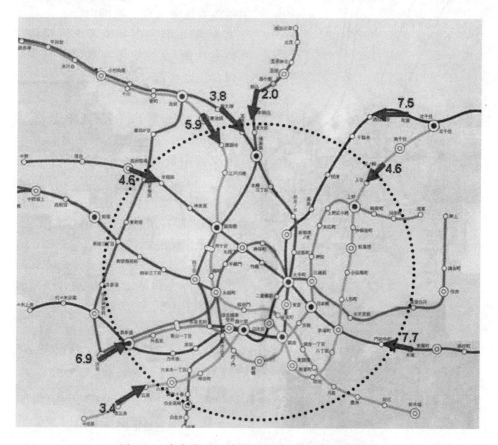

图 1-14　东京营团地铁线网各线客流量最大的断面

1.3.3　换乘客流结构特征

换乘是城市轨道交通线网中的一个重要内容,通过分析换乘客流的结构和数量,特别是换乘客流的来源与换乘目的,从而确认换乘节点乘客的换乘路径,是研究换乘客流组织、设计换乘方案的基本前提。

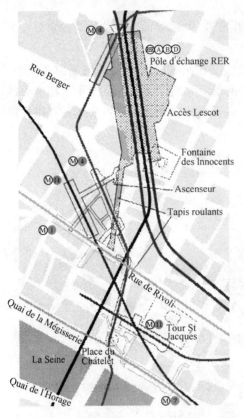

图 1-15　沙特莱车站线路交汇示意图

换乘客流可以分为线网内换乘和线网外换乘两类,对于后者,主要还可以分为公交换乘客流、自行车接驳客流以及较小部分的小汽车转移客流等三类客流。

线网内换乘是网络化运营需要重点研究的对象,也是网络化运营组织的主要服务对象。线网内重大枢纽的客流结构,特别是换乘客流占到站客流的比例,是决定换乘组织重点客流以及设定套跑交路、过轨运输、站停方案的基本依据。

法国巴黎市中心区的沙特莱(Chatelet-Les-Halles)车站是巴黎轨道交通中最具代表意义的换乘站,该车站是 3 条区域快线(RER-A、B、D)的换乘车站,同时周边还有 5 条地铁线路(M1、M4、M7、M11、M14)的车站。沙特莱车站的线路交汇情况如图 1-15 所示。

沙特莱车站 2007 年的客流统计数据如图 1-16 所示。

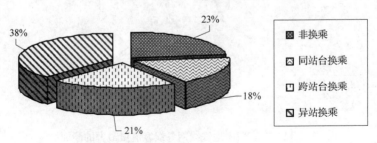

图 1-16　沙特莱车站的客流结构

该换乘车站发生吸引的日客流为 51.5 万人次。其中,11.9 万人次(13%)出入车站,为非换乘客流;9.2 万人次(18%)在同一座岛式站台的不同方向实现换乘;11.0 万人次(11%)在 RER-A、B、D 线之间进行跨台同层换乘;19.4 万人次

（38％）在 RER-A、B、D 与 5 条地铁线之间换乘。

上述日客流量中,39％为 RER 线网内的换乘,38％为 RER 线网与周边地铁线网的换乘。沙特莱车站通过 4 站台同层换乘,保证了换乘效率;为提高换乘效率,在沙特莱车站与 5 个地铁站之间专门开设了换乘通道并设置了自动人行道。

1.4　案例分析——上海

1.4.1　上海城市轨道交通发展阶段

自 1995 年 4 月轨道交通 1 号线全线(锦江乐园—上海火车站)开通投入运营以来,上海地铁运营已走过了 15 年的发展历程。截至 2010 年 6 月,上海轨道交通线网已开通运营 11 条线路、267 座车站,运营里程达 410km(不含磁浮示范线),上海轨道交通网络结构如图 1-17 所示。城市轨道交通为上海交通畅通提供了保证,特别是上海世博会期间,上海地铁网络运送乘客超过 10.5 亿人次,日均 578 万人次,共 16 次创下单日客流新高,客流最高日甚至达到 754.8 万人次。

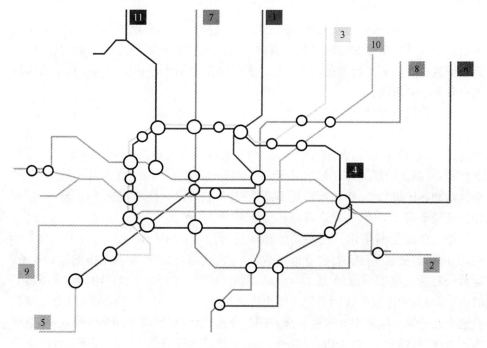

图 1-17　上海城市轨道交通网络图示

上海城市轨道交通各线路基本情况如表 1-5 所示。

表 1-5 上海轨道交通线路概况

线路	运营里程/km	车站数量/座	开通日期
1	37	28	1995 年 4 月 10 日
2	60	30	1999 年 10 月 20 日
3	40	29	2000 年 12 月 26 日
4	37	17	2005 年 12 月 31 日
5	17	11	2003 年 11 月 25 日
6	31	27	2007 年 12 月 29 日
7	34.4	27	2009 年 12 月 5 日
8	37.5	28	2007 年 12 月 29 日
9	46	23	2007 年 12 月 29 日
10	29.6	27	2010 年 4 月 10 日
11	43.6	19	2009 年 12 月 31 日
13 号线世博专线	5	3	仅世博期间运营

注:开通日期指首段开通试运营日期;世博专线仅世博期间运营,与其他线路不连通,世博会后已暂停对外运营。

目前,上海城市轨道交通 11 条正式运营线路已初步实现"互联、互通、共享及一票换乘",城市轨道交通网络化运营局面已经正式形成。根据网络运营特征、网络规模大小及功能实现情况,结合其发展过程,上海城市轨道交通网络化运营可以大致分为三个阶段。

第一阶段为网络化运营初始阶段(2005 年~2006 年)。2005 年 12 月 31 日,地铁 4 号线环线开始"C"字形试运营,有效衔接 1 号线、2 号线和 3 号线,上海轨道交通开始步入网络化运营,8 个换乘站的开通和一票换乘策略可使乘客在 5 条线上换乘,网络化的部分特征初步显现。整体上看,这一阶段的资源共享远未实现,全网功能还比较低,网络化效应还不是特别强烈,线路规模和客流量在全球范围内相比还处于第三集团,各项运营指标仍处于中等水平。

第二阶段是网络化规模和功能整体提升阶段(2007 年~2009 年)。2007 年底,上海轨道交通"三线两段"开通试运营,运营线路由 2006 年的 5 条增加到 8 条,运营线路总长达 234km,车站 160 余座,网络规模直逼东京、巴黎、柏林和莫斯科等城市,与纽约和伦敦的线网规模差距也大为缩小。上海轨道交通开始跻身于世界轨道交通的第二集团中等规模。随着网络完善,运营将呈现大网络规模效应,全网客流量接近日均 300 万人次,赶超全市公共交通出行总量的 30%。同时,网络控制保障能力加快形成,网络运营监控指挥室(COCC)初步建成运行,制定并开始实施网络化抢修布点方案,世纪大道等 5 个试点枢纽站率先实行统一管理模式,网络功能得到整体提升。

　　第三阶段始于 2010 年轨道交通运营里程超过 400km 以后。此时,网络规模仅次于纽约和伦敦,进入世界轨道交通规模第一集团。就客流量而言,2010 年达到日均 500 万人次,与莫斯科地铁的日均 900 万人次相比仍有不小差距。根据规划,上海在 2012 年完成 567km 的基本网络架设后,还将进一步建设总长 877km 的线路。与此同时,随着网络功能的不断完善,设施保障水平、客运服务水平和综合管理水平将成为运营关注的焦点。

1.4.2　线网形态分析

　　轨道交通网络是由多条轨道交通线路组成的大容量、快速客运系统,通过轨道交通车站与线路相互衔接和连接,形成规模大、功能强的客运网络,线路之间实现互联、互通、互动、资源共享,满足城市交通和乘客出行的需求。2005 年年底上海轨道交通"C"字形 4 号线的开通,标志着上海开始进入网络化运营时代。网络的快速扩充,既给上海城市轨道交通运营管理带来了巨大的发展机遇,也从行车调度、客流组织、车站管理、安全应急等多方面带来了前所未有的压力。

　　从其发展过程来看,上海城市轨道交通运营网络扩展十分迅速。国际地铁城市中,英国伦敦从 1863 年首条地铁正式开通运营到 1968 年基本形成 11 条线路、约 470km 的运营网络历时 105 年;日本从 1927 年拥有地铁至 2003 年基本形成 12 条线路、约 290km 的地铁网络历时 76 年;俄罗斯莫斯科耗时 68 年到 2003 年基本形成 12 条线路、全长约 280km 的规模稳定的地铁网络;而上海,从 1995 年首条地铁开通运营至 2010 年初步形成 11 条线路、约 410km 的运营网络仅用时 15 年,其增长速度在世界地铁史上亦为罕见。图 1-18 所示为 2002 年以来,上海城市轨道交通的运营线网长度和车站数目的快速增长情况。

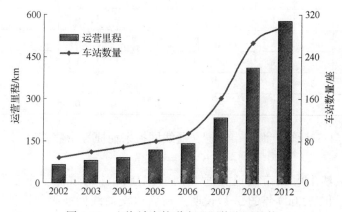

图 1-18　上海城市轨道交通网络发展趋势

规划建设中的上海轨道交通网络不仅规模庞大,而且十分复杂。上海轨道交通远景规划网络由近 20 条线组成,线路总长将近 1000km,网络中大部分线路相对市中心多为放射线、割线或半环线,线路纵横交错,换乘站点较多。已开通的地铁 3 号线和 4 号线既形成环线,又存在多站共线运营,这种环线与长距离共线并存的运营形式在世界轨道交通网中甚为罕见;穿过市中心的超长线路 1、2、7、8、9、10 号线分别与其他多条线路有换乘需求。建设完成后,全网有 40 多座换乘车站,3 线以上的换乘站有 11 座,如人民广场站、徐家汇站、世纪大道站、虹桥综合枢纽等;由于大部分换乘站并非同步建设,故目前在服务线网功能方面还可能存在一定的不足。上海城市轨道交通网络注重与铁路线路资源的共享和分工协作,在上海火车站、上海南站及虹桥枢纽站等地方,城市轨道交通与铁路都实现了不同交通方式之间的连接,有效提高了网络的可达性和环城便捷性。

表 1-6 为根据图 1-17 计算得到的上海城市轨道交通线网换乘便捷性矩阵。从表中可以看出,由于存在共线运营,地铁 3 号线与 4 号线之间可以在 10 个车站进行线路间的换乘。

表 1-6　上海城市轨道交通线网换乘便捷性矩阵

线路	1 号线	2 号线	3 号线	4 号线	5 号线	6 号线	7 号线	8 号线	9 号线	10 号线	11 号线
1 号线	0	1	2	2	1	0	1	1	1	0	0
2 号线	1	0	1	2	0	1	2	1	3	1	
3 号线	2	1	0	10	0	0	1	0	1	1	1
4 号线	2	2	10	0	0	2	2	1	2	2	1
5 号线	1	0	0	0	0	0	0	0	0	0	0
6 号线	0	1	0	2	0	0	0	0	0	0	0
7 号线	1	2	1	2	0	1	0	0	1	0	0
8 号线	0	1	1	1	0	1	1	0	1	1	0
9 号线	1	1	1	2	0	1	1	1	0	0	0
10 号线	0	3	1	2	0	0	0	0	0	0	0
11 号线	0	1	1	1	0	0	0	0	0	0	0

根据式(1-3)计算上海城市轨道交通线网换乘便捷性指数,得

$$K_{上海} = 9.27$$

可见,虽然上海城市轨道交通线网换乘便捷性指数低于东京营团地铁的 12.9,但高于北京 2009 年的 5.1,说明上海轨道交通线网换乘便捷性已初步接近国际水平。

1.4.3　客流特征

轨道交通运营网络规模的快速扩展带来了客流的不断突破。上海轨道交通日均客流由 10 万人次到 100 万人次历时 10 年,而在 2007 年这一年,网络线的日均客流从 200 万人次迅速提升至 300 万人次。2010 年达到日均 500 万人次,特别是 2010 年 10 月,轨道交通日均客运量接近 600 万人次,10 月 22 日更是创下日均 754.8 万人次的历史新高。

网络规模越大,线路越多,换乘便捷性越高。图 1-19 所示为 2002 年~2008 年上海地铁日换乘客流变化情况趋势。2002 年~2005 年,上海城市轨道交通网络只有人民广场站 1 个换乘站,日均换乘客流比例一直维持在总客流量的 10％左右;2005 年年底,网络"一票换乘"的实施,换乘客流大幅增加,比重达到 20％;2008 年,各线换乘客流比例持续增加,全网络最大日换乘客流甚至超过 120 万人次,网络换乘比例也首次超过 30％。

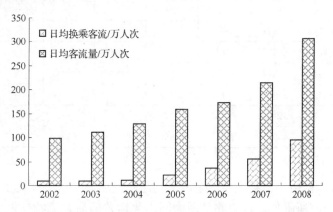

图 1-19　近年上海地铁换乘客流情况(邵伟中等,2009)

城市轨道交通网络规模越大,则换乘枢纽站的地位越突出,其运营管理难度越大。枢纽站日吞吐客流量直线上升。以人民广场站为例(图 1-20),2008 年上半年日均吞吐量就达到了 38.81 万人次;2010 年达到日均 70 万人次,世博期间最高日甚至达到 110 万人次,客运组织和管理的压力越来越大。

2002 年以来,上海城市轨道交通网络各条线路断面高峰小时客流一直呈上升趋势,具体如表 1-7 所示。在进一步缩短高峰时的行车间隔和增加列车投放量的情况下,地铁 1 号线和 2 号线的断面高峰小时客流量还将进一步提高。同时,工作日全网客流不均衡现象明显,全日客流基本呈"双峰"变化特征,早晚高峰小时一般是 7：00～9：00 和 17：00～19：00,高峰时间段的客流约占全日客流总量的 40％,其中,早高峰小时客流量达全天客流的 11％～15％,以通勤客流为主。

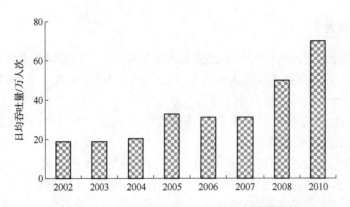

图 1-20　人民广场枢纽站日均吞吐量变化趋势图

表 1-7　2002 年～2008 年网络线路最大客流断面高峰小时流量　（单位：人次）

年份	1 号线	2 号线	3 号线	4 号线	5 号线	6 号线	8 号线	9 号线
2002	29541	21274	—	—	—	—	—	—
2003	34969	26827	—	—	—	—	—	—
2004	38140	28635	17726	—	—	—	—	—
2005	41964	32397	19001	—	—	—	—	—
2006	46289	36998	20419	13588	—	—	—	—
2007	47511	39180	21763	12298	—	—	—	—
2008	54795	43041	23565	17558	11701	10456	22698	5207

注：数据来源：王如路等（2008）。

　　一般来说，网络规模扩大会使全网平均运距增加，而单线平均运距则随着换乘比例的增加而有所降低。这主要是因为网络化运营前后客流特征发生了变化，单线运营时乘客一般乘坐单一线路，乘距相对较长；网络化运营后线网可达性大幅提升，换乘比例增加，表 1-8 给出了 2006 年～2008 年的统计。

表 1-8　2006 年～2008 年线网平均运距变化

年份	1 号线平均运距/km	全网平均运距/km
2006	10.0	8.86
2007	9.8	11.45
2008	9.4	12.58

注：数据来源：王如路等（2008）。

　　网络化运营后，受线路条件、客流特征、车辆配属、运能配置等因素的影响，上海城市轨道交通网络呈现出运行交路复杂多样的特征，其大小交路、共线运行等复杂的运行交路形式均是国内首次成功尝试。例如，上海地铁 3 号线和 4 号线实现

"大小交路＋环线交路共线"运行,如图 1-21 所示。其中,2008 年 3 号线大小交路
比例为 1∶2;4 号线内外圈的行车间隔不均衡,内圈行车间隔为 11min,外圈行车
间隔为 5.5min。除此以外,目前开通的 11 条线路中,还有 10 号线和 11 号线为
"Y"形线路,其交路同样比较复杂。

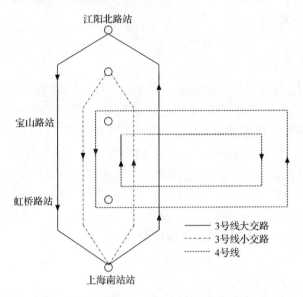

图 1-21　3、4 号线"大小交路＋环线交路共线"运行

　　综上所述,上海城市轨道交通网络面对网络化运营带来的各种新问题、新矛
盾,比较全面、深化地推进了各项适应网络化运营的转型实施工作,构建了安全、高
效、系统的城市轨道交通网络运营管理体系,较好地统筹了既有资源,基本满足了
网络运营安全性、可靠性和高效率要求,有效地实现了网络运营社会效益和经济效
益的提高,为我国城市轨道交通网络运营管理提供了经验。

第2章 网络化运营组织管理模式

2.1 概　　述

19世纪以来,西方发达国家形成了众多以国际化大都市为核心,联合周边城市的都市圈,如日本东京都市圈、英国伦敦都市圈等,它们都拥有运营组织管理模式独具特色的都市圈轨道交通系统。进入21世纪以来,我国城市化进程不断加速,北京、上海、广州等大城市的规模不断扩张,作为公共交通骨干的城市轨道交通网络不断完善,形成了独具地方特色的轨道交通网络运营管理模式。

网络化运营组织管理模式是城市轨道交通建设发展模式的重要方面。不同管理模式深刻影响着城市圈轨道交通建设和发展方式,探讨管理模式的类型及适应性,必然是在一定的投资建设模式机制环境下进行探讨。

美、日、英、法、韩等发达国家的城市轨道交通建设,是基于国家私有制经济体制,呈现不同的融资体制特点:

(1)在法律上明确界定政府对轨道交通的监管权限。重心不是根据国家轨道交通特点去制定专门法律,而是关注和规范政府对整个运输市场的监管行为。

(2)投资主体多元化、融资渠道社会化。通过调整国家对铁路的政策,重新定位国家与铁路的关系;把科技含量高、符合时代发展要求的项目作为国有资本对铁路投资的重点;按市场化的运作使铁路建设的投资领域呈现出多元化。

(3)广泛采取项目融资筹集资金。普遍采用项目融资的方式拓宽融资渠道,扩大轨道交通项目的投融资规模。融资形式包括债券、银行与特许经营合同等。

(4)多种形式的政府补贴。政府补贴一般可以分为固定金额的补贴及按运输量给予的补贴。

纵观国外典型都市圈轨道交通的投资建设,主要有财政贷款、土地开发权益的利用、企业债券、国债、国内银行贷款、民间资金、项目融资、国际金融组织(多边国际组织)贷款、融资租赁等纷繁复杂的投融资形式。在我国,长期的以公有制为主体的经济体制和国民收入分配体制,以及由其决定的政府与城市轨道交通企业是"父与子"的关系、政企不分的体制,使得各种融资方法均有局限,最终形成了"政府建设轨道交通"的运营管理模式。

对网络化运营组织管理模式的研究,主要包含两方面内容:一是运营公司的企业组织模式,这一内容决定了运营公司的管理运作;二是运营公司的行车组织模式,这一内容则决定了企业进行生产经营的基本业务——列车开行方案的制订;同时,这两方面内容相辅相成地影响着轨道网络运营组织效率。

2.2　企业组织模式及其适用性

企业的组织形式体现了运营企业组织模式对投资建设模式的适应性。我国现有国铁所经营的城市近郊乘客运输是国家(铁道部)投资,运营公司是由铁道部下属机构组织形成的“企业”。国外城市轨道交通建设中,最常见的是多元化投资方式,建成后的运营公司是按现代企业制度组建的项目公司,或由地方政府收购国铁的某段线路,运营公司是其下属的交通运输公司;或由多家企业集团出资建设的市郊铁路,往往组建专门的第三方运营公司。

因此,建立适合该都市圈轨道交通具体情况的运营企业组织模式,才能在保障投资各方利益的基础上,实现轨道交通的运输功能。具体地说,建立适应的企业组织模式,是使国有铁路尽快参与城市市郊公共交通的关键。

2.2.1　都市圈轨道交通企业组织的适用模式

都市圈轨道交通系统运营公司的企业组织形式多种多样,也就是说相应的投资建设模式也多种多样。综合来看,适用于都市圈轨道交通(包含利用既有铁路设施的情况)的运营组织管理模式,主要有以下 8 种。

1. 国有国营

“国有国营”,即参与都市圈轨道交通的线路(一般为市郊铁路)为国家所有(国家出资建设并改造),由国家政府的直属机构及其下属单位(一般为“国铁”部门及下属公司)进行运营管理。伦敦都市圈、巴黎都市圈的轨道交通均部分采用了此种企业组织模式。

这些都市圈轨道交通运营管理的实践证明,传统的国有国营企业组织模式虽然从所有权到经营权不发生变化,在早期的都市圈轨道交通建设与运营中得到广泛应用;但是,在市郊铁路与地方轨道交通系统互联互通时出现了较大障碍,很难融合为一个有机的运营系统。

随着都市圈轨道交通运营理念的革新,特别是铁路私有化进程的推进(如伦敦都市圈轨道交通),一些线路的国有国营模式也得到了相应的改革——突破国有铁路的传统体制,使市郊铁路采用新机制进行运营。总结国外各典型都市圈轨道交通发展的实践经验,这一改革的主要思路是采取“上下分离”的办法,即对于所有权属于国家的轨道交通线路,通过某种形式(如转让、租赁、特许经营等)以资本运营的方式让渡于国家铁路之外其他经济实体负责经营管理,这些经济实体经营移动设备,与国家("国铁"部门)形成经济上的互相清算关系。

这种运营组织管理模式适用于具有企业法、公司法中所规定的诸多权利的那些经济实体。这样会使经济实体享有更大范围的经营自主权,比"国营"更有利于制度创新,较易于与市场化经营接轨。

另一方面,由于实行"上下分离",运营部门不用筹措建设资金,也有利于精心组织运营,提高其在运输市场的竞争力。根据承担运营管理的经济实体的性质,国有国营"上下分离"后的模式可以分为"国有地营"、"国有公营"与"国有他营"三大类。

2. 国有地营

"国有地营",即线路资产仍由国家所有,但以资本运营的方式让渡于地方政府及其直属组织机构负责经营管理。东京都市圈的地铁 13 号线与首尔都市圈改革后的轨道交通线路运营公司即是采取此种企业组织模式。

"国有地营"的企业组织模式可以极大地发挥地方政府对都市圈轨道交通建设的推动能力。在规划与建设方面,使国有线路,特别是市郊铁路统筹纳入城市公交体系,并在线路设置、合理分工、相互衔接等方面予以综合考虑,从而加快都市圈轨道交通的一体化建设进程;在运营管理方面,可以充分利用地方政府的相关扶持政策,为其经营创造更好的外部环境和条件,使其经营更具灵活性和市场化。

3. 国有公营

"国有公营",即线路资产仍由国家所有,但以资本运营的方式让渡于国家或地方政府直属的一家公有制经济主体或者若干家此类经济实体组成的集团公司负责经营管理。受私有制经济的制约,国外发达城市的典型都市圈轨道交通极少采用"国有公营"模式,具有代表性的是纽约和首尔都市圈的个别地铁线路采用此种企业组织模式。

"国有公营"的企业组织模式,从投融资上看,可以降低地方政府投资资金的负担,重点投入车辆等移动设备的购置与更新;从经营上看,可以通过公司或集团公司模式实现多元化筹资,并提高市郊铁路的运营效率。因此,这种模式可以实现一定程度上的市场化经营。此外,由于运营主体是国家与地方政府的直属单位或产权代表,因此,该模式对于公有制经济体制的国家较为适用。

4. 国有他营

"国有他营",即线路资产仍由国家所有,但以资本运营的方式让渡于政府外的一家独立非铁路经济主体或者若干家此类经济实体组成的集团公司负责经营管理,"国有民营"是其中主要的模式。伦敦都市圈轨道交通私有化改革后的大部分重轨线路,即是采用此种企业组织模式;JR 东日本公司(JR-East)运营东京 JR 线在法律上也是属于"国有民营"模式。

"国有他营"的企业组织模式,从投融资上看,可以降低非铁路资金进入市场的"门槛",吸引多方资金投入车辆等移动设备的购置与更新;从经营上看,通过公司或集团公司可运用的资金筹集方法灵活多样,同时,适用于引入一个以上的独立非铁路经济主体,形成经营的竞争态势,提高市郊铁路的运营效率。因此,这种模式可以实现较高程度的市场化经营。

"国有他营"的企业组织模式,与"国有公营"一样,都是通过建立第三方企业对"国有国营"的运营管理实施"分离"。但两者分别对私有制经济与公有制经济更为适应。"国有他营"对资本市场化的水平要求较高,需要开放相关线路的经营权,因此对"国有国营"模式的突破程度较大,特别是"国有民营"这种运营组织管理模式,一般适用于私有制国家。

5. 公有公营

"公有公营",即线路资产的所有权为国家与地方政府共同所有,在经营上则由双方共同承担。其具体形式一般"国铁"部门在该地区的下属单位和地方政府直属组织机构作为双方的产权代表,成立运营公司自主经营。法国 RER-A 线、RER-B 线与纽约的通勤铁路即是采用此种企业组织模式。

随着国外都市圈轨道交通投融资体制的市场化程度的提高,投资渠道日趋多元化,必然要求公司化的合作经营模式,其中,又往往以国家和地方政府为主要投资主体,因此组建"公营"公司成为这类线路的主要运营模式之一。该公司对项目的策划、资金的筹措、建设实施、生产经营、债务偿还以及对资产的保值、增值实行全过程负责。

按照"公营"公司中的责任的主要承担方的不同,还可以分为"国营为主"与"地营为主"两种。

"国营为主"的"公有公营"企业组织模式接近于"国有国营",同时在建设和实际运营中可以一定程度上发挥地方政府的作用,特别是可以得到地方政府给予的相应扶持政策。

"地营为主"的"公有公营"企业组织模式接近于"国有地营",同时在建设和实际运营中可以一定程度上利用国有铁路的现有资源,特别是利用既有线的市郊铁路改造项目,可以极大地降低项目的现金需求。

6. 地有地营

"地有地营",即线路资产属于地方政府所有,由地方政府的直属组织机构负责经营管理。线路资产所有权一般由地方政府通过收购铁路线路取得,或者由地方政策直接出资新建。上述国外都市圈轨道交通系统中的城市地铁,大部分采用此种企业组织模式。

"地有地营"的企业组织模式,可以最大限度地发挥作为出资者的地方政府的投资主体作用,通过承诺减免项目税费、出台与城市某些基础设施相配合工程的扶持政策和补助政策。但由于主要由地方政府一家出资,资金筹措不易,可能对项目建设造成影响。因此,一般在城市轨道发展初期的项目建设较多采用"地有地营"模式;随着都市圈轨道交通网络建设的全面展开,投资额急剧攀升,而另一方面,建设市郊铁路往往存在可利用的国铁线路,因此,市域范围的轨道交通系统较少采用"地有地营"模式。

7. 民有民营(私有私营)

"民有民营",即铁路资产为一家或多家民间企业(民营公司)所有,并由该民营公司或由多家民营公司组成的集团公司负责运营管理。线路资产所有权取得,一般为民营公司以铁路部门折价出资入股,或者收购铁路线路资产,或者集资新建市郊铁路。东京都市圈的市郊铁路基本采用此种企业组织模式。

"民有民营"的企业组织模式,可以最大限度地募集社会资金用于公共事业。但是,传统的轨道交通作为公益性的基础产业,若无政府给予相应的扶持政策,那么有可能产生不了足够高的盈利,无法给予出资者足够高的回报,因而会动摇民间出资入股者的持久性与投资信心,导致运营公司亏损甚至破产,并可能造成严重的社会影响。因此,"民有民营"模式,无论对于运营公司,还是地方政府,都存在较大风险。

此外,与"国有他营"模式类似的,"民有民营"对"国有国营"模式的突破程度更大,对资本市场化的水平要求更高,需要相关线路的所有权与经营权同时向民间资本开放(即使是个别线路,也需要相关体制的支持),因此,这种运营组织模式一般适用于私有制国家。

8. 外资参与

"外资参与",即铁路线路的建设或改造得到了一定比例的境外资金的投入,国外经济主体从而以某种方式参与该线路的运营管理。东京都市圈的部分地铁采用了此种企业组织模式。

国外典型都市圈轨道交通系统中,较少出现"外资参与"这一企业组织模式。根据"外资参与"的方式不同,外资参与模式一般可以分为三种:

(1) 合资企业。这一方式可以在一定程度上解决本国建设和经营资金短缺的问题。

(2) 外资控股企业。一般情况下,线路所有权仍属于国家、地方政府或该国内第三方公司,国外经济主体控股主要是在经营管理领域。

(3) 外商独资企业。国外经济主体以独资的方式经营市郊铁路,一方面,其资金完全可由经营的国外经济主体负责;另一方面,国外经济主体可以完全市场化的方式对市郊铁路进行经营。

2.2.2　国内外都市圈轨道交通企业组织的主要形式

从国外发达城市的现状来看,以都市圈轨道交通的所有者与运营公司的关系着眼,东京都市圈的轨道交通系统最为复杂,主要有国有国营、地方所有地方运营、民间资本建设民营等形式;巴黎都市圈的轨道交通系统主要有国有国营,个别线路国家和地方共同所有并由国营公司运营;纽约都市圈的城市轨道交通系统以地方所有地方运营为主,市郊铁路以地方所有地方运营为主、国有国营为辅;伦敦都市圈、首尔都市圈的轨道交通系统则属于国有国营性质。

1) 东京都市圈轨道交通

东京都市圈的轨道交通主要由地铁、JR 铁路和民营铁路三个系统构成,辅之以有轨电车、单轨列车等少量轨道交通方式。地铁属于国有或地方所有、由地方运营;国有的 JR 铁路由民营化的 JR 东日本公司运营;民营铁路是市郊铁路线的主体,以民间资本建设、由民营公司运营。

2) 巴黎都市圈轨道交通

巴黎都市圈的轨道交通主要由地铁、有轨电车、RER 线和市郊铁路四个系统构成。地铁、有轨电车属于国家和地方政府共同所有、由国营公司运营;除 A 线和 B 线部分区间为国家与地方共有、国营公司运营之外,RER 线大部分属于国有国营;市郊铁路均为国有国营。

3) 纽约都市圈轨道交通

纽约都市圈的轨道交通主要由地铁、通勤铁路和国铁三个系统构成。地铁属于地方政府、双州港务局或私营公司所有,由公营单位运营或由公营单位转交给第三方公司运营;通勤铁路属于地方政府、联铁或公益单位所有,由公益单位或公营单位经营;国铁为国有国营。

4) 伦敦都市圈轨道交通

伦敦都市圈的轨道交通主要由地铁和重轨两个系统构成。地铁属于地方所有地方运营;重轨属于国有性质国家管理,国有企业负责路网维护,而客运业务则分包给多个私有企业。

5) 首尔都市圈轨道交通

首尔都市圈的轨道交通主要由地铁、国铁两个系统构成。地铁属于国有或地方所有,主要为国营;国铁属于国有国营。

由于我国所有制体制的原因,我国城市轨道交通企业组织的主要形式是以国有国营为主,且兼有国有国营、国有地营、国有公营、公有公营、地有地营 5 种形式,但近年来也开始进行公私合营。

1) 北京市轨道交通

北京市轨道交通属于地方经营和合资经营结合的形式,运营公司主要有北京地铁集团有限责任公司(简称北京地铁集团)和北京京港地铁有限公司(简称京港地铁)两家。北京地铁集团负责运营 1 号线、2 号线、5 号线、8 号线、10 号线、13 号线、八通线和机场线等线路;京港地铁是由北京市基础设施投资有限公司、北京首都创业集团有限公司和香港铁路有限公司共同出资组建,以公私合伙制(PPP)模式建设和运营北京地铁 4 号线以及大兴线。

2) 上海市轨道交通

上海轨道交通以地方公司经营管理为主,政府仅执行监督功能。运营公司有上海磁浮交通发展有限公司(简称磁浮公司)和上海申通地铁集团有限公司(简称申通集团,为磁浮公司七大股东之一)。磁浮公司主要负责磁浮线的建设及运营管理;申通集团则负责上海地铁运营管理,其旗下主要包括上海地铁第一、第二、第三、第四运营公司以及运营管理中心、维护保障中心,其中,维护保障中心负责全部线路的维修保障工作,运管管理中心则负责所有线路的运营管理,而运一(1、5、9、10 号线)、运二(2、11 号线)、运三(3、4、7 号线)、运四(6、8、12 号线)负责各条线路的日常运营。

3) 广州市轨道交通

广州市轨道交通运营企业可分为地铁和铁路两类。广州地铁全部由广州市地下铁道总公司负责;广州市域范围内铁路线路均由广铁集团公司管辖,其中,广三线归广东三茂铁路股份有限公司管辖,广深线归广深铁路股份有限公司管辖,京广线(南段)归羊城铁路总公司直接管辖。

2.3　网络化行车组织模式

实现都市圈轨道交通网络在各个圈层的互联互通,是都市圈轨道交通系统的建设目标之一。

市区交通需求与市郊交通需求差异明显,对于连接都市区外围与市区的市郊铁路(通勤铁路)而言,除出行总量上的差异外,时段上的差异更大。市郊交通需求的交通时段性强,客流量几乎全部集中在早晚通勤通学的高峰时段,而市区内即使平峰时段也有持续不断的轨道交通客运需求。

作为一种大型区域内的运输系统,都市圈轨道交通系统特别是市郊铁路既要考虑到城市公共交通需求,又要兼顾到市郊客运需求,因此,它应该兼容市郊铁路和市区轨道交通两种行车组织模式。

评价轨道交通运营指标主要有以下 2 个方面。

1）车辆辅助运营规模

根据列车非载客运行车公里数量来计算,它反映了列车进出车辆段过程的便捷性以及运营所需辅助设备规模。这个指标可以通过进出车辆段的距离(调车线的长度)得出,计算公式为:车辆总数×非载客运营里程。

2）车辆运营规模

该指标同样可根据列车的数量来计算,用来反映满足一定运输需求所需要的列车、线路等设备规模,计算公式为:车辆总数×载客运营里程。

可见,上述指标均与可用列车数量,即行车方式息息相关。因此,从运营管理的角度考虑,要实现互联互通,不仅要求在体制上保障都市圈轨道交通的运营公司采用适宜的企业组织模式,还要求各运营公司建立起一套可行的行车组织模式。综合国外典型都市圈轨道交通互联互通的实践经验,适用于都市圈轨道交通的行车组织运营模式主要包括分段运营、多交路运营、快慢车结合运营、换乘运营、共线运营、过轨运营和可变编组运营 7 部分内容。

2.3.1　分段运营

这是传统的运营组织模式,也是非网络化条件下最经典的运输组织方式。从客流特征上来看,市郊铁路的客流特征主要为中心城区段与郊区段客流量差别很大。在这种客流特征下,若采用贯通运营的单一交路方式,必然造成郊区段运能的较大浪费;中心城区段与郊区段客流量差别越大,浪费就越明显,对于尚未发展成熟的我国都市圈,这一情况将更为突出。因此,从运能的有效利用以及降低建设和运营成本角度,分段运营基本适用于大部分的市郊铁路,特别是直接进入市区的市郊线。

在对市郊客流的成分和所占比例进行分析的基础上,确定分段运营的区间。在中心城区段按地铁模式建设和运营,而在郊区段采用既能满足客流需求,又能降低建设成本的轨道交通制式(如市郊铁路制式)。在中心城区与郊区的结合部分选择合适的换乘点(为了满足换乘的要求,可以采用连续设置平行换乘站的方法来增加换乘能力),中心城区段和郊区段分别采用不同的编组、时刻表运行,以保证在高峰时段通勤客流的交通需求。

2.3.2　多交路运营

在确定运营分段的基础上,针对各个客流断点的特征,开行多种交路形式的列车,在不同的区间不同的时段采用不同的运营交路。

以巴黎市郊铁路网为例。各圈层的市郊铁路列车的发车间隔分为几种:距巴黎市中心 15min 半径范围内,发车间隔为 15min;距巴黎市中心 15~30km 半径范围内,发车间隔为30min;距巴黎市中心30km半径以外的,发车间隔为60min。高峰时段,发车频率根据运量需要确定,一般为平峰时段的2倍,特殊情况下可达4倍,发车间隔相应缩短至2min。

2.3.3　快慢车结合运营

快慢车结合运营指部分列车不停车通过某些中间站的运营组织方式。越站列车可以缩短长距离出行乘客的出行时间。特别的,对于市郊铁路而言,通勤客流占有一定的比例,将这些客流从郊区运送到中心城区的主要客流集散点,或从中心城区的主要客流集散点送送到郊区,越站可以更好地适应客流的这一需求。

站站停运营可以满足所有乘客的出行需求,但是对于长距离出行的乘客必然要花费更多的时间,且在早晚高峰时段通勤乘客的旅行速度将低于越站运营方式,不利于缓解高峰时段的客流压力。

当然,考虑到建设轨道交通的线路必然是出行距离多样的区域,越站运营和站站停运营分别满足乘客的不同出行需求,根据以人为本的经营思路,两者的结合才能适应这一需求。因此,在有条件的情况下应尽量采用越站运营和站站停运营结合的方式。

在国外典型都市圈的轨道交通线网中,有大量的越站运营结合站站停运营的成功案例。如东京都市圈的JR中央线和JR总武线,这两条并行的线路由东至西横贯山手线环线的中部(即并行横穿东京市区),并连接东京市区的两大枢纽站东京车站和新宿车站。其中,JR中央线除清早和深夜时间之外,采用越站运营(快速运行),从东京车站到新宿车站仅需要15min。JR总武线是市郊铁路衔接的线路,在东京都内与中央线并行的区间内,采用站站停运营,满足了区间短途客运需求。

2.3.4　换乘运营

在运营分段的各个客流断点,通过典型都市圈轨道交通的换乘系统换乘不同运营公司运营的轨道交通,是实现组织管理的重要手段。

以巴黎都市圈轨道交通系统为例。除地铁线、RER线内部的换乘枢纽外,不同类型线路也可实现同站换乘。RER线与地铁之间:RER线在巴黎市区内路段从地铁网下方穿过,并通过若干换乘枢纽与地铁网接驳。市郊铁路与地铁之间:巴黎都市圈内30多条电气化市郊铁路线在巴黎市区分别汇总于6个火车站,车站底下又都有地铁站,通过台阶实现市郊铁路与地铁的换乘。

2.3.5　共线运营

共线运营指某一运营公司所辖运行线路不完全相同的列车共用某段线路的运行组织方式。

共线运营一般是同一运营公司所属的、相互衔接的不同轨道交通线路上,列车交路从一条线路跨越到另一条线路,从而与该线路上的原有交路共用某一区段的运营组织技术。某些场合下,一条线路在末端因满足不同出行方向需求而形成的不同方向的列车共用中心城区线路的方式(通常称支线运营)也是一种共线运营形式。

2.3.6　过轨运营

过轨运营(或跨线运营)指某一运营公司的列车为满足出行需求驶入另一运营公司线路的运行组织方式。

过轨运营在东京都市圈、巴黎都市圈、伦敦都市圈等国外都市圈的轨道交通网络运营中均有采用,但从实现规模和彻底性上看,还是以东京都市圈为最。除了传统的"互用对方公司等长的线路"这一过轨运营(直通运营)模式之外,从法律法规上制定了"租车"与"租线"的运营管理体制,是共线运营得以广泛应用的重要保障。当然,通过车票的磁性记录以清分票款是实现这一资源共享模式的基础条件。

以东京地铁公司和 JR 东日本公司为例。前者拥有东京市区的线路,后者拥有车辆(市郊大量的客运需求,促使这些车辆要求直接进入东京市区的轨道线路),可以采用的方式有:"租线",JR 东日本公司可以租用东京地铁公司的线路(每年或每一季度等给东京地铁公司上缴一定数量的金额,事先签订相关租金以及安全运营等协议),所有盈利(顾客的票款)归 JR 东日本公司;"租车",东京地铁公司可以租用 JR 东日本公司的车辆,使其进入线路运营,在定期向 JR 东日本公司交付租赁费用之后(事先签订相关租金以及安全运营等协议),所有盈利(顾客的票款)归东京地铁公司。

2.3.7　可变编组运营

可变编组运营指在需求有较大差异的某条轨道交通线路上,通过改变运行过程中列车编组长度以满足服务质量要求、节约资源的运输组织形式。

可变编组技术目前在日本东京以及美国旧金山地铁中有部分应用,德国与法国的高速铁路运营中也经常采用该项技术。

2.4　典型案例分析

以下选取东京都市圈、伦敦都市圈、上海和广州 4 个区域与城市的轨道交通运营管理模式为典型案例,具体说明在不同体制和投资环境下轨道交通运营组织管理模式的应用现状和经验。

2.4.1　东京都市圈轨道交通

1. 组织机构

东京市政府根据《铁道法》对东京地铁进行监管,主要负责建设期的审批、运营票价的审批,对运营管理方面不作干预,但日本政府要求东京地铁自行组织在规定的时间,按规定的程序进行安全检查,国土交通省会随时巡视。东京都交通局直接管理都营地铁,主要是票价和安全检查方面的监管。

2. 运营公司

目前,日本东京都市圈内的轨道交通主要由地铁、JR 铁路和民营铁路组成,对应的不同运营公司主要可分为三类:地铁运营公司、JR 东日本公司与民营铁路公司。主要的运营公司数量及类型如表 2-1 所示。

表 2-1　东京交通圈各类轨道交通的运营公司数量及其性质

线路类别	公司数量	公司性质
地铁	3	公营
JR 铁路	1	公共企业体
大型民铁	8	民营、三产、其他
其他民铁	21	
合计	33	

3. 运营管理模式

为实现互联互通、网络运营,东京都市圈轨道采用了"直通运转"(共线运营)的运营管理模式。

早在二战前,东京都的不少民铁线为驶入都心,申请在东京市区兴建地下铁,但由于经营公司繁杂无法协调而未能实施。

昭和 30 年(1955 年),日本运输省成立了都市交通审议会,研究往后的都市交通计划。次年八月,运输大臣就东京都的交通问题,提出第一号报告书方案,指出"今后建设的地下高速铁路,将与郊外的民铁实施直通运转"。从而,通过地铁接驳民铁,解除了都心边沿乘客换乘不便的问题,同时免除了民铁兴建地下铁造成"地底混乱"的危机。

"直通运转"的主要做法是:列车公司将路轨互相接通,将己方的列车驶进对方的区间,使乘客可以一车进入市区或从市区进入市郊。驶入区间的长度由运营公司协商决定,一般为双方均可驶入对方等长里程的区间。

由于直通运转下列车要使用其他公司的路轨,故这些相关路线需要在车辆规格、集电、讯号方式,以及轨间等方面作出统一的规定。以京成线为例,20 世纪 60 年代,为了配合与都营 1 号线(现浅草线)及京浜急行的直通运转,京成线进行了大规模的改轨,将 1372mm 的路轨改成 1432mm。

目前,民营铁路与 JR 铁路、地铁线路直接相连相通,实现联运的线路里程达 581.8km。此外,东京轨道交通系统还连接都内新桥地区与临海副都心的无人驾驶高架电车,以及羽田机场和 JR 山手线滨松町站的东京单轨铁路等。

在东京,除了使用第三轨条集电的银座线、丸之内线,以及使用新式规格兴建的都营大江户线外,东京都其余 9 条地铁路线均与其他铁路作直通运转。东京都市圈轨道交通网络“直通运转”的互联互通运营管理模式,要求各个运营公司在共线运营区间采用适应的车辆运行组织和协调办法。表现为共线运营区间,在一家公司所有的线路上运行多家公司所有的车辆。

从公司角度看,共线运营区间的线路所有权是确定不变的,车辆运行组织则可根据协议存在两种类型:单一运营公司支配与多家运营公司支配。

(1) 单一运营公司支配,即通过协议的形式,共线运营区间的所有车辆的运行组织由单一公司决定。

例如,民铁东急东横线与地铁日比谷线在“中目黑—菊名”区间共线运营。该区间线路所有权属于东急公司。东急公司根据东京地铁公司进入该区间的开行对数,支付车辆使用费于东京地铁公司;从而,车辆运行组织全部由东急公司独立支配,并获取所有盈利(票款)。

(2) 多家运营公司支配,即通过协议的形式,共线运营区间的所有车辆的运行组织由多家公司分配。

例如,都营地铁三田线和东京地铁南北线在“白金高轮—目黑”区间共线运营。该区间线路所有权属于东京地铁公司。都营地铁公司支付线路使用费于东京地铁公司,两公司的车辆运行组织由各自公司协商后自行支配;共线区间的所有盈利(票款)通过车票的磁性记录予以清分。

总之,在事先订立协议协调线路与车辆分配的基础上,各公司自行支配“所属”车辆(自有的与付费租用的)的运行组织。但是,两种类型的差异性是明显的:单一运营公司支配下的运行组织避免了多家公司的车辆运行组织的冲突协调,更为安全有效,在东京都市圈轨道交通系统的共线运营的实际应用也更为广泛。

为说明共线运营区间实现单一公司车辆运行组织方式的存在基础,需要对日本铁路事业从事者作简要介绍。在日本,适用铁路事业法的铁路事业从事者有三类。

(1) 第一类铁路事业经营者:同时拥有铁路线路和运营车辆。这类运营公司简称为“有线有车”,在共线区间的运行组织方式一般为独自进行铁路运营。

（2）第二类铁路事业经营者：只拥有运营车辆。这类运营公司简称为"无线有车"，在共线区间的运行组织一般是从第一和第三类铁路事业经营者手中租用铁路线路进行运营。例如，日本货物铁道公司属于第二类铁路事业经营者，该公司租用了成田机场附近的 JR 东日本公司以及京城电铁公司线路开展货物运输。

（3）第三类铁路事业经营者：只拥有铁路线路，这类运营公司简称为"有线无车"，在共线区间的运行组织方式一般是向第一和第二类铁路事业经营者出租或转让线路，或者从第一和第二类铁路事业经营者手中租用车辆进行运营，多数为前者。例如，成田高速铁道公司属于第三类铁路事业经营者（拥有成田机场附近铁路线路的所有权），该公司将成田机场附近铁路线路进行出租运营；东京地铁建设公司建设了东京地铁 12 号线，而后有偿转让给东京都交通局（都营地铁公司）。

4. 运营协调

日本铁道事业法以及轨道法规定，铁路由各自特定的铁路事业经营者运营；铁路事业经营者对于铁路运营相关事宜负全责。另外，各个铁路事业经营者采取独立的财务营业方式。

东京都市圈轨道交通主要有 12 家公司，东京地铁公司、都营地铁公司、横滨地铁公司、JR 东日本公司以及 8 家大的民营铁路公司。在多家运营商的格局下，运营商之间的协调问题由各家之间签订协议，自行协调，在换乘点事务处理以及直通运营线路事务处理上，以线路财产归属进行划分，谁的线路谁负责。发生重大事故，如地震、大火灾、恐怖事件等，由政府防灾指挥中心进行统一协调指挥。企业可以根据各自实际情况在不突破上限的条件下进行适当调整或进行营销方面的策划。

在运营管理责任分担方面，日本铁道事业法作了详细规定：非共线运营区间，第一类铁路事业经营者对铁路运营负全责；共线运营区间，三类铁路事业经营者要分别负担责任，该情形举例说明如下。此外，除法律约束外，责任的分担事宜一般由事先订立协议来具体规定。

例如，在 JR 东日本公司（该公司属于第一类铁路事业经营者）的线路上进行日本货物铁道公司的货物运输（日本货物铁道公司属于第二类铁路事业经营者），JR 东日本公司要确保线路的运营安全和对该货物运输进行组织管理；而货运车辆的管理和操作由日本货物铁道公司承担。

调度系统各公司独立设置，同时，负有向市消防厅、警察厅通报信息的责任，必要时还承担向媒体发布有关车辆运行信息的义务。12 家运营公司不设统一的调度，政府不管公司的具体运营事务，只有防灾指挥中心应对突发事件。

2.4.2　伦敦都市圈轨道交通

1. 组织机构

管理伦敦都市圈内轨道交通按组织结构的不同可分为 3 个部分。

1）大伦敦地区的地铁与轻轨

大伦敦市的地铁与轻轨由大伦敦交通委员会(TfL)负责管理。作为伦敦城市管理的主要机构之一,TfL 的主要职责是将大伦敦市长的交通战略付诸实施,并管理伦敦地区的交通整体运营。TfL 分为以下 3 个理事会:伦敦地铁、伦敦国铁和地面交通,并各自成立对应的法人团体机构,运营管理相应的线路。

2）大伦敦地区的重轨

大伦敦地区的重轨交通系统属于英国国家铁路运营网络的一部分,由英国交通部(DfT)统管。其在大伦敦市范围内的部分通勤线路现已承包给 TfL,并由 TfL 下属的伦敦地面轨道交通部门负责运营。

3）伦敦都市圈的重轨

伦敦都市圈的大部分重轨线路在国铁公司经营范围内,由英国交通部统管;个别重轨线路由地方机构投资兴建,其客运业务并未交给国铁公司统一经营。

英国铁路是一个网运分离的铁路系统。国铁路网的固定设备资产(包括轨道、信号设备等)的所有权和管理权均归"路网公司"(Network Rail)所有。相应的,"国铁公司"(National Rail)拥有车辆设备并直接为国铁路网提供乘客运输服务。英国铁路货物运输服务另由多家私有公司承包。

英国政府于 2004 年发布了《铁路的未来(The Future of Rail)》白皮书。白皮书给出了英国铁路乘客运输管理体系的基本框架,如图 2-1 所示。

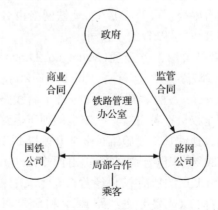

图 2-1　英国铁路客运管理体系框架

"国铁公司"并非独立存在的企业,它实际上是"英国铁路运营公司协会"(Association of Train Operating Companies,ATOC)所对应的运营品牌。职能包括形成强有力的铁路运营网络、同政府与媒体进行交流、监督立法并对之作出反应以期影响行业发展,同时提供有关铁路客运行业的信息。

ATOC 制定了多个运营方案,涉及铁路咨询服务、售票与结算、铁路卡、铁路人员乘车、代理业务等,以便于向乘客提供网络化服务,并能更好地注重合作,回避竞争,以期给铁路运营行业带来更大的利益。最重要的两个方案是:

(1) 国家铁路咨询服务计划。顾客可以通过电话或互联网联系某一个咨询中心,获得由任何铁路公司提供的列车时刻表和其他服务信息。这属于全国性的铁路网络服务,且客运许可条款和授权协议都要求参与这一方案。

(2) 售票与结算计划。各授权铁路运营公司和开放式运营单位均受英国客运许可条款的制约,各铁路运营公司必须合理地安排联运车票的出售、接收和结算等一系列工作。为了保证运营单位遵守运营许可条款所作的各种安排,在售票与结算协议中都有规定。签订售票与结算协议的目的是为了保证运营单位各自的商业利益,为乘客提供整个运营网络内的服务,保证乘客获得更大的"网络利益"。

为了贯彻实施这两个方案,ATOC 成立了铁路结算计划有限公司,负责管理有关火车票的外来 IT 业务合同、信息发布、车票发行机制,以及各铁路公司之间的收入分配与结算,但不参与线路的运营组织。

2. 运营公司及其运营管理模式

1) 伦敦地下轨道交通

伦敦共有 12 条地铁线路,早期的伦敦地铁网络由不同的竞争公司修建而成,在 1933 年整合成一个大系统,并成立伦敦客运管理委员会(LPTB)进行管理。

1985 年,伦敦地铁有限公司(LUL)成立,地铁网络由分散经营转变为单一实体经营。2003 年起,LUL 成为 TfL 的子公司。

LUL 的最高领导者是公司常务经理(Managing Director)。具体负责主持日常运营工作的最高层管理者是首席运营官(Chief Operating Officer),直接领导两名部门主管(Service Director);两名部门主管分管十名线路总经理(Line General Manager),线路总经理全权负责各自管辖线路上的列车运营及车站相关业务。

2003 年 1 月起,伦敦地铁基础设施维护业务开始以 PPP 模式运营。基础设施和车辆的维修工作以 30 年承包合同的形式由两个私有公司 Metronet Rail 和 Tube Lines 承担,同时 LUL 的所有权和经营权在名义上仍归 TfL 所有。其中,Metronet Rail 公司负责向 LUL 为地铁线路 BCV 和 SSR 两部分的车辆、车站及相关基础设施提供安全、高效、经济的维护服务,LUL 向 Metronet Rail 公司按月支付服务费,并依服务水平对服务费进行增减。Tube Lines 公司负责地铁 JNP 部分。LUL 与 Tube Lines 公司之间的权利义务关系与 Metronet Rail 公司类似。

2）伦敦地面轨道交通

伦敦地面轨道交通系统由重轨线路组成，截至 2007 年有 4 条线路，分别为：北伦敦线，列治文站（Richmond）—史特拉福站（Stratford）；西伦敦线，卡立芬交汇站（Clapham Junction）—韦利斯登交汇站（Willesden Junction）；福音橡—柏京线，福音橡站（Gospel Oak）—柏京站（Barking）；屈福特 DC 线，屈福特交汇站（Watford Junction）—优士顿（Euston）。

伦敦地面轨道交通的经营权由 TfL 以面向私有企业招投标的形式确定，2007 年 6 月 19 日，MTR Laing 公司最终中标。MTR Laing 公司是由 John Laing 公司（John Laing plc）和港铁公司（MTR Corporation）各出资 50% 组建的，以成立伦敦地上铁有限公司（London Overground Rail Operations Ltd.）的形式对伦敦地面轨道交通进行经营。

伦敦地面轨道交通于 2007 年 11 月 11 日开始运营服务，并在 12 日正式启用。TfL 负责制定票价、提供车辆和制定服务水平，并承担 90% 的收入风险，运营商则承担其余 10% 收入风险，并负责收入征管。

3）道克兰轻轨

道克兰轻轨（Docklands Light Railway，DLR）是由伦敦道克兰发展公司（London Doclands Development Corporation）兴建的，该公司是一个由英国政府建立的半官方机构。

目前，道克兰轻轨有限公司（TfL 的全资子公司）掌握 DLR 的所有权。

从 1997 年起，DLR 运营权被授予私营公司。目前的运营公司是 Serco Docklands 有限公司。该公司由前 DLR 管理小组和 Serco Group 公司共同组建，是 Serco Group 公司的全资子公司。

DLR 不属于伦敦地铁系统，但其线路分布完全在地铁路网之中且与地铁紧密衔接，因此通常在伦敦地铁示意图中都会将其包含在内。并且，DLR 与伦敦地铁共用同一票务系统。

4）伦敦都市圈重轨线路

伦敦是英国铁路线网的汇聚点。大伦敦市范围内设有 14 个地铁-铁路换乘站，多条重轨线路，包括通勤铁路、城际铁路、机场线路和国际线路，由此向外延伸，为没有开通地铁或 DLR 的地区提供客运服务。

重轨线路遍布伦敦都市圈内 3 个圈层，是市郊铁路（通勤铁路）的主体。客运业务（包括车辆）的所有权和经营权分别归多家私有铁路企业所有，他们并不受 TfL 管辖。包括伦敦地上铁有限公司在内，伦敦都市圈范围内的重轨乘客运输共涉及 17 个铁路客运公司。

1993 年 11 月，在保守党政府的推动下，英国议会通过铁路改革法案，1994 年实施,1997 年完成。改革的主要内容是网运分离和企业私有化,将铁路分拆为 1 个全国性路轨公司(Rail Track)、25 个客运公司、6 个货运公司、3 个机车车辆租赁公司以及多家设备改造、维修服务公司,原来的国铁公司被 120 多家私营企业取代。路轨公司负责管理经营全国铁路基础设施(轨道、桥梁隧道、车站、信号),向运营公司收取基础设施使用费。该公司是全部私人股份的上市公司。其余运营公司也全部是私人企业。

2004 年《铁路的未来》白皮书和《2005 年铁路法案》以政府命令的方式明确了 TfL 参与大伦敦市范围内铁路运营权管理的权利。例如,对于大伦敦市范围内的重轨线路及部分超出地区范围的重轨线路,TfL 有权增减其客运业务,以更好地协调各类公共交通方式间的关系。另外,TfL 可直接与相关铁路运营公司开展合作业务,而无须 DfT 授权。这些都更加有利于大伦敦市综合交通体系的整合。

2005 年 9 月,英国政府决定重新加强国家对铁路的监督,并建立和调整政府铁路管理部门层面的关系,在参与铁路发展政策和建设规划的制订、重大工程计划建设项目的实施、采取解决铁路运输一些重要问题的具体措施等方面发挥应有的作用。根据 2005 年颁布执行的新的铁路法,英国政府对铁路部门财务支出的增长及其他一些重要问题的处理,进行严格的监督。

2.4.3　上海市轨道交通

1. 组织机构与运营公司

上海轨道交通以地方经营管理为主,其管理组织机构近年来经过多次变迁。目前,各轨道交通运营公司整体归属申通集团,由其统一管理投资、建设和运营,而上海市政府仅执行监督职能。

目前,上海轨道交通的运营公司有磁浮公司及申通集团旗下的上海地铁第一、第二、第三、第四运营公司。申通集团旗下运营公司主要运营市中心线,磁浮公司主要经营磁悬浮。

磁浮公司于 2000 年由申通集团、宝钢集团等 7 家公司共同组建,磁浮公司行使除资产处置之外的职责。磁浮公司在很多辅业方面都已经实现了市场化,如绿化、维护、售票、清洁等工作都由外单位承担。

2. R 线(市郊线)运营管理模式

4 条 R 线,是上海市市郊铁路的主体,属于上海市政府主导投资建设的轨道线路,目前已纳入上海市的轨道交通网络实施统一的运营管理,运营管理公司为申通集团旗下公司。

R 线线网的布局规划与巴黎都市圈的 RER 线网较为类似。线路在中心城穿过中心区,连接两端的郊区与新城。根据规划,R 线在郊区车站布置结合城镇体系规划,站距为 4km 左右;在中心城车站布置类同于城市轨道交通,站距为 1~1.5km。R 线线网主要实现郊区城镇与中心城之间的联系,而不是郊区城镇穿越中心城与郊区城镇的联系。

R 线线网的这一布局规划、功能设定以及市郊铁路的客流特点,决定了线路在运行组织中,必须考虑分段运营与大小交路套跑相结合的形式。从总体上看,R 线的运营组织适宜划分为 3 个运行区间分段运营,并采用 3 个交路套跑的形式。具体线路可结合客流情况,选择合适的交路方案。

2.4.4　广州市轨道交通

广州市域范围内的轨道交通运营企业可分为地铁和铁路两类。

1. 地铁

广州地铁全部线路均由广州市地下铁道总公司负责运营。广州市地下铁道总公司是广州市政府下属的大型国有企业,成立于 1992 年 12 月。公司负责建设及运营管理广州市快速轨道交通系统,下辖 10 个子公司,围绕地铁建设和运营开展业务,并涉及物业、广告、宾馆等商务项目的开发。目前运营线路包括 8 条广州地铁线路,总里程 236km,日均客运量超过 100 万人次。

广州市轨道交通的经营采取包干方式。政府出资建成项目,将项目经营权交予地铁总公司,但不再对项目运营进行补贴。如果经营出现亏损,地铁总公司将以自身信用或经营权质押方式到银行进行融资,政府对这部分债务不再承担责任。

不过,在公司日常运营中,广州市政府仍给予其优惠政策进行扶持。首先,广州市政府从电价上给予地铁公司优惠(电价标准为普通工业免市燃价);其次,自地铁 1 号线开通以后,市政府就积极协调公交和地铁的接驳,优化配置,减少两者之间的恶性竞争,形成优势互补的局面;再次,从税收政策上,对于地铁庞大的地下建筑,将其定位为民用防空工程,减少建筑方面的收费;最后,在法律法规方面上,广州市实施《广州市地下铁道管理条例》来保证地铁建设顺利进行和安全运营。

2. 铁路

广州市域范围内铁路线路均由广州铁路集团公司管辖,广州铁路集团公司是经国务院经贸办批准、在原广州铁路局基础上组建的全国第一家铁路运输企业集团,成立于 1993 年 2 月,由铁道部直接管辖。

集团公司拥有 4 家全资运输子公司、5 家控股有限责任运输公司、1 家参股运输公司以及 10 多家全资及附属企业。集团下属各类独立核算单位 41 个(参股公司除外),其中直属单位 29 个。

　　作为中国铁路运输业第一家实力雄厚的大型企业集团,广铁集团创造了母子公司结构的集团模式,创建了广深铁路股份有限公司,是全路第一家股份制运输企业。合资铁路明晰产权、规范改制取得明显成效,三茂、石长、广梅汕、粤海、平南公司等相继组建了股份有限公司或有限责任公司。

　　目前,广铁集团公司拥有羊城铁路总公司、长沙铁路总公司、怀化铁路总公司、海南铁路总公司4家全资子公司及广深铁路股份有限公司、广梅汕铁路有限责任公司、三茂铁路股份有限公司、石长铁路有限责任公司、粤海铁路有限责任公司5家控股公司和深圳平南铁路有限公司1家参股公司。

　　广州市域范围内涉及的广三线归三茂铁路股份有限公司管辖,广深线归广深铁路股份有限公司管辖,京广线(南段)归羊城铁路总公司直接管辖。

　　这三条线路所对应的三家运营企业均为广铁集团公司的全资子公司或控股公司,其运营模式也均为传统国铁模式,即:在广铁集团公司各业务处、室的统一调度指挥下,由各企业经营范围内的车站、车务段、车辆段、机务段、工务段、电务段、客运段等职能部门具体负责日常运营。

　　在建的广珠客运专线由珠三角城际轨道交通有限责任公司负责管理。该公司是由铁道部与广东省合资组建并按投资比例享有股权。公司作为项目法人,对该项目的资金筹措、建设实施、生产经营、债务偿还,以及资产保值增值全过程负责。线路开通运营后,公司将采用现代化的手段进行运营管理,开展以乘客运输为主的主业经营,并利用自身有利条件发展多元化经营,如建立商业网点、开拓特色商品市场、开发沿线房地产、提供广告、停车场、餐饮娱乐等延伸服务。

第3章 网络化运营的票务清分清算技术

3.1 概 述

世界城市轨道交通系统建设的经验表明,随着线网规模的扩大,线路的运营管理主体(或运营商)将逐渐趋于多元化。运营商有可能是单线运营商也可能是多线运营商。为了给乘客提供方便快捷高效、以人为本的"无缝换乘"服务,不同运营商一般会采用先由乘客出行起点站或终到站,或预售票机构、交通卡预储值机构先行收费,再在各运营商之间按照承担运输的实际贡献进行清算的办法为乘客提供优质服务。由此设立统一的票务清算系统以整合线网中的客票数据,公正地实行票款清算与分配是城市轨道交通网络化运营得以成功实施的必要条件。特别是票务清分技术对于合理确定网络中各线路区段各运营商所承担的工作量具有重要意义。

实际上,目前国内外学术界对城市轨道交通线网的票务清分的研究已经取得了卓有成效的进展并付诸实际应用。如毛保华等(2007)以城市轨道交通线路的"一票换乘"为前提,全面研究了不同换乘条件下的各线路的票款清分算法并开发了城市轨道交通票务清分系统;韦强等(2009)探讨了基于概率模型的城市轨道交通的客流量清分算法;侯云章等(2004)探讨了利用 Shapley 值法对共同收益的分配方案;赵峰等(2007)用改进的遍历算法对基于概率模型的城市轨道交通票款清分算法进行了优化,给出了提高清分比例准确性的建议,这些研究为一般环境下轨道交通网络化运营票务清分作出了重要贡献,充实了票务清算理论与方法。随着新的运营组织方法的不断提出,在城市轨道交通过轨运营、快慢车结合等运输组织环境下,列车通过过轨运行实现不同公司的列车在同一线路上追踪运行,经营核算实体发生变化,本章在对票务清算系统和一般网络化运营环境下票务清算方法进行介绍的基础上,重点对共线运营环境下的票务清算方法和快慢车结合运营环境下的票务清算方法进行探讨。

本章中,运营商是指独立运营一条或若干条城市轨道交通线路及相应运输设备的法人实体,统称为"运营公司"。因此,在本章中,对于一条线路,有且仅有一家运营公司。多运营商是指线网中存在两个或两个以上的运营公司,各运营公司为独立核算的经营实体;在实际中,还存在一条线路由多个经济主体投资建成并共同运营的情况,有些学者将其纳入"多运营商"的范畴。在本章中,我们将这些经济主体定义为"投资商",投资商之间的利益分配,是运营公司内部利润的再分配,不属于网络化运营票款清分研究范畴,故本章中对这种多家投资主体共同投资兴建某线路并运营的问题,归为单运营商问题。

3.2　票务清分清算的 AFC 系统

随着城市轨道交通技术设备水平的提高,自动售检票系统(automatic fare collection,AFC)已经成为大多数城市轨道交通系统内必备子系统,它是网络化运营环境下的票务清算赖以实现的基础系统。

一般而言,AFC 的总体构架可以采用四级分布式网络结构,每级子系统独立运行,又通过广域网、局域网相互联系,如图 3-1 所示。

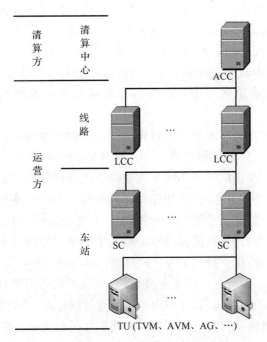

图 3-1　城市轨道交通 AFC 系统总体构架

四层结构分别为:AFC 中心计算机(AFC center computer,ACC)、线路中心计算机(line center computer,LCC)、车站计算机(station computer,SC)与终端设备(terminal unit,TU)。其中,终端设备包括自动售票机(ticket vending machine,TVM)、自动充值机(add value machine,AVM)、自动检票机(automatic gate,AG)等设备。

进一步的,根据系统设备所在地和归属单位,四层架构一般又可分为"三地两方"系统:SC、TU 位于城市轨道交通线网各车站,LCC 位于各线路的运营公司,ACC 一般位于整个线网的综合调度控制中心或者专门的票务清算中心。LCC、SC、TU 属于运营方的自有设施设备,随着线路建成运营而同时投入运行;ACC 则是为了适应网络化运营环境下的票务清算而设置的顶端系统,是独立于各运营公司之外的清算方。

各级子系统共同合作完成票卡的制票、销售、检验与票款的清分清算工作。其中,票卡的制作、销售、检验和回收由各车站的终端设备完成;票款的清分清算则由各级计算机配合完成。

如图 3-2 所示。假设某乘客从线网中 a 线某点到 c 线某点,根据 AFC 记录的票据信息,可以得到该乘客在线网内的起始站(O 站)、终点站(D 站)和全程票款,换乘站(T 站)数据可以通过推算得到。

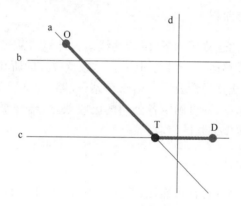

图 3-2　票款清分的路径示意图

3.3　票款清算流程

城市轨道交通系统的票款收入存于线网中某一站(以乘客出行的起点车站为主),而后进入各个运营公司。传统的票款清分方法是将网络化运营的所有票款作为整体进行统一分配,在线网建设初期线路数量较少时,操作难度不大;然而随着线网规模扩大到一定程度,如果要将全部票款定期汇总,再根据票款清分方案进行分配,在实际工作中存在较大困难。解决办法是将某一时期内各个公司的应得收入和已得收入进行轧差,计算出净额清算方式。

3.3.1　清分原则

票款清分算法应基于一定的线网结构、运营模式、客流特性、票价政策等,体现有效性、全面性、整体性和可扩展性,为此应遵循以下 4 个原则:

(1) 准确性原则。清分模型中相关参数应准确反映乘客出行路径,以此为依据判断参与运输生产的各经营核算实体的实际贡献。

(2) 公平性原则。按照独立的经营核算实体清分,利益分配应与其实际贡献合理匹配。

(3) 公正性原则。清分方法反映票价政策,全线网应采用相同的计费标准。

(4) 灵活性原则。清分方法要适应不同的运营组织方法,由于线网采用各种不同的网络化运营组织方法时,可能引起乘客出行路径的改变,故应采用相应合理的算法。

3.3.2　票款清算实施流程

无论在何种网络化运营环境下(包括共线运营环境),从经营核算实体的角度看,网络化运营都是线路运营公司之间的合作,票款收入的所在方必然为起讫车站所属的某一个或两个线路运营公司。由于车站、线路、线路运营公司的一致性,因此,理清票款收入的车站,即可确定各公司的已收票款,结合票款清分算法得到各公司应得票款,即可实施票款的清算。

1. 票款去向

按照乘客购票行为的各种可能性,票款的去向有以下几种情况:

(1) 从起点站 S_o 购票上车,任意车站下车无补票,全程票款存在于 S_o 所在线路的运营公司。

(2) 从起点站 S_o 购票上车,在本线的终点站 S_d 下车并补票,全程票款存在于 S_o 所在线路的运营公司。

(3) 从起点站 S_o 无票上车,在本线的终点站 S_d 下车并补票,全程票款存在于 S_o 所在线路的运营公司。

(4) 从起点站 S_o 购票上车,在非本线的终点站 S_d 下车并补票,全程票款分别存在于 S_o、S_d 所在的两条线路的运营公司。

(5) 从起点站 S_o 无票上车,在非本线的终点站 S_d 下车并补票,全程票款存在于 S_d 所在线路的运营公司。

可以看出,对于乘客的一次出行,线路 j 的运营公司上获得票款的情况有:线路 j 有车站作为起点站时,在(1)~(3)三种情况下获得全部票款,在(4)情况下获得部分票款;线路 j 无车站作为起点站、有车站作为终点站时,在(4)情况下获得部分票款,在(5)情况下获得全部票款。

2. 流程设计

根据上述分析,设计确认票款所在地及其相应票款额的流程。流程的相关参数设定如下:

假设 l 家线路运营公司,分别运营 m 条线路。k 表示线路运营公司,$k = 1$,$2,\cdots,l$;j 表示线路,$j = 1,2,\cdots,m$。由于线路对应唯一的线路运营公司,在通过线路上的车站判断票款所在运营公司的思路下,不妨令 $k = j$。

W,表示乘客的出行路径总数;w,表示第 w 个出行路径。

S_o、S_d,分别表示乘客出行路径的起讫车站;由于票款只存在于起讫车站,此处可简化站点序列为 (S_o,S_d),即表示某一出行路径。

E_j,表示线路 j 的已收票款。

E_o、E_d,分别表示乘客在起讫车站的购票、补票款额。

设计流程的具体步骤如下:

Step0,初始化,输入线网信息、检票验票及票款信息,并置 $j = 1$。

Step1,置 $w = 1$,$E_j = 0$。

Step2,提取第 w 个 (S_o,S_d) 的出行路径并记录。

Step3,判断出行路径中的起点站 S_o 是否属于线路 j,如果是,则进行 Step4;否则,转到 Step7。

Step4,提取此路径的起点站验票信息中的购票款额 E_o。

Step5,判断 E_o 是否为零,如果是,则转到 Step7;否则,进行 Step6。

Step6,计算该出行中起点站所在的线路运营公司 k 的收入,$E_j = E_j + E_o$。

Step7,判断出行路径中的终点站 S_d 是否属于线路 j,如果是,则进行 Step8;否则,转到 Step11。

Step8,提取此路径的终点站验票信息中的补票款额 E_d。

Step9,判断 E_d 是否为零,如果是,则转到 Step11;否则,进行 Step10。

Step10,计算该出行中终点站所在的线路运营公司 k 的收入,$E_j = E_j + E_d$。

Step11,判断是否所有的出行路径已被处理,如果是,则输出运营公司 k 的已收票款,并进行 Step12;否则,令 $w = w + 1$,转到 Step2。

Step12,判断是否所有的线路已被处理,如果是,则结束;否则,令 $j = j + 1$,转到 Step1。

确认票款所在公司及其相应票款额的算法流程图如图 3-3 所示。

根据 k 公司的应得票款和已收票款,计算两者的差额,即线路运营公司 k 与其他公司之间的最终票款给付或提取值。

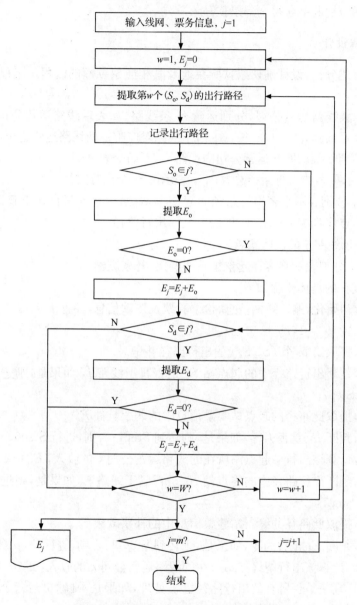

图 3-3　确认各公司已收票款的算法流程图

3.4　网络化运营环境下的票款清算

一般网络化运营环境是指列车仅在其配属于的本线运行,相互衔接的不同线路之间依靠乘客在换乘站的自行换乘实现路径接续,列车不进入其他公司线路运营。目前国内所有城市都属于这种情况。

　　对于某乘客的某次出行,AFC 可以读取终端设备内记录的票据信息,确定乘客在线网内的起讫车站和换乘车站,进而确定其出行路径及其所涉及的运营线路,按照运营里程,得到各线路在该次出行中的运营比例。

　　线路与线路运营公司的对应关系是固定的,无论一对一还是多对一关系,都可通过线路确定唯一的线路运营公司。因此,当经营核算实体为线路运营公司时,可通过线路确定唯一的经营核算实体。

　　由于一般网络化运营环境下,一条线路仅开行本线线路运营公司的列车,经营核算实体为本线线路运营公司,因此,可以将线路与经营核算实体一一对应。一次出行中的各线路的运营比例即各运营公司的贡献比例,结合票款收入,即可得到各运营公司的应得票款。

　　利用 AFC 的基础数据,一般网络化运营环境下的票款清分,可以采用有障碍换乘条件下的清分方法。假设某乘客的出行路径由 m 条线路、$n+1$ 个站组成。采用统一的符号 q,表示某个 OD 之间实际的车票票面金额;采用站点序列 S_0,$S_1,\cdots,S_{i-1},S_i,\cdots,S_n$,表示某一出行路径;以 $L_i = |S_{i-1}S_i|$,表示从 S_{i-1} 到 S_i 的运营里程数。

　　对于线路 j,其分配得到的票款收入 Q_j 为

$$Q_j = q \times \frac{\sum\limits_i L_i \times b_j}{\sum\limits_i L_i} \tag{3-1}$$

式中

$$b_j = \begin{cases} 1, & L_i \in 线路\ j \\ 0, & L_i \notin 线路\ j \end{cases} \quad i = 0,1,\cdots,n, j = 1,2,\cdots,m \tag{3-2}$$

　　当线路与经营核算实体是一对一的关系时,线路的计算值即为经营核算实体的应得票款;当两者是多对一的关系时,将同一线路运营公司的线路款数值和作为其经营核算实体的应得票款。

　　关于一般网络化运营环境下的票款清分方法与算例,详见本书作者毛保华等所著《城市轨道交通网络管理及收入分配理论与方法》一书,本章不再赘述。

3.5　过轨运营环境下的票款清算

　　过轨运营环境,指在一般网络化运营环境的基础上,某条线路上的列车通过过轨运输,实现在其他线路的特定区间与两家或两家以上运营公司的列车追踪运行的网络化运营环境。

3.5.1　两种运营环境下影响票款清算的关键区别

一般网络化运营环境下的票款清分算法,是以线路与经营核算实体的一致性为基础建立的。然而,在过轨运营环境下,列车过轨进入其他线路运行,若采用"租车"形式,过轨运营区间的经营核算实体为本线线路运营公司,线路与经营核算实体尚可一一对应;若采用"租线"和"线路互用"形式,过轨运营区间的经营核算实体为在该区段运营的所有列车运营公司,线路与经营核算实体是一对多的关系。

这两种运营环境下,经营核算实体及其与线路关系的变化如图 3-4 所示。

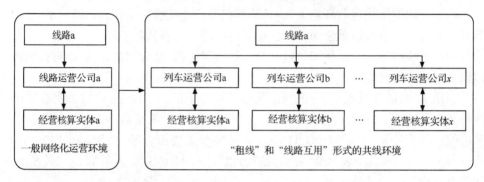

图 3-4　两种运营环境下经营核算实体及其与线路关系的变化

因此,一般网络化运营环境下的票款清分算法,适用于"租车"形式的共享运营环境,但不适用于"租线"和"线路互用"形式的共享环境(为简单起见,下文的"过轨运营"概念均特指这两种形式)。对于后者,需要将按线路清分的票款,进一步细分到在该线运营的所有列车运营公司。

3.5.2　算法改进与分析

在过轨运营区间,客运量是不同列车运营公司进行票款清分的基本依据。各运营公司在过轨运营区间的客运量比例,可以用矩阵表示,即

$$A = \begin{bmatrix} a_{jk} \end{bmatrix} = \begin{bmatrix} a_{11} & a_{12} & \cdots & a_{1l} \\ a_{21} & a_{22} & \cdots & a_{2l} \\ \vdots & \vdots & & \vdots \\ a_{m1} & a_{m1} & \cdots & a_{ml} \end{bmatrix} \tag{3-3}$$

式中, a_{jk} 为第 j 条线路过轨运营的第 k 家运营公司所占的运量比例,有

$$\sum_{k=1}^{l} a_{jk} = 1 \text{ 且 } 0 \leqslant a_{jk} \leqslant 1 \tag{3-4}$$

结合一般网络化运营环境下各线路的票款清分算法,将存在过轨运营的线路分为过轨运营区间和非过轨运营区间,从而得到各列车运营公司的应得票款为

$$
\begin{aligned}
I &= Q_{\text{非}} + Q_{\text{共}} \times A \\
&= [Q_{j\text{非}}] \times [Q_{j\text{共}}] \times [a_{jk}] \\
&= q \times \left(\left[\frac{\sum\limits_i L_i \times b_{j\text{非}}}{\sum\limits_i L_i} \right] + \left[\frac{\sum\limits_i L_i \times b_{j\text{共}}}{\sum\limits_i L_i} \right] \times \begin{bmatrix} a_{11} & a_{12} & \cdots & a_{1l} \\ a_{21} & a_{22} & \cdots & a_{2l} \\ \vdots & \vdots & & \vdots \\ a_{m1} & a_{m2} & \cdots & a_{ml} \end{bmatrix} \right)
\end{aligned}
$$

$$
i = 0, 1, 2, \cdots, n, \quad j = 1, 2, \cdots, m \tag{3-5}
$$

式中

$$
b_{j\text{非}} = \begin{cases} 1, & L_i \in \text{线路 } j \text{ 非过轨区段} \\ 0, & L_i \notin \text{线路 } j \text{ 非过轨区段} \end{cases} \tag{3-6}
$$

$$
b_{j\text{共}} = \begin{cases} 1, & L_i \in \text{线路 } j \text{ 过轨区段} \\ 0, & L_i \notin \text{线路 } j \text{ 过轨区段} \end{cases} \tag{3-7}
$$

$Q_{\text{非}}$、$Q_{\text{共}}$ 分别为第 j 条线路的非过轨运营区间的应得票款和过轨运营区间的应得票款。

3.5.3　客流路径选择影响因素分析

a_{jk} 的取值,决定了清分算法的准确性。在共同运营区间,不同列车运营公司的列车的客运量,难以通过 AFC 的检票系统予以准确区分。

乘客对不同列车运营公司的列车的选择,可以理解为对不同出行路径的选择。区别于一般意义上的由线路区间不同决定的"物理路径"不同,这是由经营核算实体不同引起的"虚拟路径"的不同(相同 OD 对的"物理路径"在过轨运营区间是相同的)。因此,可以采用基于多路径选择概率模型或者随机用户平衡模型的城市轨道交通客流分布算法,各个参数利用各个时间段对过轨运营区间线路各列车在各车站的乘降量调查样本进行标定与修正,可得到精确的各列车运营公司的输送客流比例。从而,通过式(3-5)可得到过轨运营环境下各经营核算实体的应得票款。

在同一过轨运营区间、同一 OD 对的"虚拟路径"之间,不同运营公司的列车采用的追踪间隔与区间旅行速度相同、计费标准一致,因此,直接影响乘客"虚拟路径"选择和流量分配的出行阻抗的部分因素是相同的,如出行时间、车票价格、准时性等;主要的不同因素有列车的舒适度、便捷性以及影响乘客路径选择行为的个体因素。

1. 舒适度

乘客是城市轨道交通的服务对象,一般而言,舒适度对于乘客选择路径的影响,与车厢内拥挤程度直接相关。

对于城市轨道交通,拥挤程度有两个阈值:座位数与额定载客数。当列车上的乘客数小于座位数,即每一位乘客均有座位时,认为乘客的舒适度最优,此时广义费用为零;当乘客数大于座位数时,由于乘客必须站立甚至拥挤,此时产生由不舒适引起的单位乘车时间内的舒适度广义费用。

乘客的舒适度广义费用,可以分为当乘客数大于座位数而小于额定载客数时站立阶段和当乘客数超过额定载客数时的拥挤阶段,如下所示:

$$F_s(x) = \begin{cases} c_1(x-Z)/Z, & Z < x \leqslant C \\ [c_1(x-Z) + c_2(x-C)]/Z, & x > C \end{cases} \qquad (3-8)$$

式中,x 为过轨运营区间某区间上的客流量(单位:人);Z 为列车的座位数(单位:个);C 为列车的额定载客数(单位:人);c_1 为乘客站立导致的舒适度广义费用系数;c_2 为拥挤导致的舒适度广义费用系数。

对于不同的"虚拟路径",主要差异在于 C 与 Z。由于互相过轨的列车往往来自不同区域,根据本线所在区域的客流特点,车辆容量可能差异较大,导致在相同的运输量的情况下产生不同的广义费用。一般而言,对于来自郊区和市区的列车,有以下关系:

$$Z_u < Z_s, \quad C_u > C_s \qquad (3-9)$$

式中,Z_u、Z_s 分别为过轨运营区间来自郊区、市区的列车的座位数(单位:个);C_u、C_s 分别为过轨运营区间来自郊区、市区的列车的额定载客数(单位:人)。

此外,由于不同列车运营公司的车辆特别是车厢可能存在不一致,列车车厢的新旧程度、车内设备(如座位、扶手位置)等客观因素对乘客的舒适度也有一定程度的影响。

2. 便捷性

在城市轨道交通线网中,换乘次数成为乘客选择路径的一个重要因素。可以认为,乘客出行的便捷性是线网换乘便捷性的个体表征,可以通过换乘次数予以定义和计算。

对于过轨运营区间,乘客选择"虚拟路径"的便捷性差异,在于选择该路径导致的换乘次数的不同,如在过轨运营区间起讫点车站是否需要换乘。乘客出行的便捷性广义费用如下所示:

$$F_b = \alpha[H_w^y] \qquad (3-10)$$

式中,H_w^y 为对于第 w 个"物理路径",在过轨运营区间采用第 y 条"虚拟路径"的换乘次数;α 为换乘惩罚系数。

3. 个体因素

个人的出行行为选择通常是受其心理要求支配的,而城市居民出行行为选择是一个非常复杂的心理过程,受到多种个体因素影响,既有居民对家址、工作地点的选择,对交通系统营运特性、营运效率的认知及服务质量评价态度等长期决策因素;也有出行者的出行动机,对出行方式、出行同伴的选择等临场决策因素。其中,对过轨运营区间"虚拟路径"的选择产生影响的主要个体因素有以下几点。

1) 出行起讫点

包含过轨运营区间的出行路径,有三种存在形式:路径一端在过轨运营区间,另一端在非过轨运营区间;路径两端均位于过轨运营区间;路径两端均位于非过轨运营区间。

在过轨运营区间,乘客受出行起讫点的选择影响主要是"虚拟路径"的便捷性差异的体现。对于第一种情况,一般选择非过轨运营区间所在线路运营公司提供的"虚拟路径",从而避免换乘,因此,客流主要集中在该"虚拟路径"上;对于第二种情况,任一"虚拟路径"的便捷性影响都是相同的,客流在各"虚拟路径"的客流分配与其运能的比值应较为接近;对于第三种情况,一般选择两个非过轨运营区间所在线路运营公司之一提供的"虚拟路径",从而仅需一次换乘,因此,客流主要集中在这两条"虚拟路径"上。

2) 出行时段

一般而言,城市轨道交通线网内,由于高峰时段乘客流量大,车站乘降量大,相应的换乘广义费用就会变大,因此,在高峰时段出行的乘客一般会选择不需要换乘或换乘次数较少的出行路径。

在过轨运营区间,乘客受出行时段的选择影响主要是"虚拟路径"的舒适性差异的体现。在高峰时段,城市轨道交通各区间客流量往往接近甚至超过列车的额定载客数;在平峰时段,区间客流量往往接近甚至低于列车的座位数。

由式(3-8)和式(3-9)可知,高峰时段,若 $x > C_u$,则 $x \gg C_s$,此时选择来自市区线路的列车舒适性更好;平峰时段,若 $x < Z_u$,则 $x \ll Z_s$,此时选择来自郊区线路的列车舒适性更好。

3) 运营公司认同度

在其他影响因素差异不明显的情况下,乘客对待选"虚拟路径"的选择,往往受其对相应运营公司的认同度等主观因素的影响。

如果线网内的各运营公司采用不同票卡的情况下,乘客对运营公司的认同度对"虚拟路径"选择的影响更加明显。

3.5.4　算例分析

假定城市轨道交通线网,站点序列及各车站、线路的位置关系、距离值(为简化计算,赋值无单位,下同),如图 3-5 所示。

由三条线路组成该线网,各线路与过轨运营区间的组成路径如表 3-1 所示。选取 1→2→3→4→5→7→8 作为该线网中的待清分的出行路径,客流量为100,全

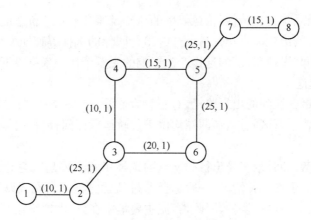

图 3-5　假设的轨道交通线网简图(a)

程票价为 5。

表 3-1　假设线网(a)的线路与共线运营区间对应路径

线路与区段	路径
线路 1	$\{(1,2),(2,3)\}$
线路 2	$\{(5,7),(7,8)\}$
线路 3	$\{(3,4),(4,5),(5,6),(6,3)\}$
1、3 共线运营区间	$\{(2,3),(3,4),(4,5)\}$
2、3 共线运营区间	$\{(3,4),(4,5),(5,7)\}$

由式(3-1)计算得各线路过轨与非过轨运营区间的应得票款值为

$$Q_{非} = [50,75,0]$$

$$Q_{共} = [125,125,125]$$

假设三个列车运营公司在三条线路过轨区间的运输量比例为

$$A = \begin{bmatrix} 0.80 & 0 & 0.20 \\ 0 & 0.90 & 0.10 \\ 0.45 & 0.40 & 0.15 \end{bmatrix}$$

由式(3-5)计算得各运营公司的全部应得票款为

$$I = [50 \quad 75 \quad 0] + [125 \quad 125 \quad 125] \times \begin{bmatrix} 0.80 & 0 & 0.20 \\ 0 & 0.90 & 0.10 \\ 0.45 & 0.40 & 0.15 \end{bmatrix}$$

$$= [206.25 \quad 237.5 \quad 56.25]$$

得到票款清分方案:三家运营公司分别应得票款 206.25、237.5 与 56.25。

3.6　快慢车结合过轨运营环境下的票款清分

一般来说,快慢车的运输组织形式未改变出行者的直接支出(即票价),但它会引起旅行时间的变化,从而改变不同出行路径的广义费用,进而影响客流的路径分配结果,并改变票款清分结果。应当指出,由于开行快车,导致"虚拟路径"之间由旅行时间引起的出行阻抗的差异明显,对共线运营区间的客流分配将产生重大影响。从而与不开行快车的共线运营环境相比,a_{jk} 将发生明显变化。

对一般无快慢车的网络化运营环境,或快慢车运输形式发生在过轨运营环境下的非过轨运营区间,由于经营核算对象未发生改变,由式(3-1)即可算得票款清分结果。以下主要讨论包括快慢车结合的过轨运营区间票款清分清算问题。

3.6.1　快慢车结合的"虚拟路径"分析

根据 AFC 记录的乘客出行路径的起讫点车站数据,采用 S_o、S_d 表示某乘客出行路径的起讫车站;在共线运营区间,采用站点序列 $S_0, S_1, \cdots, S_x, \cdots, S_n$ 表示慢车的"虚拟路径",记为 S_s;采用站点序列 $S_0, S_1, \cdots, S_y, \cdots, S_n$ 表示快车的"虚拟路径",记为 S_q。

针对不同类别的出行路径,结合不同的配流方法的特点进行如下分析。

1) 出行路径起讫点均位于快车"虚拟路径"上,即 $(S_o \in S_q) \bigcap (S_d \in S_q)$

此时,快车与慢车的"虚拟路径"的阻抗差异主要为快车与慢车在全程旅行时间阻抗差异,而且该差异的绝对值随着出行距离的增加而增大。

定义过轨运营区间超出快车的核定运能的那部分客流量为"溢出客流"。考虑一般出行者的优先选择意愿,在快车运能满足的情况下,快车与慢车的"虚拟路径"基于全有全无的启发式算法,将客流全部分配在快车"虚拟路径"上。当客流量超出快车的核定运能时,将客流分为快车核定运量和"溢出客流"量,前者仍全部分配在快车"虚拟路径"上,后者在快车、慢车的"虚拟路径"上进行分配。快车主要考虑舒适度广义费用,慢车主要考虑旅行速度广义费用,采用多路径选择概率模型或者随机用户平衡模型进行客流分配,得到客流比例。

对于 a、b 两线采用线路互用形式的过轨运营,一般而言,过轨列车在对方线路区间开行快车而在本线开行慢车,则两线过轨运营区间的客流分配为

$$X = [x_{jk}] = \begin{bmatrix} x_{aa} & x_{ab} \\ x_{ba} & x_{bb} \end{bmatrix} = \begin{bmatrix} x'_{as} & x'_{aq} + C_b \\ x'_{bq} + C_a & x'_{bs} \end{bmatrix} \tag{3-11}$$

式中,x_{jk} 为在第 j 条线路过轨运营的第 k 个列车运营公司的运量,x_{aa}、x_{ab}、x_{ba}、x_{bb} 依次类推;x'_{as}、x'_{bs} 分别为在 a 线、b 线的过轨运营区间上运行的慢车对"溢出客流"的分配量(单位:人);x'_{aq}、x'_{bq} 分别为在 a 线、b 线的过轨运营区间上运行的快车对"溢出客流"的分配量(单位:人)。

2) 出行路径起讫点在过轨运营区间以外的线路上,即 $(S_o \not\in S_s) \bigcap (S_d \not\in S_s)$

此时,快车与慢车的"虚拟路径"的阻抗差异与情况 1)的相同。在过轨运营区间的客流分配可采用相同的算法。

3) 出行路径起讫点之一或两个均位于慢车"虚拟路径"上

这里,快车与慢车的"虚拟路径"的阻抗差异主要为快车的换乘阻抗与慢车旅行时间阻抗差异。因此,前者主要考虑便捷性广义费用,后者主要考虑旅行速度广义费用,采用多路径选择概率模型或者随机用户平衡模型可得到客流分配比例。

3.6.2　流程设计

采用式(3-5)可以完成快慢车结合运营环境下的票款清分。首要问题是确定共线运营区间快慢车"虚拟路径"上的客流分布从而确定两者的票款清分。为此,针对线路 j 上的过轨运营区间,设计清分算法流程,流程的相关参数设定如下:

W,表示乘客的出行路径总数;w,表示第 w 个出行路径。

S_o、S_d,分别表示乘客出行路径的起讫车站;由于上述对"虚拟路径"讨论的分类判据为起讫站点,因此简化站点序列为 (S_o, S_d),即可表示某一出行路径。

S_J、S_q、S_s,分别表示过轨运营区间及过轨运营区间内快车与慢车的"虚拟路径"的站点序列。显然 $S_q \subset S_s = S_J$。

C,表示快车的核定运能。

F_a,表示路径 (S_o, S_d) 在过轨运营区间的全部客流量。

F_o,表示路径 (S_o, S_d) 在过轨运营区间的"溢出客流"量。

x'_q、x'_s,分别表示 F_o 在过轨运营区间的快车与慢车"虚拟路径"上的配流。

x_q、x_s,分别表示 F_a 在过轨运营区间的快车与慢车"虚拟路径"上的配流。

a_q、a_s,分别表示路径 (S_o, S_d) 在过轨运营区间的快车与慢车"虚拟路径"上的客流量比例。

Q_q、Q_s,分别表示路径 (S_o, S_d) 在过轨运营区间的快车与慢车"虚拟路径"应得票款。

设计算法流程,确定过轨运营区间快慢车"虚拟路径"上的客流分布,具体步骤如下所述。

Step0,初始化,输入线网信息、检票验票信息,并置 $w = 1, Q_q = Q_s = 0$。

Step1,提取第 w 个 (S_o, S_d) 的出行路径并记录。

Step2,提取 F_a 并记录。

Step3,判断出行路径中的起讫站 S_o、S_d 是否均属于过轨运营区间以外的站点序列,如果是,转到 Step5;否则,进行 Step4。

Step4,判断出行路径中的起讫站 S_o、S_d 是否均属于过轨运营区间内的快车"虚拟路径"的站点序列,如果是,进行 Step5;否则,令 $F_o = F_a$,转到 Step7。

Step5,判断是否 $F_a > C$,如果是,进行 Step6;否则,令 $x_q = F_a, x_s = 0$,转到

Step10。

Step6,计算 F_o。

Step7,对 F_o 进行配流算法,得到 x'_q、x'_s。

Step8,判断是否 $x'_q + x'_s = F_a$,如果是,令 $x_q = x'_q$、$x_s = x'_s$,转到 Step10;如果否,进行 Step9。

Step9,计算 $x_q = x'_q + C, x_s = x'_s$。

Step10,根据 x_q、x_s,计算 $a_q = x_q/F_a, a_s = x_s/F_a$。

Step11,根据 a_q、a_s,计算 $Q_q = Q_共 \times a_q, Q_s = Q_共 \times a_s$。

Step12,判断是否所有的路径已被处理,如果是,则输出 Q_q、Q_s 并结束;否则,令 $w = w + 1$,转到 Step1。

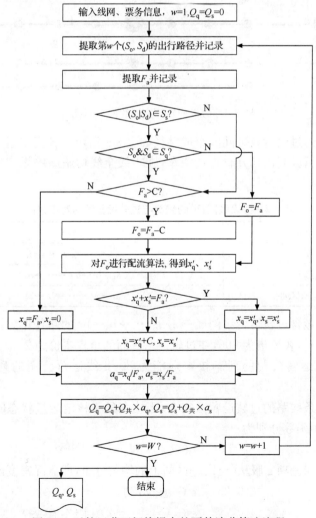

图 3-6　过轨运营区间快慢车的票款清分算法流程

过轨运营区间快慢车的票款清分算法流程如图 3-6 所示。

从而,计算得到过轨运营区间的快慢车的清分票款,再根据式(3-1)清分非过轨运营区间的票款,相同运营公司的两者值加和,即为各公司的应得票款。

3.6.3 算例分析

1. 线路与算法参数设定

假定城市轨道交通线网中的两条在过轨运营区间开行快慢车的线路,站点序列及各车站、线路的位置关系,如图 3-7 所示。由于根据出行起讫车站确定的清分算法不需线路长度参数,因此,本例中简化为站间等长。

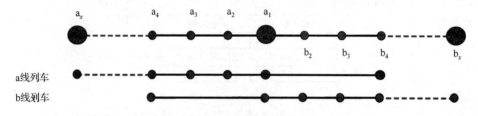

图 3-7　假设的轨道交通线网简图(b)

两条线路与过轨运营区间的组成路径如表 3-2 所示。各列车运营公司在对方的线路过轨运营区间内均开行直达快车,在本线全线均站站停靠。具体站停方案如图 3-7 所示。

表 3-2　假设线网(b)的线路与过轨运营区间对应路径

线路与区段	路径
线路 a	$a_1 \rightarrow a_2 \rightarrow a_3 \rightarrow \cdots \rightarrow a_x$
线路 b	$a_1 \rightarrow b_2 \rightarrow b_3 \rightarrow \cdots \rightarrow b_y$
过轨运营区间	$a_4 \rightarrow a_3 \rightarrow \cdots \rightarrow b_3 \rightarrow b_4$

选取某个包含过轨运营区间 $a_4 \rightarrow a_3 \rightarrow \cdots \rightarrow b_3 \rightarrow b_4$ 的路径作为该线网中的待清分的出行路径,客流量为 100,在过轨运营区间的全程票价为 2。

假设 a 线运营公司的列车核定运能为 80,b 线运营公司的列车核定运能为 60。

假设在两条线路的过轨运营区间上,当快车处于核定运量状态时,快慢车"虚拟路径"的效用函数分别为

$$U_s = 3 + \varepsilon, \quad U_q = 2$$

假设随机误差项 ε 服从[−2,2]区间上的均匀分布,即概况密度函数为

$$f(\varepsilon) = \begin{cases} 0.25, & \varepsilon \in [-2, 2] \\ 0, & \varepsilon \in (-\infty, -2) \cup (2, +\infty) \end{cases}$$

2. 算例计算

由图 3-6 的流程，根据式(3-11)，可以得到 a、b 两线在双方的过轨运营区间的配流为

$$X = \begin{bmatrix} x'_{as} & x'_{aq}+60 \\ x'_{bq}+80 & x'_{bs} \end{bmatrix}$$

对溢出客流进行配流，采用多路径选择概率模型，p_q、p_s 分别表示快车与慢车的"虚拟路径"被"溢出客流"选择的概率。则有

$$p_s = P(U_s \geqslant U_q) = P(3+\varepsilon \geqslant 2) = P(\varepsilon \geqslant -1) = 0.75$$

$$p_q = 1 - p_s = 0.25$$

溢出客流的配流为

$$X' = \begin{bmatrix} 30 & 10 \\ 5 & 15 \end{bmatrix}$$

两家运营公司在两条线路过轨区间的运输量比例为

$$A = \begin{bmatrix} 0.30 & 0.70 \\ 0.85 & 0.15 \end{bmatrix}$$

两家运营公司在过轨运营区间的全部应得票款为

$$I = \begin{bmatrix} 100 & 100 \end{bmatrix} \times \begin{bmatrix} 0.30 & 0.70 \\ 0.85 & 0.15 \end{bmatrix} = \begin{bmatrix} 115 & 85 \end{bmatrix}$$

得到票款清分方案：两家运营公司分别应得票款 115 与 85。

第4章 网络化运营的政府补贴方法

4.1 概　述

城市轨道交通以其运量大、速度快、准点率高、占地少、污染小等优势条件正逐渐成为世界各大城市公共交通发展的首选方式。由于城市轨道交通的运营及相关服务是大城市公共交通服务的必需品,为充分体现其社会公益性,地铁运营的票价一般低于运营成本,票款收入难以覆盖建设和运营成本。经验表明,轨道交通企业的运营亏损应由政府给予补偿。政府对亏损的补贴主要有四种补贴机制:成本加成合约、固定价格合约、激励性合约,以及特许经营权竞标。前三种类型的补贴机制设计和实施中的困难主要原因就是信息不对称,并且解决问题所投入的削减与补贴机制激励性增加之间存在此消彼长、取舍平衡的问题;第四种方法试图通过引入市场竞争来解决信息不对称问题。本章将详细分析城市轨道交通事业政府补贴的必要性,并对上述四种补贴机制进行阐述,分析其在典型大城市城市轨道交通交通资产管理中的实际应用。

4.2　运营补贴必要性分析

4.2.1　城市轨道交通事业基本属性

城市轨道交通的属性特征是多维的,在投资、建设及运营等各个环节均有所体现。从理论上分析,城市轨道交通的社会福利性、正外部性、自然垄断性、规模经济性、网络经济性及需求波动性等特征,是构成政府补贴的最重要依据。

1. 社会福利性

根据萨缪尔森对公共品的定义,公共品是指每个人消费某种产品时不会导致他人对该产品减少消费的产品。也就是说,公共品在消费时具有非排他性和非竞争性。具有完全排他性和竞争性的物品是私人品,介于这两者之间的则是通常所说的准公共品。从经济学角度看,城市轨道交通兼具公共产品和私人产品的特性,即轨道交通运输服务具有消费的非竞争性和有一定排他性的基本特征,属于准公共产品。理论上纯公共产品由政府提供,纯私人产品应由民间部门通过市场提供。准公共产品既可以由政府直接提供,也可以在政府给予补助的条件下,由企业部门通过市场提供,即政府和企业合伙的方式,因此,其具有社会福利属性。

公共交通事业的社会福利性主要体现在其以低于成本的价格为城市居民出行提供服务时造成的政策性亏损。诸如学生月票享受半价、残疾人及老年人优待、特殊路线等公益服务,都会导致公交企业的政策性亏损。凡因公交的企业公益性造成的政策性亏损,客观上需要政府进行财政补偿,这种公交补偿也体现了转移支付的原则。一般公共交通的乘客收入水平低,公交补偿作为一种转移支付的手段可以改善他们的福利状况。

社会福利性之所以是公交事业的十分重要的特性,是因为它与公交运营企业的目标函数有关,而目标函数又影响激励机制设计,补贴机制设计本质上可以归结为一个有关成本最小化的激励机制的设计。因而,为保证社会福利性而导致的政策性亏损也暗示了政府补偿的必要性。

2. 正外部性

作为公共交通的形式之一,轨道交通的供给对于非轨道交通乘客就存在着正外部性。这是因为地铁的使用缓解了公路拥挤和空气污染等状况,所有城市的居民都从这种缓解中有所受益。但是地铁的营运者只能够从地铁乘客身上收取费用,而不能从所有受益者身上收取费用,因为这在技术上是不可实施的。图 4-1 中,MPB(marginal personal benefit)表示公共交通的边际私人收益曲线,即每多消费一单位公共交通给私人带来的收益。MSB(marginal social benefit)表示社会边际收益曲线,即每多消费一单位公共交通给社会带来的收益。由于存在正外部性,所以 MSB 位于 MPB 的上方。企业供给曲线为 SS(企业边际成本曲线的一部分)。

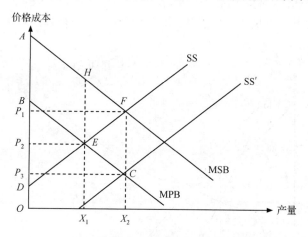

图 4-1　城市轨道交通的正外部属性

当存在正的外部性时,若政府不干涉公交市场,则均衡点是 E, 即私人收益曲线 MPB 和厂商供应曲线 SS 的交点。此时,公交提供量为 X_1,交易价格为 P_2,少于社会最优提供量 X_2(由社会边际收益曲线 MSB 和企业供给曲线 SS 的交点 F 得到)。但是如果政府对企业进行一定经济补偿,企业的供给曲线右移至 SS′(补偿相当于降低了企业的成本),均衡点变为 C。这表明政府对于存在正外部性的经济体进行补偿对于整个社会来说是有利的。

3. 自然垄断性

轨道交通之所以具有自然垄断性,部分是因为规模经济性的存在,此外地铁建设和运营所需投入的资产专用性及由此引发的巨大的沉没成本也是另一要因。具体说,轨道交通在设备和基础设施方面需要数额巨大的投资,固定资本一经形成,折旧需要一个长期的过程,并且设备和基础设施具有资产专用性,很难再作他用。如果企业退出市场,其已投入的固定成本因损失而无法回收的部分则构成巨额沉没成本。在这种情况下,一旦出现重复建设,对企业和行业都是致命的。为防止出现重复建设和行业低效率,政府应对这些行业的准入进行管制。

在自然垄断的情形下,除了进入管制,价格管制也是必需的,论证如下。如果对地铁运营企业不实施价格管制,边际收益曲线 MR 与边际成本曲线 MC 交于 G 点,决定了均衡需求 q^m,进而决定了均衡价格为垄断价格 P^m,如图 4-2 所示。然而,乘坐公共交通工具的一般为城市中的中低收入者,过高的价格 P^m 有违社会的公平原则。同时,不选择乘坐地铁的人数相对增加,城市公路交通压力没能得到最有效的缓解,公共交通社会福利最大化的目标无法达成。毕竟,考虑到公共交通在社会中作用的特殊性,对整个社会来说,在合理的范围内,更多的居民选择乘坐地铁才是理想的情况。于是,在 M 点达到的均衡不是一个合理的均衡。因此,垄断价格定价不可行。

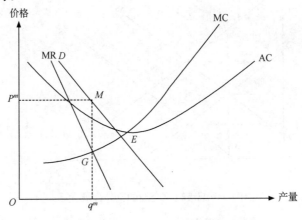

图 4-2　城市轨道交通自然垄断属性

　　自然垄断性的存在和社会福利最大化目标的双重作用要求政府进行价格管制。但是,在自然垄断的情形下,如果仅仅对地铁运营企业实施单纯的价格管制,即要求它们按照需求曲线 D(而不是边际收益曲线 MR)和边际成本曲线 MC 的交点定价,运营企业则会出现亏损,此时,政府的补贴是必然的。

4. 规模经济性

　　随着企业规模扩大,出现长期平均成本下降的情况,称之为企业具有规模经济性(economics of scale)。这意味着,规模经济性的考查可以从企业的成本函数特性分析入手。对于城市轨道交通运营企业,不妨设其成本函数为 $C(q) = F + c_q + d_q^2$,其中,F 为运营固定成本,主要对应于与地铁运营相关的基础设施等固定资产;q 为与运营规模相关的参数,不妨设为载客量。作为典型的轨道交通形式,一方面地铁前期投资非常巨大,存在大量的固定成本 F,另一方面后期运营过程中却存在较小的边际成本 $c + 2d_q$,导致地铁运营成本具有"弱增性"(指一家企业生产一定数量产品的总成本,要比两家或者两家以上的企业共同生产同样数量产品的总成本低)。具体来看,在一定时间内,随运营往返次数的增加,运营企业的单位固定成本会逐渐下降,平均成本亦下降。随着地铁列车数量的增加,其维修、零配件库存将更加合理,地铁调配更加方便,使每辆列车的平均利用率得到显著提高,从而既使平均可变成本下降,又使开通线路和运营班次增加,从而单位固定成本也下降。总之,随着企业规模的扩大,拥有列车数及开通线路、班次的增多,出现了长期平均成本下降的情形,这就是规模经济性,如图 4-3 所示。

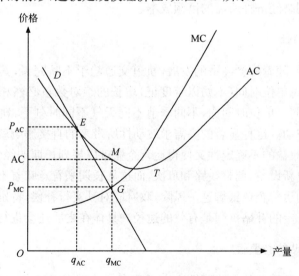

图 4-3　轨道交通的规模经济属性

5. 网络经济性

随着地铁站点的增加,轨道运输将呈现网络结构。由于在这一网络中的任意两点之间都可以建立联系,所以网络结构可以提高轨道运输的便捷性,促进市场容量以递增的速度增长,从而使整个产业的总成本得到节约,这就是网络经济效应或网络经济性(economics of network)。这一点在覆盖面较广的大城市轨道交通网络中体现得十分明显。这种网络联系越多,从网络某一节点到其他任一节点的便利性也会越大。而网络经济效应的存在,主要是因为每一个网络节点可以增加其他网络节点的联络通道,提高乘客的可达性和出行效率;同时网络本身具有自强化功能,能够进一步增加网络容量和拓展网络范围。

一条线路的价值取决于整个网络的完整性,整个网络各节点各支线需要互相协调。特别的,随着市场需求量的迅速增长,网络节点间的分工协作对效率提高的作用也就越大。简言之,从整个行业的角度来说,网络越完善,协作效率越高,轨道交通越便捷,社会福利越有机会改善。然而,要想获得这种网络经济性就得承担相应的不断完善网络的成本。对于单个企业来说,这一成本是可观的,甚至可能大到运营企业宁可放弃部分网络经济性的程度。特别是在没有政府补偿的情形下,一旦运营企业出于自身盈利的考虑放弃追求更大的网络经济性,轨道交通网络无法实现与经济社会发展同步的增容拓展,轨道交通效率不够高,这将给大多数人的出行带来不便,社会福利最大化目标难以达成。因而,从激励运营企业充分获取网络经济性、提高轨道交通效率的角度考虑,政府应当对运营企业予以补偿,使得其有能力负担获取网络经济性所需的巨额成本。

6. 需求波动性

从宏观来看,随着社会经济的发展,轨道交通趋于不断完善,其客运量应呈递增之势,而且其每单位时间(不妨以年度记)增长的绝对数量必然相当可观。从微观来看,即使在同一单位时间内,不同季节不同天气不同时刻下,轨道交通的载客量也存在较大波动。这种显著的高需求波动性所带来的直接影响就是运营企业收益的不确定性,收益的不确定性又使得运营企业难以规划长期的经营战略和计划,不能及时有效更新设备,调整线路和班次,而这从长期来看意味着不可忽视的经营风险。为了帮助运营企业抵御这一风险,政府应对其实行补偿,特别是提供一个长期的、明确的、稳定的补贴机制是有效的途径。具体在之后还会进行说明。

4.2.2　政府补贴的必要性

城市轨道交通事业的上述属性决定了政府在轨道交通事业中的作用和角色,其作用主要表现在价格管制(主要体现为票价管制)和制定合理的补贴机制两个方面。政府补贴的必要性可以概述为两个方面。

首先,政府对城市轨道交通事业补贴具有合理性。一方面,根据公共需求提供公共服务,是现代政府的重要职能。随着经济社会的快速进步,人们对各种公共服务的需求日益增长,利益诉求也日趋多元化,社会化的公共服务体系成为发展潮流。另一方面,城市轨道交通的运营及相关服务是大城市公共交通服务的必需品。更进一步,城市轨道交通是一个"消费型产业"。以北京市轨道交通为例,其中间需求率为 45.51%。也就是说,轨道交通产业可以强力带动上下游产业的发展,有较强的社会效益。于是,政府有向社会提供公共服务的职能要求,加之轨道交通具有公共服务的性质和社会效益,内蕴了政府为了改善社会福利进行支付转移,向轨道交通运营企业补贴的合理性。

其次,政府对城市轨道交通事业补贴有其必然性。当轨道交通企业受到政府严格监管和控制,以至票价水平并不反映市场供求变化,最终导致票款收入无法弥补运营成本的情况下,政府必然要对其进行补偿,以维持轨道交通企业的正常运营。

综上所述,考虑到轨道交通企业兼有盈利性和社会福利性的双重特性,当政府与轨道交通企业间存在管制和被管制关系时,他们之间也应当存在补贴与被补贴的关系,而且这种补贴关系的本质正是政府"花钱买服务"。

4.3 城市轨道交通运营补贴模型

政府补偿分为前补偿和后补偿两种类型。前补偿,是指政府提供建设资金,税收优惠,低息、无息贷款,或者给予沿线土地的开发权、沿线的商业项目经营权。政府采取前补偿的常见情形是轨道交通运营企业拥有票价制定权,处于盈利状态,不存在政策性亏损的前提。后补偿,是指对票款收入加上多种经营收入仍不足以覆盖运营阶段所发生成本的部分予以直接的财政补偿。为了实现城市轨道交通事业的社会效益,增进社会福利,政府可以在城市轨道交通的运营阶段对企业进行后补偿,即在低票价条件下,对企业的政策性亏损提供财政补贴。本章主要讨论运营阶段的后补偿模型与补贴机制。

假定城市轨道交通事业的社会价值为 V,企业的成本函数为 $C = \beta - e$,其中, β、e 分别是效率和企业的努力程度,如果企业发挥了 e 的努力水平,它就将运行成本降低了 e。企业的努力造成的负效用是 $\varphi(e)$,负效用是努力程度的增函数,即对于 $e > 0, \varphi'(e) > 0$,且是递增的速度,即 $\varphi''(e) > 0$,同时满足 $\varphi(0) = 0, \lim\limits_{e \to \beta^-}\varphi(e) = +\infty$。为了让企业付出努力降低成本,除了补偿企业的运营成本外,还需要向企业提供数量为 t 的净转移支付。企业的效用水平为 $U = t - \varphi(e)$,对于企业而言,其参与性约束为 $U = t - \varphi(e) \geqslant 0$;公共资金的影子成本为 $\lambda > 0$,消费者的净剩余

为 $V-(1+\lambda)(t+\beta-e)$。

政府的目标函数可以描述为 $V-(1+\lambda)[\beta-e+\varphi(e)]+\lambda U$。

对上述政府目标函数求最大化,即

$$\max_{\{U,e\}} \{V-(1+\lambda)[\beta-e+\varphi(e)]+\lambda U\} \qquad (4\text{-}1)$$
$$\text{s. t.} \quad U \geqslant 0$$

该规划的解为

$$\varphi'(e)=1 \text{ 或者 } e=e^*$$
$$U=0 \text{ 或者 } t=\varphi(e^*)$$

在社会最优解下,企业的合理成本为 $C^*=\beta-e^*$。用 R_T 表示企业的票款收入, R_O 表示企业的多种经营收入,则最优的政府财政补贴额度为

$$S^*=\beta-e^*+\varphi(e^*)-R_\mathrm{T}-R_\mathrm{O} \qquad (4\text{-}2)$$

最优的财政补贴额度补偿了企业的政策性亏损,企业的超额利润为零,企业实现生产成本的合理化,不存在经营性亏损。

城市轨道交通事业的补贴机制设计的前提是轨道交通运营企业的票价能满足普遍服务的需要,体现公共福利性。基于此前提,政府选取补贴机制,维持轨道交通的低价格运营。然而,若政府长期补偿给定(为一个与运营成本无关的定值),则运营企业缺乏努力降低经营成本的动机,甚至会产生增加经营成本的动机,最终造成所谓逆向选择。在这里指政府给予的补贴是在轨道交通运营企业努力降低成本仍然出现亏损的前提下进行的,可是政府补贴之后的结果却反而使得轨道交通运营企业丧失了降低成本的动力,若补贴过多,甚至有可能激励企业升高成本,尤其是用于经理人的个人消费。所以,从轨道交通事业的补贴机制设计的前提来看,应当将形成促使企业降低成本的激励纳入到轨道交通事业的补贴机制设计中,在符合社会利益目标的同时,维持有效率的运营。将政府的补偿视为一种激励设计,从政府补贴机制的层面来促使企业提高运营效率,既具有理论意义也具有现实意义。

4.4　城市轨道交通运营补贴机制

一般来说,地铁运营成本主要包括牵引电费、生产消耗费、大修理费用、基本折旧、工资及社会福利基金、管理费用、车辆维修费等费用,主营业务税金及其附加等。另外,部分地铁运营企业还需支付基础设施的资源占用费。对于地铁运营票款收入与多种经营收入不足以弥补支出的部分,要求政府相关部门给予地铁运营部门或者企业以财政补偿。常用补贴机制可以划分为以下 4 类:成本加成合约、固定价格合约、激励性合约,以及特许经营权竞标。

4.4.1　成本加成合约

成本加成合约补贴机制是指基于会计数据计算补偿金额，确保运营部门或企业正常运营，是一种事后补贴机制。在成本加成合约下，政府对轨道交通事业的补偿额＝实际成本－实际收入＝实际成本－票款收入－多经收入。运营部门或者企业的净所得为零。

令 S 代表政府补偿额，C 代表实际成本，R_T 代表票款收入，R_O 代表多种经营收入，π 代表企业净所得。则在成本加成合约下，有

$$S = C - R = C - R_T - R_O \tag{4-3}$$

$$\pi = R_T + R_O + S - C = 0 \tag{4-4}$$

成本加成合约的补贴机制操作起来比较简单，事后根据运营部门或者企业的实际运营亏损来给予补偿，事前政府相关部门与运营企业不需要经过复杂的谈判。在成本加成合约下，运营部门或者企业的净所得等于零，这就控制了垄断的运营企业的超额利润，从而实现了政府的完全抽租（rent extraction），即企业的超额利润完全归政府所有，而企业的超额利润为零。

亏损全额补偿的成本加成合约补贴机制的最大缺陷在于缺乏激励，即存在道德风险。也就是说在成本加成合约下，城市轨道交通运营部门或者企业缺乏降低成本、提高效率的激励，因为企业降低成本的努力并不能使其收益增加。相反的，运营部门或者企业会尽可能增加其支出，特别是增加企业经理的职业消费。

在成本加成合约下，需要建立相应的制度对企业的成本进行控制，包括绩效指标检查制度、独立审计制度、首席财务官制度、监督官制度、预算管理制度等，监控的目的是监督企业努力降低成本，使 $e = e^*$。然而，信息不对称条件下，任何制度都难以对企业的运营进行完美的监督。由此，在成本加成合约下，轨道交通的运营成本必然是分散的，这反过来又会导致政府补偿额的分散。换句话说，政府财政补偿的负担将会不断地加重。另外，在成本加成合约下，还会存在企业报告财务信息不实的问题，因为企业没有动力和约束必须报告准确的实际成本数据。

4.4.2　固定价格合约

固定价格合约的补贴机制是指根据政府部门掌握的技术（成本）信息，分项厘定合理成本，确保企业获得合理收入。在固定价格合约下，补偿额＝厘定合理成本－实际收入。运营部门或者企业的净收入可能大于零。

令 S 代表政府补偿额，E_C 代表厘定合理成本，C 代表实际成本，R 代表实际收入，R_T 代表票款收入，R_O 代表多种经营收入，π 代表企业净所得。则在固定价格合约下，有

$$S = E_C - R = E_C - R_T - R_O \tag{4-5}$$

$$\pi = (S + R_T + R_O) - C = E_c - C \tag{4-6}$$

固定价格合约最大的优点在于有一定的激励性。对于一个利润驱动的企业，其控制成本的唯一动机来源于获得正的利润。而在给定的厘定合理成本下，只要当实际成本 C 足够小，以至当实际成本 C 小于厘定合理成本 E_c，即 $C < E_c$ 时，就有企业净所得 $\pi > 0$。于是，企业有控制实际运营成本 C 的动机。

在固定价格合约下，如果政府知道企业的效率参数 β，则可以提供固定的财政补贴合约，即 $S^* = \beta - e^* + \varphi(e^*) - R_T - R_O$。在这样的固定价格补贴机制下，企业的效用函数为

$$U = S^* + R_T + R_O - C - \varphi(e) = \beta - e^* - \varphi(e^*) - (\beta - e) - \varphi(e) \tag{4-7}$$

上述效用函数的最优解为

$$\varphi'(e) = 1$$

即

$$e = e^*$$

企业最大化的效用为 $U = 0$。由此可见，在 β 已知的条件下，固定价格合约补贴机制能实现社会福利最大化。

固定价格合约机制也存在一定的缺点，其主要表现如下：

首先，固定价格合约最大的缺点在于无法克服信息不对称，容易导致过度补偿。首先注意到，厘定的合理成本是政府和运营企业之间谈判的结果。那么，对于政府，最理想的情况是事先获得关于企业成本的完美信息进而得到一个估算成本，然后参考企业的申报成本，通过反复谈判确定一个略高于上述估算成本的厘定合理成本。如果最终厘定合理成本高出估算成本的幅度是政府所预想和期望的，那将是政府最满意的结果。然而，在运营企业与政府进行补偿问题谈判之前，企业了解自身的成本数值，而政府无法获得完美的企业成本信息，因而在谈判中，企业倾向于推高厘定合理成本数值。一旦厘定合理成本偏高，则企业会获得相应的高补偿，从而可能获得超额利润，导致过度补偿。

其次，固定价格合约的另一缺陷在于缺乏对高需求波动性的应变，是一个缺乏弹性的合约。在需求波动性条件下，对于不同的时节时段，地铁的客运量需求将有明显的波动。而在固定价格合约下，合理成本一经厘定，将不再随时间而改变，这样一来，会造成在地铁客运需求较大的时期，企业补贴相对偏少；而在客运需求较小的时期，企业补贴相对偏多。从而，合约对企业形成的激励水平也会随之波动。我们知道，不稳定的激励难以引发稳定的努力强度，于是，固定价格合约下，可能出现地铁运营服务质量的波动，而这会削弱轨道交通社会福利性的体现。

当然，当政府主管部门拥有关于技术(成本)的完美信息时，最优的补贴机制是固定价格合约，如果企业选择了成本最小化的努力，那么设定在最低水平上的最优的固定费用与企业的参与性约束是一致的。当政府拥有关于企业技术的完美信息

时,最优的补贴机制是在激发运营企业与避免运营企业抽取租金之间进行权衡的激励性合约。

总的来说,固定价格合约的主要弱点是难以较好地克服信息不对称与不完全。由于政府和企业之间存在信息不对称,政府事前厘定合理成本困难。同时,企业也没有动力主动上报准确的实际运营成本数据,容易发生机会主义行为。这都会导致政府无从精确计算企业运营成本与收益的缺口,从而使得凡是涉及成本核算的补贴机制在理论上都存在一定缺陷。

4.4.3　激励性合约

激励性合约补贴机制是指根据政府掌握的技术信息,厘定合理成本与预期收入,并测算亏损额,事前确定补贴机制,事后进行补偿核算。政府与企业共同分担企业亏损。

令 S 代表政府补偿额,C 代表实际成本,R 代表实际收入,R_T 代表票款收入,R_O 代表多种经营收入,a 代表固定补偿额,b 代表企业承担比例,π 代表企业净所得。则在激励性合约下,有

$$S = a + (1-b)(C - R_T) \tag{4-8}$$

$$\pi = R_O + a - b(C - R_T) \tag{4-9}$$

为解决事前合理成本厘定难问题,由政府部门提供一个激励性合约的菜单,合约根据企业的信息加以调整,低效率的企业与高效率的企业的合约有所区别。合约菜单的设计使得高效率的企业选择高固定补偿额度和高亏损分担比例的合约;低效率的企业选择低固定补偿额度和低亏损分担比例的合约。

激励性合约最显著的优势在于构造了一种补贴机制,使得政府能在激发运营企业与避免运营企业抽取过多租金之间权衡。首先,激励性合约补贴机制能够激励企业追求成本最小化。由 $\pi = R_O + a - b(C - R_T)$,可见随着实际成本 C 的下降,企业将获得更多的净所得 π。其次,激励性合约能够控制信息不对称给政府造成的损失,避免抽取过多租金。因为在 $\pi = R_O + a - b(C - R_T)$ 下,只要政府控制固定补偿额 a,就能控制 π 的最大值 $R_O + a + R_T$(这里,$\max\pi$ 是变量 a 的函数),从而避免了由于政府无法获得企业技术的完全信息而导致 $b(C - R_T)$ 过大的情况。其中,固定补偿额 a 是政府根据掌握的企业技术信息,厘定合理成本与预期收入,并测算亏损额,进而事前确定的。的确,固定补偿额 a 的厘定仍然会部分受到信息不对称影响,但是幸运的是,整个补偿金额不完全由 a 决定,还受到政府与企业谈判确定的系数 b 的影响。而且,对于不同效率 β 的企业,a、b 的值同时相应变动,它们变动以后对于补偿额的影响方向是相反的。这可以进一步控制信息不对称的影响,因为即使由于信息不对称,导致最终确定了一个使得补偿偏高的 β 值,偏高的程度也不会太大。即不会出现严重的过度补偿。

在某些条件下,由政府部门提供激励性合约菜单是最优的补偿方案。激励性分成合约菜单的主要问题在于 a 与 b 值的核算非常复杂。a 与 b 的确定,其基础是政府获得的企业信息,这一基础是相对客观的;但从 a 与 b 的确定过程来看,a 与 b 都是效率 β 的函数。而在政府和企业谈判商定 a 与 b 时,一方面企业要在激励性合约菜单中作出最优选择,就必须先对自身的效率 β 有一个估计,另一方面政府也要对企业的效率 β 有一个估计。β 的两个估计可能会有出入,最终仍然可能导致补偿偏高。

由前模型设定部分的推导,机制实现条件是企业是利润最大化追求者。问题是,一方面,我国的轨道交通运营企业并非利润最大化的追求者,甚至由于体制上企业管理者的收入与企业的绩效、利润无关的原因,不需要考虑利润问题,那么,上述机制的基础将不复存在。另一方面,由于信息不对称,政府掌握完全技术(成本)信息的可能性几乎为零;同样由于信息的不对称,企业不仅会存在企业报告财务信息不实的问题,而且企业没有动力和约束必须报告准确的实际成本数据,因此厘定合理成本对政府来说投入过高,甚至即使投入也很难实现。

4.4.4　特许经营权竞标

轨道交通的特许经营权竞标,是指政府将轨道交通运营合同期内的总补贴额或者总运营成本作为拍卖标的,来选择运营商。在较为成熟的市场机制下,通过特许经营权竞标的方式,政府可将资本性支出风险转移到有特许经营权的运营企业。

对于将总补贴额作为标的的情形,显然,补贴额直接通过拍卖决定。对于将总运营成本作为标的的情形,补贴模型可表述为

$$S_t = C_t^* + D_t + (1 - \varphi)\text{TIK}_{\text{waac}}^* - B_t \tag{4-10}$$

式中,S_t 表示第 t 年的补贴额;C_t^* 表示第 t 年的拍卖运营成本;D_t 表示第 t 年的固定资产折旧;TI 表示城市轨道交通总投资;K_{waac}^* 表示基于 CAPM 模型的投资成本;φ 表示地方政府投资比例;B_t 表示第 t 年的轨道交通票款收入。

表面上,上述总运营成本竞拍下的补贴机制与固定价格合约机制比较相似,但二者最显著的区别在于前者引入了竞争。当企业面临市场竞争时,其有动力主动进行成本削减,从而政府无需厘定合理成本。竞争可以发生在两个阶段,一是市场准入阶段,二是进入市场以后。但考虑到公共交通事业事关国计民生,具有较明显的公益性,投入巨大,沉没成本风险很高,由少数企业经营效率较高,故不宜完全放弃价格管制。在企业进入市场以后,政府再推动市场竞争就显得难度大增,毕竟市场竞争本质上是价格机制在起作用,但地铁票价不宜完全放开。所以只能寄望于在准入阶段推动市场竞争。也就是说,通过设定准入的基本条件,并引入某种带有逆向选择作用的补贴机制,一方面来监控轨道交通运营的准入,一方面推动市场准入阶段的优胜劣汰。于是,特许经营权竞标作为补贴机制实行的途径应运而生。

特许经营权的实施要求有一个统一的城市轨道交通系统的管理机构,该管理机构负责与运输服务公司签订特许经营合同。一般的,在特许经营权竞标模式下,同一条线路的专营权给予出价最高或者获得补偿最少的企业。政府随时考察获取专营权的企业的营运状况,以保证它们按照所签订的服务合同提供质量合格的公共交通服务。企业在获取专营权时,要办理签订专营合同、缴交款项等手续。专营合同的内容包括专营区域或路线、专营期限、利润分配管理、票价监控调整、专营权利义务、服务质量、违约责任、专营权力延续和撤销等。

在竞标之前,管理机构向参与竞标的运营企业提供一系列竞标条件,如合同周期、服务标准等。运营企业需要达到的服务标准包括行车安全、准点率、车站清洁等各项要求。如果管理机构所要求的服务标准超出竞标之前的实际运营状况,那么竞标的运营企业还需提交如何达到该标准的计划书,由管理机构判断该计划是否切实可行。运营企业对其所需补贴进行竞标。需要补贴最少的企业将获得运营合约,从而起到激励企业降低运营成本的目的。合同一旦签署之后,如果没有特殊理由,政府将不会给予额外补贴,运营公司承担经营风险。签订合同之后,管理机构对中标者进行监督和控制,特别是强调对服务质量的保证。管理机构对运营企业提高运行服务质量提供额外的激励。比如,管理机构通过对乘客进行满意度调查,然后与运营企业共同制订服务质量提升目标。如果运营企业达到这样的服务质量提升目标,那么除了正常的票款收入以外,管理机构还将向企业支付额外的激励性奖金。当然,如果运营企业无法达到事先承诺的最低服务要求,也将面临惩罚性措施。

显然,特许经营权竞标方式具有如下优点:首先,由于是竞标,对于政府不存在合理成本厘定问题,不涉及信息不对称。不需要厘定合理成本意味着补贴机制的实施成本大幅降低,不涉及信息不对称意味着补贴额可能更加符合企业需要,避免了逆向选择和过度补贴的情况。而且,该补贴机制的激励性很强,因为只有成本报价最低的或者补贴额报价最低的唯一一家企业可以赢得运营权,这使得运营企业有动力追求成本最小化。大幅节约了政府用于财政补偿的预算。同时,由于竞标企业需要承诺达到一定的轨道运营服务水平,使得该机制兼顾了轨道交通公益性目标的满足和地铁运营服务质量的保障。

特许经营权竞标的实现需要以形成有效竞争的市场条件为前提。首先,需要足够多家企业来参与竞标,若竞标企业数量少,仍不能充分降低补偿金额的报价。其次,需要政府监管部门不时或常年监管中标企业的运营服务质量,合约的监督成本较高。由于上述两个条件的实现相对较小,特许经营权竞标仍然是相当有吸引力的一种补贴机制。

4.5　城市轨道交通运营补贴的国际经验

4.5.1　伦敦:成本加成合约

大伦敦地区(Greater London)由伦敦市和 32 个周边区(boroughs)组成,总人口约 740 万,占英国总人口 12%,经济总增加值(gross value added,GVA)占全国18%。2007 年,伦敦地铁系统轨道总里程为 416km,年客运人次 10.14 亿。2000年以前,伦敦地铁的基础设施投资、建设与维护、日常运营等都归独立的国有企业伦敦地铁公司负责。由于政府对伦敦地铁的补偿不确定,使得地铁长期投资资金严重不足,随后,政府提出了对伦敦地铁实行公私合伙制(PPP)改革的思路。在PPP 模式下,2002 年,原国有伦敦地铁公司业务被拆分为两部分。日常运营及票务由国有企业伦敦地铁有限公司(LUL)负责,另一部分,LUL 将地铁系统维护和基础设施供应工作以 30 年特许经营权的方式转给了三家私人基础设施公司(SSL、BCV、JNP,以下简称基建公司),负责地铁线路的基础设施建设、维修与升级。LUL 与基建公司签署关于提供基础设施的服务协议,负责线路在 30 年内的维护、更新和重建等长期投资计划的实施。合约到期后,基建公司将地铁基础设施管理权交还给政府。伦敦地铁资产管理与补贴模式如图 4-4 所示。

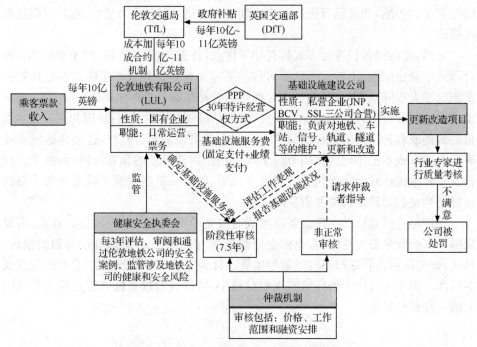

图 4-4　伦敦地铁资产管理与补贴模式示意图

英国政府通过交通部(DfT)对伦敦地铁进行补偿。在该补贴机制下,作为运营企业的 LUL 每年向基建公司支付固定的资产占用费(infrastructure service charge)。英国交通部通过大伦敦政府(GLA)和 TfL 对 LUL 进行补偿,即补偿款项先拨付给 GLA,再由 GLA 拨付给 TfL,最终由 TfL 拨付给 LUL。该补偿方式可以归纳为成本加成合约,补偿原则是对 LUL 的运营净收入(运营收入减去运营成本)无法弥补固定资产占用费的部分进行补偿。政府根据运营企业在每个财政年度开始之前提交的预算支付定额补偿。表 4-1 所示为伦敦地铁公私合伙企业成立后对未来若干年的运营及补偿状况的预测数据。

表 4-1 伦敦地铁运营收支及补偿预测数据　　　　　(单位:亿英镑)

项 ＼ 年	02/03	03/04	04/05	05/06	06/07	07/08	08/09	09/10
营业总收入	12.85	13.10	13.20	13.50	13.80	14.00	14.10	14.20
总营业成本	11.75	11.85	11.55	10.70	10.40	11.00	11.20	11.00
净收益	1.10	1.25	1.65	2.80	3.40	3.00	2.90	3.20
资产占用费	9.75	10.15	10.30	11.95	12.05	12.10	12.30	13.30
设施升级支出	0.05	0.30	0.65	0.90	1.50	1.40	1.10	0.90
储备金	0.60	0.40	0.40	0.20	0.10	0.0	0.0	0.0
累积储备金	0.60	1.00	1.40	1.60	1.70	1.70	1.70	1.70
补偿额	9.30	9.60	9.70	10.25	10.25	10.50	10.50	11.00

注:数据来源:Annex B of the Comfort Letter from DfT to London Underground Public-Private Partnership, 2002。

该补偿方式的优点在于具有很强的激励性以鼓励运营企业降低经营成本,但缺点在于厘定补偿额度时需要对运营企业的“合理成本”进行核定,否则可能出现过度补偿的情况,使得运营商获得超额利润。伦敦地铁系统通过一套严格的监管体系防止这种情况的出现,这套监管体系主要由以下几个部分组成。

1)“最优价值”约束

GLA 和 TfL 作为伦敦地铁的主管机构和政府职能部门,受到英国《地方政府法案》(Local Government Act, 1999)的约束,要求其行为遵守“最优价值”原则。所谓“最优价值”原则是指该机构必须采取必要的措施以保证其能经济、高效率和富有成效地履行规定的职能。根据该法案要求,GLA 和 TfL 必须拟定企业绩效方案,根据交通部的要求汇报绩效指标,并定期评估其各项职能的履行情况。根据该法案要求,如果上述两个机构被发现其行为严重违背“最优价值”原则,交通部有权对其相关职能进行广泛的直接干预。

2) 独立审计制度

GLA 和 TfL 接受由审计委员会(Audit Commission)指派的审计人员根据最优价值原则进行的审计与监督。近年来针对这两个机构的审计工作由著名会计师事务所毕马威(KPMG,LLP)所承担。审计人员遵照《审计委员会法案》(Audit Commission Act,1998)的要求执行审计任务。除出具一般的审计报告以外,审计人员有责任对他们认为影响公众利益或涉嫌不当操作的行为出具特别审计报告。根据《审计委员会法案》,审计人员有权对其认为可能影响受审计机构财务状况的行动或决策提起司法评估。如果审计人员相信受审计机构正在采取或即将采取某项非法行动,那么他/她将有权发布"咨询通知"。要求接受审计的机构重新考虑该行动的后果,并在继续其行动前 21 天通知相关审计人员。

3) 首席财务官(chief finance officer,CFO)负责制

GLA 和 TfL 都必须各指派一名首席财务官,总体负责该机构的财务事务。首席财务官必须由具有相关会计专业资质的专业人员担任。首席财务官的职责主要在于对本机构的财务行为进行主动监控。具体而言,当首席财务官发现本机构发生或可能发生不当操作的时候,或发现本机构的某项行动可能带来财务或效率的损失的时候,根据《地方政府财务法案》(Local Government Finance Act,1988),首席财务官有义务向伦敦市长、独立审计师,以及 TfL 董事会进行汇报。另外,如果在财政年度内发现本机构的支出有可能超出预算时,首席财务官也有义务将情况向上述机构和个人进行汇报。

4) GLA 监督官(monitoring officer)制度

根据《大伦敦公共事业部法案》(Greater London Authority Act,1999),GLA需指派一名监督官。监督官与首席财务官不可为同一人。监督官负责对 GLA 和 TfL 的运作进行监督,对可能出现的疏忽或不当操作有义务出具报告。

5) 预算制度

在每一财政年度开始之前,GLA 负责提交各个下属职能部门(包括 TfL)的预算报告。该预算报告将辅助议会确定下一年的税收安排。每年二月该预算报告被通过之后,只有经过议会三分之二表决同意的情况下才能被修改。

在这套机制下,伦敦地铁的运营质量不断提高,也得到大部分消费者的肯定,但也存在固定价格合约机制的不足。风险转移方面,伦敦地铁将固定资产更新改造风险高度转移给基建公司,这样虽然能降低政府风险,但是存在一定问题,如DfT 是资金提供单位,但缺乏资金的监管。政府对运营企业采用成本加成合约的补贴机制,导致运营机构没有动力控制预算,成本居高不下,而运营企业采用固定价格合约的机制将轨道交通固定资产的更新改造委托给基建公司,基建公司为降低运营成本进行裁员,导致多次地铁工人大罢工事件的发生。

4.5.2　巴黎:激励性合约

　　大巴黎地区(Ile-de-France)总面积约 12000km² (其中巴黎市区总面积 105km²),人口约 1100 万,占法国人口总数的 18%。由于人口集中、密度大,大巴黎地区的公共交通系统非常发达。

　　大巴黎地区轨道交通由大巴黎地区交通管理局(STIF)负责管理。STIF 的决策机构由法国政府、大巴黎地区政府、巴黎市政府和一些职能部门的代表组成。STIF 的主要职责包括:制定公交运营的总体框架,制定票价方案;在运营合约的框架下制定公交的供给总量和服务质量要求,并对运营企业的绩效进行监督;制定公交线路及站点的规划与决策;批准新的投资计划;确保整个公交系统的收支平衡(包括征收交通税以及对公交系统实施补偿)。巴黎地铁固定资产管理模式如图 4-5所示。

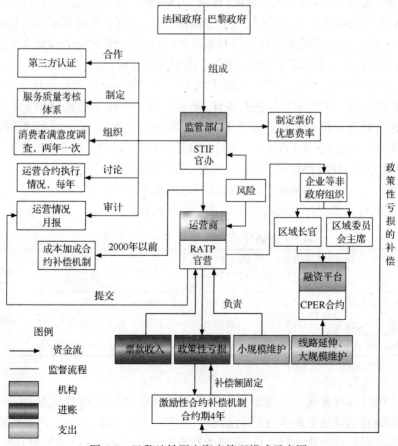

图 4-5　巴黎地铁固定资产管理模式示意图

　　2000 年前,巴黎地铁的补偿方案是根据《巴黎客运重组与协调法案》(Act of Re-organization and Coordination of Passenger Transport in the Paris Region, 1948)的相关条款制定。该法案规定,如果运营企业"无法控制支出与薪金以实现收支平衡,那么政府将对亏损部分予以补偿"。由于为了鼓励市民使用公共交通工具,巴黎政府制定的公共交通的票价低于"市场"价格,因此运营企业会出现亏损。对于运营企业实际所获得票款收入与"合理"收入之间的差额,法国中央政府和巴黎政府联合对其进行全额补偿。其中,中央政府负担补偿的 79%,地方政府负担 30%。因此,2000 年前,巴黎政府对轨道交通采取的是成本加成的补偿思路。

　　2000 年之后,鉴于上述补偿方案不能激发运营方降低成本的努力,STIF 对补偿方案作了重大修改,引入了激励性合约补贴机制。激励性补偿合约以四年为一个周期,清楚地界定了合约双方的责任。合约的主要内容包括:由 STIF 制定鼓励使用公共交通的优惠费率;STIF 向运营企业支付补偿以弥补票款收入不足给运营成本所带来的亏损(成本包括能源、材料、工资、财务费用、税金等)。补偿额由双方商定后在合约期内固定,企业超亏不追加补偿;对运营企业的重要客运指标进行考核,如果客运量达不到既定目标将面临罚款;对运营企业的服务质量水平进行考核,对超过既定质量要求进行奖励,对低于既定质量要求进行罚款。

　　为了保证合约的履行,STIF 采取了以下监督措施:运营企业每月向 STIF 提交运营情况月报,STIF 对月报进行审计;每年组织 6 个技术委员会和 1 个指导委员会讨论运营合约执行情况。根据新的补贴机制,在 2000 年~2004 年间,STIF 向巴黎大众运输公司(RATP)实际支付的补偿金额大致保持在每年 1 亿 8 千万~1 亿 9 千万欧元,政府补偿在 RATP 年收入中所占比重从 55% 降到了 53%,下降幅度超过了 2%,有效地减小了政府财政压力。表 4-2 列出了 RATP 在 2000 年~2004 年间的收入概况以及政府补偿在其中所占的比重。

表 4-2　RATP 收入概况(2000 年~2004 年)

项目＼年	2000	2001	2002	2003	2004
总收入/百万欧元	3359.6	3411.1	3490.0	3579.6	3694.9
政府补偿/百万欧元	1842.7	1842.8	1872.1	1930.5	1941.8
补偿占比	54.8%	54.0%	53.6%	53.9%	52.6%

　　注:数据来源:STIF 年报,2004。

　　为了确保运营企业不会以牺牲服务质量为代价来压低运营成本,STIF 采取了多种措施对运营企业的服务进行监督。首先,STIF 制定了一个详细的服务质量考核体系对运营企业进行监督,主要指标有以下几个方面:售票处的方便程度、自动售票机的方便程度、车站的清洁程度、售票窗口的服务态度、乘客等待时间。

根据运营企业达到指标要求的情况,STIF 将对其进行奖罚。除了使用上面的考核体系外,自 1999 年起,STIF 与世界最大的第三方认证机构法国标协集团(AFNOR)合作,鼓励运营企业对其服务质量进行认证。服务质量认证的程序如下:运营企业在符合政府各项管制政策的前提下起草一份寻求认证服务各方面指标的目标清单;该目标清单被提交给一个由运营企业代表、主管政府部门代表以及消费者代表组成的三方委员会讨论通过;AFNOR 对运营企业进行实地考察与审计,验证企业的服务水平是否符合目标清单中的陈述。如通过验证,AFNOR 则向运营企业颁发有效期为一年的服务质量认证证书。此后 AFNOR 将每年对运营企业进行审计,以确定是否延续认证证书。最后,STIF 每两年将针对公交服务质量进行一次消费者满意度调查。这不仅能起到监督运营商服务质量的作用,而且也能帮助公共交通决策部门了解消费者在不同交通方式间的选择偏好等信息,为制定新的基础设施投资决策或票价政策提供参考。

　　上述几方面的措施结合激励性合约机制有效保证了巴黎地铁的服务质量,乘客满意度不断提高,在近几年巴黎公交消费者满意度调查中,地铁服务质量满意度分别达到 85.9%(1998 年)、86.5%(2000 年)、88.6%(2002 年)、92.0%(2004年)。

4.5.3　东京:特许经营

　　大东京地区包括东京市及其周围的三个行政区,总面积约 6451km²,总人口约3002 万。该地区的轨道交通系统包含 327km 的地铁线路和近 2000km 的郊区铁道。大东京地区的城市轨道交通由 JR 东日本公司、东京地铁有限公司、2 个地方公共交通局,以及其他 20 多家私营铁道公司共同运营,这些运营商也是其经营轨道线路的业主。其中,JR 东日本公司的前身是日本国家铁道公司,但其效率低下,成本长期高居不下,日本政府于 1987 年对其进行了私有化。私有化之后,日本国家铁道公司被拆分成 6 家铁道客运公司,其中的 JR 东日本公司成为东京地区的地铁运营商之一。东京地铁有限公司则是在 2004 年完成了私有化,其前身为日本东京帝都快速公交署。图 4-6 所示为东京地铁固定资产管理模式示意图。

　　日本轨道交通运营商通常也是其经营轨道线路的业主。因此,日本政府对轨道交通系统的补偿主要体现在对轨道的建设方面。如果政府计划建设一条新的轨道线路,首先需获得交通政策委员会(Council for Transport Policy)的批准,并由其决定线路建设的具体方式。对轨道建设的补偿由日本中央政府和地方政府共同承担。具体到城市地铁的建设,由地方公交局或私营企业投资建设的地铁线路都可以获得政府的补偿。通常一条轨道线路除去管理费用、列车的购置费用以及财务费用以外,轨道建设成本占项目投资的 73% 左右;对于这部分轨道建设成本,日本中央政府和地方政府将承担其中的 35% 左右。同时,日本政府还以提供无息

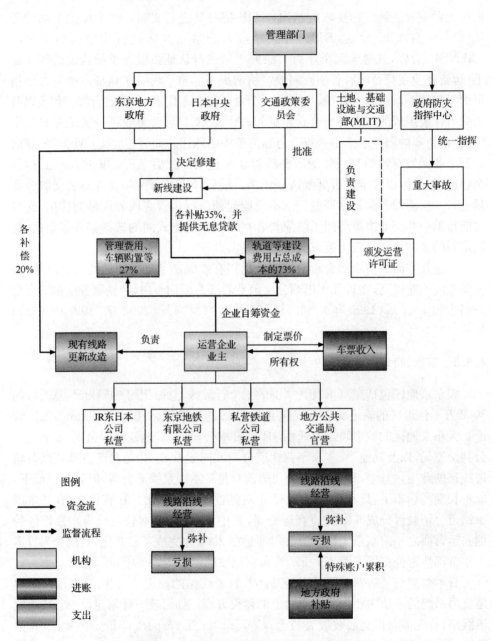

图 4-6　东京地铁固定资产管理模式示意图

贷款的方式向轨道的建设方提供支持。通常这一部分无息贷款可以占到整个建设项目所需资金的 40% 以上。对于一些新型的轨道项目,如单轨线路,日本政府对其提供的补偿可以占到整个项目建设成本的 30%。最后,日本政府还对现有线路的更新改造提供补偿。比如,对于为提升现有车站的功能而进行的更新改造项目,日本中央政府和地方政府将各补偿总项目成本的 20%。表 4-3 所示为 2002 年东京地区主要轨道交通运营商财务状况,从表中可以看出,在补贴模式机制下,各运营商的总营业收入完全覆盖其成本支出。

表 4-3　2002 年东京地区主要轨道交通运营商财务状况　　（单位:亿日元）

项目	东京地方 公共交通局	Teito 快速公交署 （东京地铁公司前身）	Tokyu Corp. （东急公司）	SEIBU Railway （西武铁道株式会社）
票款收入	1070	2650	1190	940
其他收入	50	400	150	50
总营业收入	**1120**	**3050**	**1340**	**990**
人工支出	370	1210	320	340
非人工支出	280	800	450	250
折旧	530	630	240	210
其他支出	0	60	10	40
总支出	**1180**	**2700**	**1020**	**840**

注:数据来源:日本铁道统计年鉴,2004。

票价方面,各运营商拥有票价制定权,确定之后报政府批准,政府根据企业所报的票价和相关证明材料,组织专家进行评估后确定价格的上限。企业可以根据各自的实际情况在不突破上限的条件下进行适当调整和营销策划。乘客在不同公司运营的线路间转换必须每次付费,票款清算方面,除 JR 外,其他所有运营商之间共同成立了清算中心,负责清分票款。大部分私营运营企业同时经营其轨道沿线的房地产及各种娱乐、商业项目,其收入往往足以弥补轨道运营中可能出现的亏损。

东京地方政府不对运营企业的日常运营进行直接补偿。原因主要有两方面:首先,东京地区的轨道交通运营企业拥有票价制定权,因此不存在政策性亏损的前提。另外,大部分的私营运营企业同时经营其轨道沿线的房地产及各种娱乐、商业项目,其收入往往足以弥补轨道运营中可能出现的亏损。因此,政府对于私营运营商的运营部分并不提供补偿。实际上,在东京地区的轨道运营企业当中,除了国有运营机构(东京地方公共交通局)以外,其他企业基本都保持盈利状态。对于国有运营机构可能出现的亏损,东京地方政府将其计入一个独立于普通预算的特殊账户内进行累积。

第5章 网络资源运营共享技术

5.1 概 述

轨道交通建设投资大,资产规模庞大,是城市基础设施的重要组成部分,其功能发挥直接影响着城市公共资源的利用效率。对城市轨道交通网络运营中所集合的多种资源进行优化整合,有效分配,实现资源效益的最大化,降低轨道交通建设及运营成本,提高运营效益,充分利用有限的资源,实现城市轨道交通的可持续发展,推进城市现代化建设具有重要意义。

网络资源运营共享是指在城市轨道交通网络的两条、多条或全网共享各类资源,以便优化资源配置,提高资源利用率,降低网络运营成本,更好地发挥轨道交通网络的整体效益。

网络化环境下轨道交通系统的资源共享具有尤为重要的现实意义。一方面,从轨道交通网络整个发展阶段来看,建设初期,因线路规模小,运营的线路相对分散,资源共享程度较低;随着网络的拓建,线网不断加密,各线相互联络功能增强,资源共享条件逐渐成熟,资源共享可能性越来越高。另一方面,从时间与空间角度实现轨道交通资源的共享,可有效减小轨道交通的投资和运营成本。如某车辆厂建成后,当本线检修任务未饱和时,检修设施可为其他轨道交通线路提供服务。

城市轨道交通资源共享涵盖的范围非常广,要实现资源共享,充分利用城市有限而宝贵的资源,应遵循以下原则:

(1)系统性原则。轨道交通是城市的重要组成部分,不仅要考虑轨道线路之间的资源共享,也要重视与其他交通方式的资源共享,还要从城市土地利用角度来考虑资源共享,避免重复建设。

(2)功能完备原则。必须满足轨道交通系统运行的各种功能要求,不能片面追求降低投资而忽视基本的功能要求。

(3)整体配置优化原则。轨道交通各类资源的配置不仅涉及城市轨道交通的运营成本,关系到运营效益,也是减少用地、降低工程造价的重要手段,其配置要从整个线网的高度来统筹考虑。

(4)可持续原则。要充分考虑规划轨道交通线网上各线路建设的时序差异,各类资源的建设要考虑功能的互补性、技术的先进性和发展的可持续性。

本章将从软件和硬件两个角度入手,对城市轨道交通网络资源运营共享技术进行研讨。软件方面,主要研究轨道交通人力资源、技术规范与制度、管理经验的共享利用,其中,人力资源包括运营管理人员、培训人员和维修人员。硬件方面,包括运营设备与设施资源、检修设施与设备资源两个方面,其中,运营设备与设施主要包括车辆、主变电站、控制中心、信号设备等,检修设施与设备主要是车辆段。

5.2　人力资源共享

5.2.1　运营管理人员

轨道交通运营管理人力资源共享,有利于精简运营管理机构;每一个管理人员充分发挥作用,有利于轨道交通运营管理效率的提高,并可减少运营开支。

国内外大部分城市的轨道交通网络运营均采用了集中化的综合管理模式或体制。这种管理模式或体制尽管与引进竞争机制有一定矛盾,但非常有利于运营管理人力资源的综合利用。因此,从资源共享角度上讲,运营管理机构不宜分散,而应相对集中。同时,轨道交通规划建设和管理机构设置应尽可能方便运营管理人力资源的综合利用。

5.2.2　培训人员

一座城市在进行第一条(或第一期)轨道交通项目建设时,一般均设立一个培训中心,用以轨道交通管理及维修人员的技术培训。这个培训中心应不仅仅是为第一条(或第一期)轨道交通运营服务,而为城市整个轨道交通网络运营服务。

后续的轨道交通建设在一般情况下不必增设培训中心,这样培训设施(包括建筑、办公、后勤等)可以得到综合利用。如果每条轨道交通线车辆及机电设备制式统一,这种人力资源共享和综合利用程度会更高。

5.2.3　维修人员

轨道交通维修人员在运营主体中占有很大的比例。对于一个拥有大型轨道交通网络的城市来讲,如果每条线都分别设立运营公司,各自为政,将会形成一个庞大的维修人员队伍,不但会增加运营成本,而且会造成极大的人力资源浪费。

因此,轨道交通规划和建设,应尽可能将两条或多条线路的车辆基地,包括综合维修基地、材料总库,来集中设置,以实现维修人力资源的共享。

5.3　运营设备与设施资源共享

运营设备与设施资源共享主要包括车辆、主变电站、控制中心、信号设备和其他运营设备设施等 5 个方面。

5.3.1 车辆

车辆是轨道交通最为重要的运营设备,车辆购置费在轨道交通建设投资中占有相当大的比例,其运营管理维修费用也较大。若能实现车辆及其备品备件的资源共享,不但可大大减少备用车数量,有利于车辆备品备件的统一调配,而且有利于车辆检修设施资源的综合利用和管理以及检修人力资源的共享。

1. 车辆资源共享的要求

要更有效、更方便地实现车辆及其备品备件资源的共享,城市轨道交通网络各线的轨道交通模式、车辆型号和制式应力求统一,使车辆可以灵活编组。此外,对轨道网络及相关设计有一定要求,如:轨道交通网络应为互通型,线路之间应具备联络条件,甚至过轨运营条件、线路的设计标准应尽量统一,轨道交通线的机电设备制式需统一或兼容。

选择车辆的主要原则是从城市轨道交通网络出发,满足客流要求,考虑技术进步、经济实用、安全可靠、低寿命周期成本、资源共享,尽可能减少车辆制式和型号。

以北京轨道交通为例,地铁车辆为钢轮钢轨制式,车辆类型为 B 型车,供电电压为 DC750V,受电方式为接触轨受电。由于线路修建时间跨度较大,受到修建时期技术条件、经济发展水平等诸多因素的限制,使得不同时期的线路技术水平相异,加之部分旧型号车辆尚未达到使用年限,从而造成目前线路上运行车辆型号众多的局面。

在北京地铁网络化运营已经初步形成时,在新线路规划上未实现尽量统一车辆型号和线路制式,而是采用更多制式的车辆,采用不同的线路制式投入运营。从运营管理和车辆资源共享的角度看,这样并不利于网络化运营和车辆资源共享。

在轨道交通网络设计时,由于考虑较多的是每条线路各自的运营情况,并未从全局出发考虑网络化运营,导致线路间的联运、车辆相互调配、车辆维修资源共享方面存在问题。

2. 车辆资源共享的优点

实现车辆资源的共享能够提高车辆的利用、降低运营成本、方便乘客出行、减少备用车数量、保证新开通线路的用车、减少车辆段及检修设备的投入、减少维修备品备件。

1) 提高车辆利用率

地铁运营网络中的车辆资源实现跨线运行,能够有效提高车辆的利用率。实际上,各条运营线路有其自身的客流特征,客流高峰出现时间不尽相同,通过合理调配线路间的车辆能够提高车辆的平均载客率,有效疏解高峰时段的客流。

2) 方便乘客出行,提高运输效率

不同线路间实现一定程度上的联运,将可以减少乘客乘坐轨道交通出行的换乘次数,增加轨道交通的可达性。同时使得行车组织多样化,采用灵活的列车运行方式以适应线路客流不均衡的状况,提高整个运营网络的运输效率。

3) 减少备用车数量

一条线路的车辆配置数量为运用车数、备用车数,以及检修车数之和。其中,运用车数量根据高峰小时行车密度计算;备用车主要用于替补因故障退出正常运营的车辆,其值根据运用车数量乘以一定系数来计算。

4) 保证新开通线路的用车

地铁线路的建设需要较长的时间,当一条线路建成投入使用后,线路周边的客流状况往往与工程建设之初的客流预测有较大的出入,可能会出现某一线路开通时客流量就达到预测的远期客流量水平的情况,因此,需要增加车辆,提高运力。另一方面,地铁车辆的制造周期较长,不能在短时间内投入运营,这使得线路在相当长一个时期内要承受巨大的客流压力,给地铁的安全运营带来隐患,同时给乘客出行带来不便。实现车辆的资源共享后,一旦出现此种情况,可以选择合适的线路抽调一部分车辆暂时在该线路运行,缓解客流压力,保证乘客需求。

5) 减少车辆段及检修设备的投入

在传统的地铁车辆运用模式中,每条线路均设置具有大修、架修、定修等各级检修能力的车辆段。在地铁线路不多,未形成一定路网规模的地区或者线网规模较小的地区,此种模式保证了车辆运用与检修的要求,有一定合理性;但是随着地铁的建设达到了一定的路网规模后,此种模式下检修段数量过多,既增加了占地,加大了投资,又造成检修能力的闲置。

实现车辆资源共享后,某些线路的车辆可以在彼此的线路上运行,这些线路的车辆可以在一定程度上共用车辆段的大型检修设备,从而减少车辆段以及检修设备的资金投入,提高设备使用率。

6) 减少维修备品备件

地铁车辆设备复杂,涉及众多技术领域,减少车辆的制式和型号有利于减少维修中备品备件的种类和数量,从而减少资金的占用,提高维修资源使用效率。

3. 车辆资源共享的思路

由于地铁车辆与供电、信号、通信、综合监控、土建、线路及轨道等专业有密切联系,彼此之间相互影响。因此,车辆的资源共享从线路规划设计、车辆招标采购等环节就要加以考虑,这是一项复杂的系统工程,需要将相关专业综合考虑,整体把握,才能实现车辆资源共享。转变单线运营时的工作思路,要从整个运营网络考虑各种问题。

1）管理体制、机制的保障

地铁车辆的资源共享体现在车辆的运用、维修等方面，但是实现这种共享的根本在于线路规划设计时要考虑车辆的跨线联运、车辆段维修设备共享、车辆统一标准等诸多问题，应在线路设计之前予以考虑，因此，需要建立适合于网络化运营特点的管理体制，保证轨道交通规划设计、建设、运营、设备厂商、管理部门等相关单位共同参与线路的设计，各单位提出的合理意见能够被广泛采纳。需要建立良好的协调机制，确保各部门之间顺畅的沟通。

2）制定相关的标准

目前，我国关于城市轨道交通方面的标准制定工作落后于建设。因此，要出台或者修改国家标准、地方标准和行业标准，明确要求在轨道交通新线设计和建设过程中要考虑到资源共享的问题，在设备的招标采购过程中要尽量提高同种类新旧设备之间的兼容性等，保证地铁车辆资源共享实现的物质基础。

3）合理设置线路

城市轨道交通建设周期长、投资大，涉及技术领域众多，一旦建成投入使用后，进行改造则难度巨大。因此，实现轨道交通车辆资源共享发挥整个运输网络强大功能的根本在于规划设计。这就要求规划设计部门转变单线运营模式的思想，从全局考虑，合理设计，为车辆资源共享创造必要的条件。

在网络化运营中，车辆与不同线路间的各种设施设备如线路、隧道、土建、供电、信号、通信、环控屏蔽门、车辆段、车辆限界等均应有良好的技术接口，但若没有联络线，则无法实现车辆段及维修设备的共享；若没有合理地设置配线，则不能实现多种交路的运营、开行快慢车、不同线路间的联运等行车组织方式。可见，在规划设计中要充分考虑未来的运营才能为车辆的资源共享提供条件。

在车辆资源共享方面，日本成田机场快线堪称典型。由大船横滨开来的列车，会和新宿、大官开来的列车联挂，形成长列开往机场；从机场驶回的列车在东京站拆解为短列后发往各站。成田机场快线本身没有专线，但是通过借用其他线路的轨道形成了一条新线，线路借用了8条既有线路的轨道和站点，在运营中可完全根据客流需要，灵活布置运营线路和途经站点，体现了网络化运营的优势。

4）依据实际情况合理配置车辆

车辆资源共享并不是要求全部运营线路采用同一种车辆，这也并不符合客观实际。车辆的资源共享还是要以实际情况为依据合理配置，可以根据不同线路的技术条件、客流情况等将车辆分成几种不同制式，同一制式尽量采用相同的技术标准、技术参数和车辆编组等，使车辆运用管理、维修技术与设备实现不同程度的共享。

5）设备模块化

对于不同制式、不同型号的车辆,可以将某些部件或子系统做成通用的模块,从而实现资源共享。

车辆维修使用的备品备件数量大、种类多,如果车辆有很大一部分部件能够通用,将可以大大减少备品备件的种类和数量。备品备件的储备数量减少,将可以降低资金占用,节约运营成本,减小维修难度。同时,由于很多部件或子系统可以通用,将使得车辆的维修和保养变得相对简单,节省了维修人员的培训成本。例如,日本札幌地区的整个轨道交通网络行驶的车辆都有统一的技术标准,均采用鱼鹰系列的车辆,这对于车辆集中架修、大修是十分有利的。

6）选择合理的车辆共享方式

选择好的车辆共享方式和共享程度可以实现一定程度上的车辆资源共享。

以北京为例,该市轨道交通在车辆资源共享上受到许多条件制约,要根据具体情况确定车辆资源共享的程度和方式。在车辆共线运营方面,在不同的线路上存在多种信号设备,且不同信号设备间不能兼容,车辆无法跨线行驶,导致车辆共享难度增大。面对这种情况,可以借鉴国外经验,如日本轨道交通部门在一列地铁列车上同时安装两套信号设备,列车在跨线运营时进行信号的切换同时更换司机,从而实现了这两条线路间的联运,同时这两条线路的车辆可共用车辆段和维修、检修设备。虽然每一列地铁列车只能在特定的两条线路上运行,但这与列车只能在本线路上行驶相比运输效率已大有提高,乘客出行更加便捷。

5.3.2　主变电站

轨道交通供电方式有分散式和集中式两种。当采用分散式供电方式时,可直接享用城市电网设施资源,即与城市其他用户共享资源。但很多城市为了保证轨道交通运营的可靠性,而选择了集中供电方式。当轨道交通采用集中方式供电时,就必须设置主变电站。

主变电站不仅设备投资大、电源引入费用高,而且用地和用房面积较大。如果每条线均独立设置主变电站,既不经济也不合理。应在满足各线功能要求的条件下,将主变电站设在相关线路交汇处附近,力求两线或多线合用或合建,实现设施资源共享和综合利用。为实现电力资源的合理利用、综合配置、高效使用和保护环境的目的,供电系统网络资源共享应与轨道交通路网规划相结合,将轨道交通供电系统资源提升到网络的高度,进行统一规划、统筹考虑,设置较为合理的主变电站布点。在修建一条线路主变电站的同时,预留兼顾向其他相邻轨道交通线路供电的资源,将会节约大量的投资,并可为今后轨道交通建设的投资决策提供科学依据。

1. 优化配置要求

共享主变电站的优化配置要求主要包括站址与规模选择、进线电源及主接线两方面。

1) 共享主变电站站址与规模选择的要求

(1) 轨道交通主变电站的站址和电源点应尽可能靠近负荷中心。

(2) 主变电站的选址、变更，应从电力系统的电源点位置、供电能力、规划要求、征地条件、负荷位置等多方面进行经济、技术比选后确定。

(3) 主变电站应尽量设置在线路交汇车站。结合电力系统的供电资源，分析选择主变电站同时向多条轨道交通线路供电的可能性。

(4) 主变电站布点要求。相邻主变电站排列，另一个主变电站的供电半径，按 $25 \sim 30 \text{km}$ 考虑，以确保在一个受电点故障全停时，非故障受电点可及时向故障受电点供电；并满足轨道交通内部电网的电压要求，使轨道交通线路正常运行。

(5) 轨道交通线路主变电站布点设计按远期线网规划进行，按近期轨道交通线路基本网络建设计划实施方案设计，并对远期布点方案进行适当的调整。

(6) 结合城市轨道交通线路建设次序和公用电网的发展，城市有关部门应有步骤地规划利用可为城市轨道交通线路供电的公用电网电源点。

(7) 尽量避免在城市建筑密集的市中心建设 110kV 主变电站，以减少动拆迁量，便于站址落实，为建设地面站创造条件，以降低投资。

2) 共享主变电站电源及主接线的要求

(1) 城市轨道交通是重要用户，属一级负荷。其供电系统的两路 110kV 电源应来自不同的公用变电站或同一公用变电站不同的母线段。

(2) 两条轨道交通线路共享的主变电站。两路电源进线宜采用不同沟电缆排管的敷设方式引入；超过两条轨道交通线路共享的主变电站，其两路电源进线应采用不同沟电缆排管的敷设方式引入。

(3) 轨道交通线路每座主变电站引入的两路电源，应互为备用，当其中一路发生故障或检修停电时，另一路应能承担该主变电站的一、二级负荷。

(4) 当向轨道交通线路供电的主变电站发生故障解列时，相邻主变电站的供电能力应能满足对其支援供电的要求。

(5) 城市轨道交通线路的供电方式以集中供电为主，但根据公用电网及轨道交通线路的具体情况，可考虑混合供电方式。根据负荷容量的要求，对经济、技术进行比较后，确定分散供电变电站进线电源的电压等级。

(6) 城市轨道交通供电系统与城市电力变配电系统应做到相互协调、规划建设、资源共享、充分利用。

(7) 轨道交通主变电站 110kV 侧接线宜简化。可采用带开关的线路变压器组、双环网、支接等三种方式供电。支接电源原则上用于轨道交通线路电源资源共享,既可提高供电可靠性,又可减少对公用变电站电源间隔的占用。

(8) 共享主变电站对每条后建线路的供电可按每段母线出线考虑,共享主变电站与后建线路的供电接口设在共享主变电站 35kV 开关柜的下桩头。

(9) 后建轨道交通线路的供电采用开关站的模式,开关站的两路进线电源引自共享主变电站的两段 35kV 母线。

2. 供电网络资源共享的可靠性分析

1) 轨道交通供电系统可靠性要求

轨道交通供电系统包括:给轨道交通运行主体的车辆及辅助系统提供电能的牵引供电系统和变配电系统,是城市电网重要用电大户,其用电负荷属一级负荷。

高度安全可靠而又经济合理的轨道交通供电系统是保证城市轨道交通正常运营的必要条件。由于轨道交通的特殊性,对其供电系统的可靠性和供电质量提出了很高的要求。如:每个主变电站至少要有两路独立电源引入,并满足“$N-1$”准则,即一路电源停电时,另一路电源必须保证不间断地供电。轨道交通供电系统中,引自公用电网的每一路电源均需满足其供电范围内的全部一、二级负荷用电,进线电源之间、主变电站之间能够互为备用;同一座主变电站内两台主变压器之间能互为备用,对牵引负荷能够满足越区供电的要求。

2) 主变电站共享后,对轨道交通供电系统可靠性的影响

对于牵引供电系统和车站变配电系统来说,实现主变电站资源共享,进行供电网络优化后,其接线方式与主变电站未资源共享时没有发生变化,因此,其供电可靠性也没有发生变化,满足轨道交通供电负荷等级要求。

由于对全网络供电系统主变电站的布点进行统一考虑、优化组合后,110kV 主变电站的数量减少。实行资源共享的主变电站由原来承担一条轨道交通线路供电的方式,变成了同时承担两条或两条以上轨道交通线路的供电方式。供电范围扩大了,同时带来一个问题,当该共享主变电站故障解列或由于 110kV 进线电源发生故障或停电时,停电影响的范围也扩大了。共享主变电站故障解列时,影响范围扩大,但采取了措施后,对于每条参与共享的线路而言,每座主变电站仍然满足至少有两路独立电源引入,并完全满足“$N-1$”的准则,确保了其供电范围内全部一、二级负荷用电。

对于每座参与资源共享的主变电站而言,进线电源之间、主变电站之间完全满足互为备用;同一座主变电站内,两台主变压器之间完全满足互为备用的要求。轨道交通供电网络优化后,只要按照新的主接线设置综合自动化装置和继电保护装置,供电系统内部发生电气故障时,通过自身的继电保护装置,能够确保设备和线路的安全运行。

因此,轨道交通供电系统实现主变电站资源共享、网络优化后,既能保证轨道交通系统正常情况下的用电需求,又能保证一座主变电站解列情况下相互间的供电支援,从而确保整个供电网络安全可靠地运行。

5.3.3　信号设备

1. 基本原则

信号设备资源共享是网络资源运营共享的一个关键技术,其共享技术实现的基本原则包括以下几个方面。

1) 信号制式相同或兼容

共享信号资源的首要条件是选用同样的信号系统制式。从目前的技术上看,要实现固定闭塞、准移动闭塞、虚拟/逻辑闭塞和移动闭塞之间的资源共享、兼容和统一是非常困难的。

2) 系统结构和功能划分一致

对于资源共享的线路群来说,同一制式信号系统的结构和功能划分必须是一致的,否则不可能做到兼容和统一。

3) 地车信息传输系统兼容

在同一种信号制式中,实现地车信息传输的方式有多种,为达到资源共享,保证地车信息传输系统兼容统一是必要的,要求地车信息传输的地面和车载设备应遵循同样的地车通信协议。

4) 列车定位技术兼容或统一

在信号控制中,只有准确知道列车的位置才能实施精确控制。列车定位系统一般包括轨旁定位系统和车载定位系统。对于固定闭塞制式只有轨旁列车定位系统,而准移动和移动闭塞系统则包括轨旁和车载定位系统。如果有共线运行的信号系统,列车定位技术必须完全兼容或统一。

5) ATP安全控制方式统一设计和要求

不同的信号制式具有不同的安全控制方式,主要控制方式有两种:"速度码台阶"控制和"速度-距离"模式曲线控制。在"速度-距离"模式曲线控制中,因采用的制动模型不一致而有所区别,这样就需要对同一种控制方式的模型进行统一设计和要求,从而可以保证不同厂商的信号系统在安全控制上是一致的、安全的。

6) 列车驾驶模式和操作方式统一或兼容

列车的驾驶模式一般包括限制人工驾驶模式、列车超速防护、ATP控制下人工驾驶模式、自动驾驶模式、自动折返模式和非常切除模式等。为了保证系统的资源共享,必须对这些驾驶模式赋予统一的定义和速度限制,这样才能保证信号系统在资源共享时的安全性。

7) 信号与车辆接口相同或统一

为了使信号系统的资源得到共享,需要车载信号设备能够与不同的车辆厂商进行接口,到目前为止,车辆与信号之间的接口不尽相同,因此是最难得到兼容和统一的。接口主要从机械和电气两部分考虑。

同时,应注意合理分配信号与乘客信息系统(PIS)频道和接口。目前,基于通信的列车控制系统采用的地车信息传输系统的无线频段与 PIS 在一个频段,这样就会造成相互干扰。需要与通信专业协商,合理分配频道,或由信号专业负责无线通道并提供与 PIS 的接口,保证信号安全控制和乘客信息均能顺利工作。

2. 基本形式

信号设备资源共享的基本形式包括以下几个方面。

1) 技术共享

要保证信号系统资源共享的线路群内信号制式基本一致,即要求安全控制方式、地车信息传输、列车定位、驾驶模式等影响资源共享或互联互通的关键方式基本兼容和统一。

同一信号制式,根据不同的实现方式,找出这些不同实现方式的兼容与统一接口,达到在同一信号制式的信号技术互联互通。比如,目前实现基于 CBTC 的移动闭塞系统有多种,就无线方式也存在不同的协议格式,需要通过对地车信息传输接口技术标准和规范的制定,保证这些信息传输系统按照一个标准的格式进行信息的传输和接收,从而可以做到一种信号制式下的信号互联互通。

2) 车辆互联互通

在信号系统本身技术共享的前提下,在车辆、通信、线路、供电等其他专业的制式相兼容或统一的客观条件下,通过对车辆信号设备的规范,即可实现车辆联通、联动、统一调配使用车辆的目的,使车辆利用率最大幅度地得到提高。信号技术的互联互通是车辆运营互联互通的基础条件。

3) 操作界面和方式的共享

在信号系统的选型和实施中,作为城市轨道交通最简单、最容易、最有效的资源共享就是做到信号系统的地面调度员的操作界面和操作方式统一,同时可以做到车载信号设备 MMI 的界面和司机操作兼容统一,这样可以大大减少司机和调度人员的培训,同时在运营过程中故障处理时间将大大降低。

4) 检修设备共享

检修设备资源共享也是轨道交通资源共享的重要内容之一。随着技术进步,信号设备的技术含量及系统化程度越来越高,检修设备的复杂度和价格也越来越高。对于一些价格昂贵的特殊信号检修设备,应尽可能考虑资源共享和综合利用,大大降低检修设备的投入。

5）备品备件共享

基于现代 IT 技术信号设备的备品备件价格较贵，在保证信号系统技术进步的前提下，尽可能多地采用相同或同一系列的备品备件，提高备品备件的通用性和共享性，以便集中仓储，降低库存量，互相调用备品备件，大大降低运营成本。

6）人力资源共享

在信号制式选型和规划时，不仅应考虑到先进的技术，也应充分考虑人力资源成本，尽可能达到路网中信号专业管理人员及技术维修工人的资源共享，降低企业人员成本。

7）维修工艺共享

不同线路的信号系统，在选型时应保证其具有相同或相似的维修工艺，以大大降低人员培训成本，提高维修质量，确保列车安全可靠地运行，实现维修工艺和设备的共享，降低固定资金的投资；同时，也便于维修管理，在提高维修率的同时提高车辆的利用率。

8）仿真培训设备资源共享

随着技术进步，信号设备的技术含量及系统化程度越来越高，信号维护人员上岗前必须借助于仿真培训设备进行严格的培训；另外，运营中出现的问题也需要经过仿真系统进行分析，及时发现并排除故障。

3．实施要求

根据网络共享的基本原则和基本形式，对每条新建线路的信号制式选型，需用战略的眼光统筹考虑，以防带来不必要的损失。

1）全网络共享

对于城市轨道交通网来说，理论上最合理的方案是整个网络达到信号资源技术和运营共享，在信号制式选型时兼顾前述 8 种共享形式。对于各条线路客流量的不同，可通过相同的信号制式、不同的自动化程度和发车间隔来满足各线客流需求，但这将对运营组织提出更高的要求。

2）信号制式体系内共享

根据一个城市轨道交通的现状和规划，按照各条线路的客流统计，信号选型一般分成 4 大类：固定闭塞、准移动闭塞、虚拟/逻辑闭塞和移动闭塞。这对于一个特大都市来说也是合理的。如果做到这 4 种信号制式及其内部互相兼容和统一也是相当不易的事情，但它可以大大降低建设和运营成本。

3）线路群内共享

达到上述共享是很理想化的，但由于受资金筹措、不同供货商、生产时间和建设周期等各方面条件的限制，上述共享较难实现，做到一种制式下完全兼容和统一也非常困难。但可以通过努力，从规划的互联互通要求和维修管理角度出发，达到在一个线路群内的共享,即保证在同一线路群内不同线路的信号资源互为共享,便于人、财、物的管理。这个线路群内的线路可能是一条或多条。以上共享原则,可作为信号制式选型时的指导方针,尽可能按自上而下更高一级的共享来实施。

此外,为了实现全网络或线路群内的信号互联互通,最为关键的是信号车载设备必须能够与列车所经过线路的地面信号设备间彼此交换、识别及处理"控制信号",以实现安全运行。可实现手段包括:

(1) 采用同一厂商相同制式的信号系统;

(2) 加装多套信号车载设备;

(3) 加装多套信号地面设备;

(4) 采用通用的信号车载设备;

(5) 实现规范和标准的信号互联互通。

以北京地铁为例,从管理运营资源共享角度来说没能充分发挥。因为各条线路采用的信号系统由众多厂商提供,不仅信号设备供应商不同,而且既有准移动闭塞也有移动闭塞。不同公司提供的设备彼此间不能兼容。由于信号系统不同,使得不同线路的车辆根本无法在其他线路上行驶,无法实现网络化运营不同线路间的联运,乘客如果要乘坐其他线路列车必须下车换乘,给乘客带来不便,同时也使得行车组织方式比较单一,不能更好地适应客流分布,导致不能充分发挥整个运营网络的运输能力。

5.3.4　控制中心

控制中心作为轨道交通运营的指挥中心,应该集中设置。国外很多城市的轨道交通网均只设一个控制中心,不仅有利于轨道交通运营的调度指挥,而且有利于实现资源共享和综合利用。轨道交通控制中心应尽可能多线共享,其机电设备制式应尽可能统一或兼容。

控制中心的共享内容也包括土地、建筑设施、各系统设备和管理人员等方面的内容,这里不再详述。

5.3.5　其他运营设备和设施

很多城市轨道交通 FAS(防灾报警系统)、BA(设备监控系统)和 SCADA(数据采集电力监控系统)采用综合监控系统,不仅便于高效的运营管理,而且可以实现计算机等设备资源的共享,有利于节省设备投资,降低工程造价。

线路设施中的车站配线(存车线和折返线)在运营时间之外,夜间可以用做存放列车,也可实现设施综合利用,并可减少车辆基地用地面积、停车库规模和投资。

5.4　检修设施与设备资源共享

检修设施与设备资源共享主要是不同类型的车辆基地及其内部设备的共享和检修的社会化。

5.4.1　车辆基地

车辆基地既是轨道交通车辆的检修地，也是轨道交通各类设施、设备和工务的综合维修中心，实现车辆基地的资源共享具有十分重要的意义。车辆基地资源共享包括：土地、车辆厂修、架修、试车线和运用整备等设施，机电设备维修设施资源和工务维修、辅助生产设施，办公及生活设施，以及管理人员与维修人员等。因此，车辆基地应尽可能多线合建（用），轨道交通网络车辆及机电设备制式尽可能统一，以便最大限度地实现基地资源的共享。

表 5-1 是各大城市车辆段占地规模及收容能力，我国各大城市车辆段占地面积比日本的城市大，但收容能力远不及日本的城市。因此要提高车辆段的利用率，实行车辆段的资源共享是十分必要的。车辆基地布局应方便运营，减少列车空走距离，合理用地，要满足近期和远期不同情况下的资源共享要求。

表 5-1　部分城市车辆段占地规模及收容量

城市	车辆段名	占地面积 /m²	收容能力 /辆	折合用地面积 /(m²·辆)	承担线路长度 /km	折合用地面积 /(km·m⁻²)
东京	千住基地	36068	336	234	20.3	3873
	深川基地	82226	470	302	30.8	4613
大阪	车辆工场	102000	372	427	30.9	5154
北京	太平湖车辆段	130000	324	401	23.1	5627
	古城车辆段	232000	288	805	18.5	12540
	回龙观车辆段	395000	336	1175	40.9	9658
上海	新龙华	284000	296	959	32.7	8685
广州	芳村	266000	252	1055	18.5	14393

出现上述情况可能与两国统计方法不通有关。我国车辆段的用地，一般还包括食堂、宿舍、浴室、购物、医务等生活设施，以及培训基地、综合仓库等衍生设施。我国车辆段的作业区（包括办公区）一般占整个车辆段的 75%～90%。从这个角度看，即使日本的共用车辆段占地面积全部为作业区，我国的车辆段作业区的用地规模仍可达到日本的两倍左右。因此，有必要采用共用车辆段，以尽量减少占用城市土地资源。

5.4.2　车辆基地类型

国内外城市轨道交通车辆基地大致可划分为三大层次：停车场、车辆段、车辆大修厂。

1. 停车场

停车场是城市轨道交通车辆停放的场所，是规模较小的车辆段，承担城市轨道交通车辆的停放、清洁、维护和乘务工作。一般每条轨道交通线路按其配属车辆的多少，设置一处或多处停车场，规模较小的停车场仅设置停车列检设施，规模较大的停车场还设有定修、临修和月检设施。

2. 车辆段

车辆段是城市轨道交通车辆更换损坏部件的场所，它在停车场的基础上增加车辆检修设施，其中以大修、架修设施为主，主要检修手段为互换修。

车辆段主要拥有以下功能：

（1）承担多条由联络线互相沟通线路车辆的大修、架修工作，其检修方式采用互换修。互换下的损坏部件直接送车辆大修厂进行维修。

（2）承担所属线路车辆的定修、月检及临修工作，其检修方式采用互换修。互换下的损坏部件直接送车辆大修厂进行维修。另外还需通过静调和动调，对列车进行综合性能的测试。

（3）承担所属线路的车辆停放和列检工作。

车辆段主要划分为检修区和运营区。所有的检修工作均集中在检修区进行，运营区主要负责段属车辆的停放、列检和乘务工作。

3. 车辆大修厂

车辆大修厂是城市轨道交通线网中车辆互换部件（模块）的维修中心，规模较大，设备齐全，具有较高的车辆检修技术力量，承担线网中车辆段、停车场车辆互换部件的检修工作；同时具备到车辆段、停车场维修现场进行部件检查、简易维修的能力，在一定年限后还将承担列车的翻新和改造工作。

车辆大修厂也是轨道交通网络中的物流（部件）供应中心。各停车场、车辆段互换下的损坏部件通过公路运输送大修厂检修，大修厂修复的部件再通过公路回送至各停车场、车辆段。

车辆大修厂一般设在市郊土地较为充裕的地区，与某个车辆段合建。

5.4.3　共用车辆基地类型

1. 按共用资源划分

共用车辆基地按照共用资源的具体情况,可以分为以下两种类型。

(1) 共用列检车辆段。车辆共用车辆段内的停车设施和一些日常检修设施,仅能完成停车列检、临修、月检等维护工作。

(2) 共用架修、大修车辆段。车辆共用车辆段内的大型维修设备。一般的共用车辆段属于此种类型。

2. 按共用对象划分

按照共用车辆基地的车辆类型可以分为以下两种类型。车辆类型的不同,对联络线的设置也有相应的要求。

(1) 城市轨道交通系统与城际铁路(国铁)共用车辆段。

(2) 城市轨道交通系统内部共用车辆段。主要指各条地铁线路之间、地铁与轻轨线路之间共用车辆段。

5.4.4　车辆厂和大型设备厂资源的利用

当城市拥有轨道交通车辆厂和与轨道交通相关的大型设备厂时,这些企业的设施和人力资源同样可以为轨道交通运营服务,达到更高一层的设施共享和综合利用。这样可以进一步降低造价和运营成本,还可提高企业的效益。因此,城市的轨道交通建设中应充分利用这些资源,轨道交通车辆的组装、厂修、架修,以及大型设备的维修应尽可能向社会化方向发展。

5.4.5　车辆基地共享的适用性

1. 联络线设置

联络线的设置是实现车辆段、停车场资源共享的重要途径,它使网络中的各条线路相互连通,以实现检修车辆在线路间的往返取送。联络线分城市轨道交通与城际铁路间联络线和城市轨道交通与城市轨道交通间联络线两种,原则上联络线的设置以后者为主,主要因为采用后者可使检修车辆走行距离短,调度方便。

联络线的设置受地形条件、设备条件(信号制式、供电方式、建筑限界等)、设备能力(主要车辆段大修、架修能力)等因素制约,而且还需符合必要性、可行性和经济性。特别是地下联络线,一般造价较高,有必要经过技术经济比较后再确定。

在轨道交通系统初期,由于网络尚未成形,城市轨道交通线路间的互相联络条件较差,可适当利用国铁相互沟通。随着城市轨道交通系统的发展,网络逐步成形,城市轨道交通线路间的联络条件较好时,应多考虑城轨间联络线。

2. 资源共享程度

车辆段、停车场随着资源共享程度的提高,会带来大量检修车的取送工作。如此,不但会增加运营的成本,而且会影响线路的正常养护工作——检修车辆在各条轨道交通线路之间的取送一般是利用线路运营的窗口时间,而该运营窗口时间往往也是执行线路养护工作的时间,大量的、长距离的检修车取送必然会给线路养护工作带来不便。

因此,检修设施和设备资源共享程度必须处于一个合理的程度,即在考虑资源共享的同时,还需充分考虑此项共享对线路运营的影响,包括运营成本变动、运营的行车计划修改、检修车的空走距离里程变化、车辆检修工艺是否适合资源共享、是否会与线路养护工作冲突等因素。需特别注意以下几个方面。

1) 停车设施和一些日常检修设施不宜资源共享

对于停车列检、周检、月检以及定修等列车日常维护设施,其设施的投资较低而利用率一般较高,大多在 $80\%\sim90\%$;而且涉及每日的运营,检修周期也较短。如在网络中共享这些设施,必然会造成大量车辆的取送,这不但会增加运营成本,也会给运营组织和计划带来不便。因此,这些设施不宜考虑资源共享,一般各线独立设置较为适宜。

2) 架修、大修设施宜多线资源共享

城市轨道交通车辆段架修、大修设施投资和用地较多,如果每条线都设置车辆段会造成架修、大修设备利用率过低。

3. 车辆检修设备的共用适应性

为满足车辆集中的架修、大修,一个城市轨道交通网络中车辆宜有统一的技术标准,即需要车辆的外形限界统一,各部件模块化、兼容化,这样既有利于检修车辆在各线路间的往返取送,也便于车辆段采用较高效的互换修;另一方面,车辆段的检修也应朝着均衡修、状态修的方向发展,以提高车辆检修效率,使之与集中架修、大修相适应。

总之,必须在多个运营主体时统一列车技术规格与维修规程、零部件及备用品标准等,使车辆模块化、检修均衡化。而影响车辆检修社会化的因素较复杂,除部分社会化条件比较成熟的部件或项目外,大部件检修暂不宜考虑社会化。

5.5　案例分析

案例中着重以上海市轨道交通发展和日本东京营团地铁建设来实证网络资源

运营共享技术的几个方面。

5.5.1　上海市轨道交通网络资源共享实例

近年来上海轨道交通发展迅猛,轨道交通"资源共享、综合利用"需求强烈,受到广泛关注。

1) 培训中心

上海轨道交通在 1 号线建设时设立了一个培训中心,相继建设并投入运营的轨道交通 2 号线一期工程、明珠线一期(3 号线)工程,以及拟建的轨道交通项目均不再设置培训中心。已建的培训中心是城市轨道交通线网的共享资源。

2) 车辆选型及受电方式

上海市研究确定城市轨道交通均采用钢轮钢轨制式的轨道交通模式,基本确定了高度基本相同(3.8m)的大车(宽 3.0m)和小车(宽 2.6m)两种车辆为城市轨道交通的基本车型。

轨道交通车辆一般采用 DC1500V 的架空接触网受电方式。

这为车辆及车辆检修设施资源共享和综合利用创造了非常有利的条件。进一步实现了车辆灵活编组,更加提升了车辆资源共享程度。

3) 主变电站

上海市轨道交通采用集中式供电方式,主变电站是必需的。由于受历史条件制约,已建并投入运营的轨道交通对主变电站的合用方案未作过多的考虑。但在拟建和规划建设的轨道交通均给予了不同程度考量。如轨道交通 M8 线曾考虑利用 1 号线的人民广场主变电站;轨道交通 M7 线一期工程只在线路北部设 1 座主变电站,而南段暂利用明珠线二期工程(轨道交通 4 号线)的大木桥主变电站近期的裕量,待线路延伸、运量增加后再与相关线路合建主变电站,做到不同阶段的设施资源共享。拟建的轨道交通线所需的主变电站均考虑与相关的轨道交通线的合建,为主变电站设施资源共享和综合利用预留了条件。

另外,上海进行直接利用线路附近的城市供电网中的大型变电站资源的研究,试图达到充分利用城市供电设施资源的目的。

4) 控制中心

轨道交通 1 号线与 2 号线合建新闸路控制中心。轨道交通明珠线一期工程、二期工程和 M8 线合建东宝兴路控制中心。轨道交通 M7 线将与规划 M5 线和 M6 线合建长寿路控制中心。轨道交通 R4 线和 L4 线将分别与规划 L1 线和 L5 线合建控制中心。

通过采用这种相对集中的控制中心布局模式,达到一个控制中心控制多条线路、几个控制中心集中控制全市网络的目标。

5）车辆基地

新龙华车辆段厂修、架修设施初期为轨道交通 1 号线和 2 号线一期工程共享。轨道交通 2 号线一期工程不设厂修、架修设施，待线路延长、车辆增加、厂修和架修任务趋于饱和后再修建。

轨道交通 3 号线（明珠线一期）、轨道交通 3 号线（明珠线二期）和轨道交通 M8 线共享宝钢车辆段的厂修、架修设施资源和相应人力资源，明珠线二期和 M8 线只设定修及停车场。

轨道交通 2 号线向西延伸后拟与规划 M6 线合建北翟路车辆段；轨道交通 L4 线拟与规划 M 线合建港城路车辆段，并且其厂修、架修设施可为 L 线服务。轨道交通 M7 线拟与规划 L2 线合建陈太路车辆段；轨道交通 M7 线、L4 线和规划中的 R 线拟在三林合设停车场，以实现土地、厂修及架修、试车线及运用整备、综合维修中心、材料总库、辅助生产、办公及生活等设施资源和相匹配的管理及维修人力资源的共享和综合利用。

轨道交通 5 号线（莘闵轻轨交通线）不设厂修、架修设施，轨道交通 L4 线初期拟缓建厂修、架修设施，车辆厂修、架修均利用闵行车辆厂相应资源。轨道交通 M7 线近期内利用拟建的 R4 线九亭车辆段的厂修、架修设施资源等。

通过对整个轨道交通网络车辆基地进行规划和资源共享研究，侧重车辆基地规划布局和选址、配置结构，以实现资源上的集约化、模块化和社会化。

6）特殊施工机具

上海各轨道交通建设项目土建工程的结构形式、施工方法和施工条件基本类同，特殊施工机具具有很好的共享条件。因此，诸如盾构机械、顶管机械、SMW 工法设备和连续墙施工机具等均作为共享资源考虑。其中，盾构设备还采用"集中采购、集中管理"的模式。这样不仅节省设备采购费，更有利于设施和配套资源的共享。

在规划设计中采用不同车辆（大、小车）的线路在增加土建工程量不大的情况下，圆形区间隧道采用相同的建筑限界、双圆盾构法隧道采用相同的线间距等，为了实现昂贵的特殊施工机具的资源共享，从总体上节省工程造价。

7）其他方面

上海目前几条运营线路均由同一运营公司管理。除运营管理资源共享外，建设管理资源也在很大程度上实现了共享，建设管理人力资源得到了有效的综合利用。在项目总体协调方面，上海在管理、规划、投资、运营、设计和建设等方面于一体化工作，这也是资源共享的具体体现。

上海轨道交通售检票系统力求"一卡通"和"一票通"，在一定意义上实现了轨道交通之间、轨道交通与其他公交方式等的资源共享。随着轨道交通建设的不断发展和完善，这一资源共享程度还将得到进一步提升。

5.5.2　日本东京营团地铁的车辆段共享实例

日本东京营团地铁的各车辆段在不同层次上实现了共用。各车辆段设置的基本情况如表 5-2 所示。

表 5-2　东京营团地铁共用车辆段的基本情况

线路	开通时间	线路长度/km	车辆配属/辆	车辆段		建设年月	共用线路
丸之内线	1954.01	24.2	336	中野车辆段	中野修理车间	1961.09	银座线
							丸之内线
					中野检修段	1961.02	丸之内线
				小石川车辆段	小石川 CR	1989.04	银座线
							丸之内线
					小石川检修段	1954.01	丸之内线
千代田线	1969.12	21.9	369	绫濑车辆段	绫濑修理车间	1971.07	千代田线
							有乐町线
							南北线
					绫濑检修段	1969.12	千代田线
有乐町线	1974.10	28.3	400	和光车辆段	和光检修段	1987.08	有乐町线
				新木场车辆段	新木场 CR	1991.12	银座线、丸之内线以外的线路
					新木场检修段	1988.05	有乐町线

东京营团地铁车辆段分为三个层次:

第一层次为车辆检修段。检修段为单一线路专用,对较短的线路一般设置一个检修段,而较长的线路则一般设置两个检修段,如丸之内线、有乐町线。

第二层次为车辆修理车间。一般情况下每条线路设置一个车辆修理车间,也有二、三条线路共用一个车辆修理车间的情况。例如,中野修理车间由银座线和丸之内线两线共用;绫濑修理车间由千代田线、有乐町线和南北线三线共用。

第三层次为车辆 CR(car renewal 缩写,是对车辆进行更新改造的场所)。东京营团地铁一共设置了两个 CR:一个是小石川 CR,承担银座线、丸之内线的大规模车体修理;另一个是新木场 CR,承担营团地铁除银座线、丸之内线之外的其他 6 条线路的大规模车体修理。

表 5-2 还表明,东京营团地铁各个层次车辆段的设置时期是不一样的。第一层次的车辆检修段一般与线路同时建设;第二层次的车辆修理车间要稍晚于线路

几年建设;第三层次的车辆 CR,一般在线路运营后的几十年才建设。

　　例如,承担银座线、丸之内线大规模车体修理的小石川 CR,建于 1989 年 4 月,比 1927 年开通的银座线晚了 60 多年;又如承担营团地铁除银座线、丸之内线之外的其他线路大规模车体修理的新木场 CR,建于 1991 年 12 月,比 1961 年开通的日比谷线晚了 30 年,这充分体现了按需适时设置不同层次车辆段的理念。

第6章 轨道交通网络应急事件处理技术

6.1 概　述

城市轨道交通网络是一个涉及部门多、运营技术复杂的巨系统。轨道交通网络结构复杂,客流密集,空间余地有限,日常运营中的自身故障、自然灾害、人为破坏,以及大型社会活动等均可能对系统产生重大影响,造成网络局部拥堵甚至瘫痪等严重后果。

各类突发事件具有随机性、传递性和扩散性,发生的后果及其对城市运行影响巨大。如2005年伦敦地铁爆炸后,乘客骤降75%,给轨道交通运营行业带来沉重打击,同时,导致英国股票指数(FTSE)下挫124.54点,对英国社会、经济稳定造成了巨大影响。

当前城市轨道交通各业务子系统,如SCADA(数据采集电力监控系统)、BAS(环境与设备监控系统)、FAS(防灾报警系统)、ATC(列车自动控制系统)和AFC(自动售检票系统)等,由原来各自独立系统向综合监控系统发展,但各线间的综合监控系统信息互通、资源共享较差,往往造成信息传输时效性差、应急机制不完善、应急手段比较落后、应急网络不健全,不能形成有效的预警分析和快速协调处理应急事件。同时,国内外城市的建设经验表明,一座城市对轨道交通的依赖性越强,对轨道交通运营与地面交通应急处理的要求也就越高。从韩国大邱地铁火灾、北京地铁遭遇"黄金周"特大客流、上海地铁"七一四"停运事件及广州地铁"七二一"停运事件等造成的影响和后果来看,健全和完善的轨道交通运营与地面交通应急机制及模式有助于降低地铁突发事件带来的负面影响。因此,探讨轨道交通应急机制及处理技术,对提高城市轨道交通系统的运营安全和可靠性,保证在突发事件的情况下,迅速、及时地采取合理有效的应急措施,尽可能消除、减少突发事件造成的人员伤亡和财产损失,尽快恢复正常运营,具有十分重要的意义。

6.2 运营安全影响因素分析

城市轨道交通系统是一个复杂巨系统,其运营安全不仅涉及人-车辆-轨道等系统因素,还受到社会环境和列车运行相关设备(信号系统、供电系统)等因素的影响。近年来国内外地铁事故统计的分析表明:人、车辆、轨道、供电、信号及社会灾害等是轨道交通事故的主要因素。

6.2.1 人员因素

根据上海地铁于 2002 年和 2003 年对 1、2 号线事故统计数据分析结果：一般性事故主要是因为乘客未遵守安全乘车规则，而危险性事故多是由于工作人员职责疏忽引发的。由此可见，人员因素是导致地铁事故的主要原因。由人员因素导致事故的类型主要包括以下三类。

(1) 拥挤。城市轨道交通车站属于人群高度密集区，一旦发生拥挤，极易发生人员掉落站台和踩踏事故。例如，2001 年 12 月 4 日晚，上海地铁 1 号线一名女子在站台上候车，当车驶入站台时，被拥挤人流挤下站台，当场被列车碾压致死；1999 年 5 月，白俄罗斯也曾发生因地铁车站人员过多，混乱拥挤而导致 54 名乘客被踩踏致死事件。

(2) 不慎落入和故意跳入轨道。长期以来，因人员跳入地铁轨道造成地铁列车延误的事件屡次发生，短则一两分钟，长则十多分钟甚至数小时。据统计，1995 年 7 月～2004 年 4 月，上海城市轨道交通共发生 65 起自杀性伤亡事故，其中 17 人被救起，48 人死亡；2005 年 1 月～10 月仅道床伤亡事件就发生 20 起，造成停运时间达 220min。事实上，城市轨道交通列车一旦受到影响，不能正点行驶，势必影响全局，就需全线进行调整，不仅影响当事列车上的乘客，而且导致整条线路甚至其他轨道交通线路上的乘客被延误。

(3) 工作人员处理措施不当。当事故即将发生或已经发生时，若工作人员处置不当，有可能火上浇油，使情况进一步恶化。例如，2005 年 2 月 18 日，韩国大邱地铁火灾致 198 死、147 伤的特大恶性事故中，地铁司机和综合调度室有关人员对灾难的发生就有着不可推卸的责任。在 1079 号地铁列车遭人为纵火燃烧后，对向辆 1080 号列车依然驶入烟雾弥漫的站台，在车站已经断电、列车不能行驶的情况下，司机未采取任何果断措施疏散乘客，却车门紧闭，而且仍请示调度该如何处理；更有甚者，在事故发生 5min 后，调度居然还下达"允许 1080 号车出发"的指令，最终导致 1080 号列车被引燃，将事故进一步扩大。

6.2.2 设备因素

1. 车辆因素

导致地铁列车事故的主要因素是列车出轨。例如，2003 年 1 月 25 日，英国伦敦地铁一列挂有 8 节车厢的中央线地铁列车行经伦敦市中心一地铁站时出轨并撞在隧道墙上，最后 3 节车厢撞在站台上，导致 32 名乘客受轻伤；同年 9 月，一列慢速行驶的地铁列车在国王十字地铁站出轨，并导致地铁停运数小时。又如，在

2007 年 7 月,伦敦地铁中央线列车出轨,致 1 人轻伤;2010 年 2 月,美国首都华盛顿发生地铁列车首节车厢出轨事故,导致北法拉格特地铁站附近地区交通严重拥堵,所幸未造成人员伤亡。

除此之外,车辆自身各种故障也将导致地铁事故发生。例如,2003 年 3 月 20日,上海地铁 3 号线闸门自动解锁拖钩故障,导致停运 1 个多小时;2010 年 9 月 20日,北京地铁 5 号线一列车在立水桥站发生车门故障,导致大量列车晚点,乘客大面积滞留。

2. 轨道因素

轨道是车辆运行的基础,"基础不牢,地动山摇",轨道出现故障,意味着车辆无法正常运营,如果未能及时发现,往往导致重大交通事故的发生。2001 年 5 月 22日,台北地铁淡水线士林站附近轨道发生裂缝,地铁被迫减速,并改为手动驾驶,近 10 万乘客上班受阻;2009 年 6 月 22 日,因轨道电路模块故障,在美国首都华盛顿东北部,一辆 6 节车厢地铁列车,在撞到另一列处于静止等候状态的列车尾部后侧翻,两车多节车厢发生严重变形扭曲,共造成 9 人死亡,至少 76 人受伤,成为华盛顿地铁系统运营 30 多年来最严重的事故。

3. 供电系统因素

供电系统是轨道交通车辆的牵引动力来源,同时,还将影响通信、信号、监控、通风等系统的运作,轻则影响列车的正常运行,重则导致意外事故的发生。例如,2003 年 8 月 28 日,英国首都伦敦和英格兰东南部部分地区突然发生重大停电事故,伦敦近 2/3 地铁停运,大约 25 万人被困在伦敦地铁中;2009 年 12 月 22 日,上海地铁 1 号线陕西南路至人民广场区间突发供电触网跳闸故障,导致该区段列车停驶 4h;2010 年 2 月 6 日,因供电设备跳闸,导致北京地铁 1 号线公主坟至复兴门区段双方向路段瘫痪约 30min。

4. 信号系统因素

信号系统是轨道交通的大脑,控制着车辆的运行,一旦信号系统出现问题,必然发生行车事故。例如,2009 年 12 月 22 日,上海地铁 1 号线由中山北路至火车站下行的 150 号车,在运行至火车站折返站时,信号系统错误地向 150 号车发送 65km/h 的速度码,造成制动距离不足,导致该车冒进信号,与正在折返的 117 号车发生侧面碰撞事故。

6.2.3 社会灾害

地铁车站及地铁列车是人流密集的公众聚集场所,一旦发生爆炸、毒气、火灾等突发事件,将会造成群死群伤或重大损失,严重影响社会秩序的稳定。近年来,地铁接连不断地发生爆炸、毒气、火灾等社会灾害。例如,1995 年 3 月 20 日,日本东京地铁曾经遭受邪教组织"奥姆真理教"施放沙林毒气,造成 12 人死亡,5000 多人受伤,引起全世界震惊;2005 年 7 月 7 日,伦敦地铁遭恐怖袭击,连发 4 次爆炸,共计 53 人死亡;2004 年,莫斯科地铁爆炸致 39 人死亡,120 余人受伤,之后,2010 年 3 月 29 日,莫斯科地铁卢比扬卡站发生爆炸,造成 25 人死亡。

6.3　突发应急事件处理

6.3.1　应急响应机制

由于城市轨道交通系统的复杂性和重要性,一旦出现事故,影响范围将会十分广泛。城市轨道交通事故故障应急响应机制,是指对城市轨道交通运营中发生的事故、故障、突发事件,能及时作出反应并采取有效措施,以尽快恢复正常运营秩序的相关组织机构、功能和相互关系。

城市轨道交通应急响应机制建立在应急响应模式的基础上,从国内外相关城市应急模式来看,城市轨道交通应急响应模式有以下 3 种基本类型。

1) 水平响应型

政府中没有常设的地铁应急机构。地铁发生紧急事件后,一般情况下,地铁公司是应急处置的主体,地铁与其他相关应急单位或机构采取一对一的联系模式。2000 年以前的北京地铁基本上采取这种形式。

2) 垂直响应型

政府设立专门的地铁应急指挥机构。应急指挥机构作为紧急事态下的处理中枢,担负着指挥协调的任务,运用政府强制力保障应急措施的到位。上海、天津和广州地铁都是采取这种形式。

3) 混合响应型

有常设的地铁应急指挥机构,由应急指挥机构负责下达命令并协调工作,但是地铁突发事件下的地面交通紧急接驳由地铁公司与公交公司自行联系,或交由自营巴士进行。北京和香港地铁目前采取这种方式。

三种模式的特征及典型代表如表 6-1 所示。

表 6-1　城市轨道交通基本应急响应模式比较

模式	信息通道	指挥效力	典型代表
水平响应型	短	弱	北京(2000 年前)
垂直响应型	长	强	上海、广州、天津
混合响应型	中等	较强	北京(目前)、香港

在实践过程中,应急响应机制包括对应急事件的反应和处理两方面。所谓反应机制是指相关部门对事故故障的探测和判断、信息的传递和决策、对乘客及外界的信息发布等功能、技术手段及相互关系;处理机制是指相关部门对事故故障现场的处理、乘客的疏散,以及外界对处理提供支持的功能、技术手段和相互关系。反应机制要求建立运营信息的收集、处理、传递和发布系统,处理机制则要求建立相关的应急预案体系,保证一旦发生事故故障,能实现快速、有效的处理,使其造成的影响和损失最小化。反应机制和处理机制通过信息的传递和相互作用有机地结合。

城市轨道交通运营组织和管理有其自身的特点,建立应急处置机制应结合运营企业的机构设置及其分工,确定在事故故障状态下,各部门的职责范围以及应采取的措施。以上海地铁运营有限公司为例,总调度所主要负责列车运行计划的编制和调整;客运分公司承担车站行车组织、客运组织、客运服务、车站管理、票务管理等工作;各专业分公司主要负责运营系统中相关设施设备日常的运用、维护、维修,以及突发事件的抢险、抢修。根据各自的职责,这些部门在运营和应急处置过程中分工协作,构成了应急处置机制的组织机构基础。

在应急处置机制中,各个部门进行应急处置的过程应遵循如下原则。

1) 安全性原则

作为一种大容量的城市客运交通工具,在发生事故故障情况下,应把保障市民乘客的生命财产安全作为应急处置工作的出发点,体现以人为本,最大限度地减少突发轨道交通事故造成的人员伤亡和财产损失。

2) 有效性原则

应急事件发生时,既要有统一指挥,又要有充分快速的反应能力。应急行动中,最忌多头领导。突发事故时,应实行统一指挥,保证应急系统能快速启动,及时运作,包括迅速探测事故故障源、决策和执行方案、传输信息、下达和反馈指令等。

3) 协调性原则

城市轨道交通运营涉及客运、调度、车辆等多个业务部门,在事故故障发生时,各部门应根据其职责分工协作;同时,在突发大规模应急事件时,还将涉及公安、卫生、消防等部门,相关部门要整合资源、信息共享、主动配合、形成合力,保证事故灾难信息的及时准确传递,高效、有序地开展救援工作。

6.3.2　应急组织体系

目前国内大多数城市均对城市轨道交通突发事件进行了分级,如深圳根据突发事件所造成的轨道交通停运的严重性与对城市客运交通的影响程度,将深圳地铁突发事件分为Ⅲ级(一般)、Ⅱ级(重大)、Ⅰ级(特大)3个等级。天津则依据事件造成或可能造成的危害程度、波及范围、影响大小、行车中断时间、人员伤亡及财产损失等情况,将突发事件由高到低划分为Ⅰ级(特别重大)、Ⅱ级(重大)、Ⅲ级(较大)、Ⅳ级(一般)4 个等级,如表 6-2 所示。

表 6-2　天津地铁突发事件分级

等级	事件特征	轨道交通表征	处置主体
Ⅰ级(特别重大)	①死亡 3 人以上或重伤 5 人以上;②运营场所发生火灾、爆炸、有毒化学物质泄漏、构筑物坍塌;③运营列车冲突、脱轨或颠覆;④遭受台风、水灾、地震等自然灾害侵袭;⑤发生恐怖袭击事件或严重刑事案件	运营全面中断	市轨道交通应急处置指挥中心统一协调、指挥
Ⅱ级(重大)	①死亡 2 人以下或重伤 4 人以下;②发生突发性大客流,运营秩序可能或已经失去控制;③大面积停电;④车站内发生聚众闹事等突发事件	运营中断或受阻	市轨道交通应急处置指挥中心调度市有关部门联合处置
Ⅲ级(较大)	①部分运营区域发生突发性大客流,需地面交通协助疏散;②隧道大面积积水需要市政、电力等部门协助抢险	运营中断 1h 以上,严重影响运营秩序	轨道交通运营单位为主,必要时由指挥中心协调
Ⅳ级(一般)	事态比较简单,运营秩序受到影响,运营单位能够处置的突发事件	局部运营中断 1h 以内	轨道交通运营单位

注:事件特征满足其一即构成对应级别应急突发事件。

从表 6-2 可以看出,轨道交通突发事件等级由低到高,涉及范围急剧扩大。为加强对突发事件处置的综合协调指挥,提高紧急救援反应能力,及时、有序、高效、妥善地处置轨道交通突发事件,最大限度地减少人员伤亡和财产损失,维护正常的工作秩序和社会秩序,应构建强大的应急组织体系。

建立城市轨道交通应急组织体系应遵循以下 5 个原则。

1) 分级设立原则

根据突发事件的类别与级别,建立相应的地铁灾害事故应急处置组织体系。发生一般、较大突发公共事件由轨道交通企业负责指挥处理,外部协助;发生重大、特别重大突发公共事件由地方政府应急指挥中心负责指挥处理,外部支援部门参加。

2) 快速响应原则

能快速启动、快速运作,包括迅速探测事故故障源、决策与执行方案、传输信息等,切实做到早发现、早报告、早控制。

3) 统一指挥原则

地铁应急处置涉及的部门多、专业多,必须把各方面的力量组织起来,形成统一的应急联合指挥中心,避免各部门各自为政、资源无法整合、行动混乱、效率低下。

4) 分工协作原则

由于突发事件的综合性,其预防、处置、后处理等工作都需要不同专业、不同组织的通力合作才能完成。在突发事件发生时,各部门应根据其职责分工协作。

5) 属地(专业)为主原则

地铁应急处置根据突发事件的发展情况,采取地铁企业自救和社会救援相结合的形式,充分发挥事故单位及地区的优势和作用。

在网络化运营环境下,城市轨道交通运营企业应根据政府应急管理体制要求,从加强本企业内部事故灾难应急响应处理能力出发,结合日常安全生产事故管理,成立企业事故灾难应急机构。基本应急管理组织框架如图 6-1 所示。

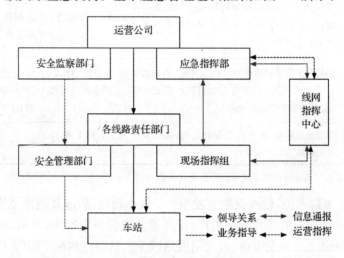

图 6-1　网络化环境下运营公司应急管理组织框架

除运营公司应构建应急管理组织外,对于重大应急事件,仅依靠运营公司无法解决,必须构建与其他部门如卫生、消防、公交、供电等的应急处置联动组织体系。图 6-2 所示为一典型轨道交通应急处置联动组织体系。

6.3.3　应急响应流程

城市轨道交通紧急事件一旦发生,应立即根据应急组织体系,启动应急响应程序,尽最大限度保证人民群众生命财产安全,降低事故损失。应急响应程序按流程,分为接警、应急响应级别确定、应急启动、救援行动、应急恢复和应急结束等,如图 6-3 所示。

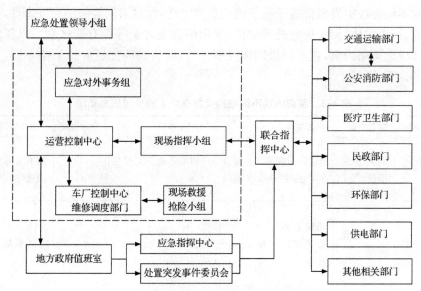

图 6-2 城市轨道交通应急处置联动组织体系

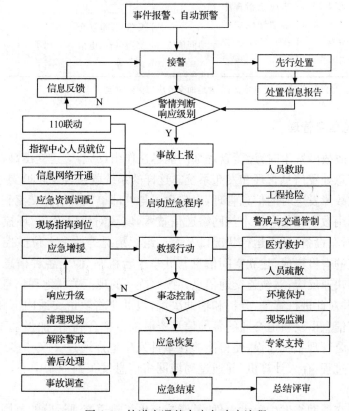

图 6-3 轨道交通基本应急响应流程

　　对不同等级突发事件应采取不同的应急策略,针对不同等级的突发事件,其应急重点、指挥主体、相关应急处理单位、采用的方案对策等都有所区别。以深圳地铁交通应急策略为例,在不同级别突发事件下,所启动的交通应急策略不同,具体如表 6-3 所示。

表 6-3　深圳地铁不同级别突发事件下的交通应急策略

突发事件	应急重点	指挥主体	相关单位		启动方案	方案对策
Ⅲ级(一般)	站内秩序维护	运营公司突发事件应急指挥小组	运营公司内部各相关工种与部门		A	暂不实施地面交通应急
Ⅱ级(重大)	疏散滞留乘客	市应急指挥中心地铁应急指挥办	主办单位	交通局、运营公司、公交公司	A	疏运巴士方案出租车接驳方案
			协同单位	交管局	B	
Ⅰ级(特大)	降低对城市客运体系负面影响	市应急指挥中心地铁应急指挥办	主办单位	交通局、运营公司、公交公司	A	疏运巴士方案出租车接驳方案公交线路调整
			协同单位	交管局、电视台交通电台、电信企业等	B	

　　注:A 为运营公司相关专项应急预案;B 为地面交通应急保障方案。

6.3.4　应急信息管理

　　为使事故故障发生时,运营管理部门能迅速作出反应,应建立由高技术支持的轨道交通应急处置信息管理和发布系统。这样的系统既包含了轨道交通运营管理内部在事故故障发生时的信息管理,也包含了与外部单位的信息交流和共享。

　　充分利用数字化信息技术与网络通信技术,实现对供电设备、环控设备、车站客运设备、行车设备、列车运行状况以及客运组织情况等的全方位监控;实现对各种应用系统的有机集成,建立空间信息与共享平台机制,便于各种信息直观表达、综合利用与快速反应;对轨道交通信息元按照统一的规范关联地理信息,形成三维数字信息,并对此进行管理、分析和辅助决策,以助于将轨道交通内部和外部城市的各种数字信息以及轨道交通的各种信息资源加以整合利用;加强基于局域网和互联网的办公管理系统建设,使得能够在事件发生地点通过文字和多媒体信息记录事件发生过程,存入计算机,并通过局域网将信息发布到控制中心,存储和用于事后分析。

　　当轨道交通网络发生重大事件,其影响超出了轨道交通运营的范围时,轨道交通应急处置工作需要市内其他相关部门,如地面公交、公安、消防、救护、抢险等部门全面配合。主要包含两方面内容。

(1) 实现日常运营信息的有效采集和共享,做好应急处置的信息储备。由轨道交通运营综合信息管理系统向城市其他部门或中心,如公安应急联动中心、综合交通指挥中心、消防局、地震局、气象局、城市防灾中心、供电局、急救中心、公安防暴中心等,提供轨道交通主要运营信息,如运营状况、供电系统状况、客流状况等。轨道交通运营主体也接收城市其他中心的相关信息,如气象、地面交通等综合性信息,制作轨道交通网络的各类公共信息。

(2) 处置重大事件时迅速综合和传递各方信息,实现信息快速通畅。实现与外界联合处置的各相关指挥部门之间、各相关执行部门之间、各指挥部门和所属执行部门之间、现场与执行部门之间、现场与指挥部门之间的信息综合和传递。

目前,随着轨道交通网络化运营的开展,国内许多城市开始了构建轨道交通应急平台工作,将轨道交通应急处置信息管理和发布系统集中到该平台中。一般来说,一个完整的轨道交通应急平台应包括信息资源、技术、保障体制等组成要素,其关键任务是通过对信息资源的融合、分析处理,实现对突发事件的信息传递、应急响应、应急处置及推演评估等;同时,轨道交通应急平台设计、开发及应用必须遵循政策法规和标准规范。因此,轨道交通应急平台主要由基础支撑系统、综合应用系统、数据库系统、信息接报与发布系统、应急指挥场所、安全保障体系、政策法规和标准规范等组成。

该平台所涉及的关键技术主要包括以下 3 个方面。

1) 信息资源整合利用

信息量和传递速度将直接影响应急决策的科学性和及时性。考虑到应急平台本身直接产生的信息量较少,因此,实现城市轨道交通应急平台与多个业务系统如行车调度系统、视频监视系统、综合交通指挥中心、城市防灾中心等系统与部门之间的信息共享是应急平台需解决的首要问题。

轨道交通应急平台的共享需求来自两方面。首先,需要集成和共享防灾报警、行车调度、自动售检票等多个异构、专业系统的信息;其次,作为政府应急平台体系的重要节点,和政府间的应急平台存在着大量的数据交互。

轨道交通应急平台共享信息可分为静态信息共享和动态信息共享两大类。对于静态共享信息,关键是数据的同步更新技术和更新维护机制,可采用"共享库＋接口服务器"的模式实现。动态信息方面,根据信息更新的主动和被动关系,共享可分为"推送式"和"拉取式"两种模式。"推送式"是指各业务信息系统主动将共享信息提供给轨道交通应急平台,属于被动接收;"拉取式"是指轨道交通应急平台根据相关条件在各业务信息系统中检索所需的共享信息,属于主动查询。根据这两种方式的特点,轨道交通应急平台的动态信息共享应结合采用"推送"和"拉取"两种模式。

2) 地理信息系统

城市轨道交通的应急管理和应急指挥涉及事件影响范围、路线、车站、救援物资、救援队、救援与疏散进路等信息,这些信息具有很强的空间分布特征,应用地理信息系统构建轨道交通应急决策指挥系统是行之有效的,也是非常有必要的。

在轨道交通应急信息共享平台基础上,构建轨道交通地理信息系统与现有业务信息系统的互联和集成,通过应急信息共享平台获取其他系统的信息,结合线路、车站分布、危险源、车站配线、应急资源分布等地理信息,以电子地图的形式形象地展现这些信息。通过地理信息系统的空间分析和时空分析功能,建立各类分析评估模型,辅助制订应急方案。

3) 网络通信

城市轨道交通为了满足自身的业务需要,以线为单位,构筑了传输系统,用于各种调度电话、站间行车电话、无线电话、公务电话、有线广播、闭路电视等信息的传输;个别地铁虽已进行了公务电话的整合,但尚无完整的综合通信网规划。应通过对现有网络通信系统的研究,构建骨干传输网络,整合提升现有通信系统的水平,以达到应急平台应急指挥所具备的通信系统功能。

随着城市轨道交通运营规模的扩大、线网的形成,监控系统向综合式方向发展,网络传输与通信功能不断改善,监控能力、指挥调度能力、信息传输能力有了较大的提高,个别城市的轨道交通企业(如北京、上海)设立了线网应急协调指挥中心,统一处理运营线网安全生产与应急事件。

6.4　国外突发事件应急处置案例

轨道交通作为现代化城市的重要交通工具,在城市交通系统中处于不可忽视的地位;虽然给广大人民群众的出行带来便利,但是随着国家恐怖主义的泛滥,以及各国国内复杂的治安状况,地铁不再安静如初,各国地铁不断发生各类事故并遭受恐怖袭击。在应对突发事故方面,各国均各有所长。下面结合具体案例,以日本东京、英国伦敦和俄罗斯莫斯科地铁为例对国外城市轨道交通突发事件应急处置进行介绍。

6.4.1　东京地铁沙林毒气事件

1995年3月20日7时50分,东京地铁内发生了一起震惊全世界的投毒事件。当天上午,正值上班高峰时间。一列地铁刚进入筑地车站,乘客便蜂拥而出,突然有人瘫倒在地,有人则跟跟跄跄,许多地铁工作人员和乘客坐在地上大声咳嗽,感到头晕、恶心和呼吸困难,许多人捂着眼睛,无法视物,现场秩序一片混乱(事后证实霞关、筑地等 16 个车站均同时遭到沙林毒气袭击）。当天政府所在地及国会周边地铁主干线被迫关闭，26 个地铁站受影响，东京交通陷入一片混乱。事后统计，该事件共造成 12 人死亡，约 5500 人中毒，1036 人住院治疗。

由于事件在地铁车站、车厢内，且时值上班早高峰，人流量大，中毒人数多，狭窄封闭的环境使人员疏散不便，给救援和洗消带来一定困难，造成一定混乱；同时，沙林毒性强烈，作用迅速，在不明毒源、毒物名称的情况下给政府采取应急救援的措施和医学救援的诊断、救治、洗消和个人防护带来极大困难。由于处置得力，人员伤亡与社会损失得到了有效控制。

仔细分析、总结该事件中的应急处置，可以发现其应急处置绝非一朝一夕之功，而是经过了长久积淀才得以形成。

1) 灾害管理法制健全

日本列岛地处亚洲大陆和太平洋之间的大陆边缘地带，地震和火山活动频繁，同时，由于地理和气候条件，台风、暴雨和暴雪频繁，在日本，每年因自然灾害都会造成大量的人员伤亡和财产损失。因此，日本政府和全社会对灾害都予以特别的重视。

日本通过立法来确保各种灾害应急处置措施与事业的实施，其灾害管理体制是在与防灾减灾相关法律制度的基础上逐渐形成的。目前，日本不仅建立了防灾基本大法《灾害对策基本法》，还颁布实施了与灾害的各个阶段（备灾—应急响应—灾后恢复重建）相关的多项法律法规，逐步形成了灾害管理法律体系。同时，日本还制定了各种相关的专门法律法规，逐步建立了相对完善的灾害管理的法律体系，规范了各类活动，并积极推动了灾害管理事业的迅速发展。

2) 日常危机管理意识较高

政府、媒体与民众良性互动、信息透明。危机管理组织一直与新闻媒体保持紧密合作关系，媒体按照新闻传播的自身规律，对危机处理过程进行报道，促使危机向好的方向转化，媒体、政府和公众之间形成一种良性互动三角关系，既受制于政府，又影响着政府，既引导着公众又满足着公众需求。在这三者关系当中，最重要的是危机管理者需要主动与媒体协调关系，妥善利用媒体的积极作用，实现两者的良性互动。由于危机事件的突发性和破坏性，一旦危机来临，大众的极度恐慌会造成危机的进一步恶化，因此，日本很重视安全时期对国民的危机教育，包括日常生活中的危机教育和学校的危机教育，以增强防范危机意识，尤其重视培养全民危机意识和训练避险自救互救技能。

3) 相关系统反应迅速

毒气事件发生后，乘客和地铁工作人员迅速将情况报告给警方，警方在出动警力的同时，消息就送到了防灾中心，防灾中心工作立即启动，各相关部门迅速反应：消防队和医疗救护队迅疾赶到了现场，身着防护衣的救援人员立即将中毒人员送往医院;不到 30 分钟,防化专家已乘直升机赶到现场采样;万余名军警封锁现场、疏散人员。警方立即关闭了 2 条地铁线、26 个车站。经过两个半小时的侦检分析,确认为沙林中毒。事件发生 3 个小时后,政府即出版宣传印刷品以稳定人们的情绪,同时组成 140 人的防化部队对列车和车站的有毒物质进行清除,一些中毒较重者经抢救虽落下了终身疾患但得以保住性命。

6.4.2　伦敦地铁爆炸事件

英国应急体系分工明确,非常重视预防灾难。在提供给全国各机构的灾难处理一般指导原则中,英国政府提出,危机管理包括风险评估、灾难预防、做好应对准备、执行应急措施和进行灾后恢复 5 个部分,灾难真正来临时的应急手段只是危机管理的一部分。

2005 年 7 月 7 日,正当英国伦敦举行盛大的八国峰会之际,伦敦人民沉浸在申奥成功的喜悦之中时,伦敦地铁 6 个车站在上班高峰几乎同时发生大爆炸,导致重大人员伤亡,地铁全线关闭。由 4 名自杀式袭击者针对伦敦地铁和公交车发生的重大恐怖袭击,造成 52 人死亡、700 多人受伤。

事件发生后,由于伦敦应急部门此前已举行过 10 余次大规模反恐演习(包括应对伦敦地铁遭遇多枚炸弹袭击的情况),相关部门依照预案,迅速采取行动,有效确保了应急处置的顺利进行。概而论之,伦敦应急处置特点主要体现在"分工明确"上。

1) 部门分工明确

政府方面,系列爆炸消息传出后,唐宁街 10 号首相府立即转入战时内阁,数分钟后便启动了预算为 20 亿英镑(36 亿美元)的代号"竞争"的反恐应对体制;随即,英军进入战时戒备,以防首都遭受袭击;各相关部门按照预案要求各司其职,进入紧急状态。

应急部门主要承担救援任务,其中,伦敦消防局负责对生存者的救援工作,急救中心负责将伤亡人员送至医院;警方负责协调各应急部门、地方政府和其他单位,以保障上述救援工作的顺利开展。

2) 人员分工明确

除了部门分工明确外,先后到达现场的工作人员分工同样十分清晰。

第一时间抵达现场的警方人员主要任务是确保将第一时间掌握的准确信息及时传递给所在单位的指挥中心,决定是否对外宣布重大突发事件的发生,在上级到达之前临时控制现场,随时与指挥中心保持联系。第一时间抵达现场的警务人员不亲自参与救援工作,以保证上述任务的完成。

第一时间抵达现场的消防部门指挥官的首要任务是准确判断现场形势并及时报告,探明事发地点存在和潜在的风险;形成应对现场形势变化的行动方案;确定现场所需要的应急资源;现场指挥救火救援;对现场形势和发展态势作出评估并做好向更高一级消防、警务和急救指挥官汇报的准备;在第一时间向其他应急部门指挥官通报现场安全情况并保持联络;协调各参与单位对现场危险状况作出评估并确定一线人员的个人防护级别。

　　3) 区域分工明确

　　为了确保应急行动的顺利进行,由警方、消防和急救部门的现场指挥车辆集体构成的现场联合应急指挥控制中心还划定专门区域,以进行不同层次的物资和人员安置,其中主要包括警戒区、集结区和待命区三类。

　　警戒区一般由警方协商其他应急部门划定,目的是警戒现场、保护公众、控制旁观者、减少对相关调查活动的干预、保障应急部门和其他相关单位救援活动的顺利开展。

　　集结区是所有应急人员、专家和志愿者在被派往现场或待命区之前集中的地点,通常设在外层警戒线以内,由专门的警察负责管理,其应随时向应急指挥车辆报告到达集结区的应急资源情况,并将非急需资源疏导至待命区。

　　待命区是非紧急资源或从事件现场撤出听候再次调遣的应急资源停留的区域。

6.4.3　俄罗斯莫斯科地铁爆炸事件

　　俄罗斯将灾害事故分为自然灾害和人为事故两大类,并针对不同灾害事故,制订出相应应对条例。

　　莫斯科时间 2004 年 2 月 5 日 8 点 32 分,距离俄罗斯地铁的"汽车厂站"约 300m 的地下铁道中,一个被安放在地铁第二节车厢的爆炸物突然爆炸,共造成 39 人死亡、134 人受伤。

　　爆炸发生后,地铁列车随即停车,司机通过车内广播系统反复向每节车厢乘客通知"该铁道铁轨已经断电,请大家不要惊慌,尽快离开车厢",并同时打开车双侧车门,其中第一节车厢的乘客是沿着轨道步行走到下一站,而其余乘客则返回"汽车厂站"。当第一批乘客走上地面的时候,警车和救护车已赶到地铁站(此时约是 8 点 55 分)。

　　在整个救援过程中,莫斯科市急救站出动一架直升机、60 台救护车,俄罗斯卫生部和莫斯科市政府下属的灾害医疗中心分别出动 5 个和 3 个快速反应分队,另有 3 个心理专家组在现场辅导相关事宜工作,并在短时间内将 80 多人送往医院,130 多人在现场接受包扎和治疗。

　　由于莫斯科地铁是 20 世纪 30 年代中期投入使用,而地铁局从 50 年代开始就组织员工进行各种紧急状况的训练,基本每月进行一次指挥部训练,每季度至少组织一次近 8000 名员工及车辆和设备参加的实地演习。另外,在 2004 年俄罗斯政府也编制 1.11 亿卢布预算用于加强莫斯科地铁的安全措施。目前莫斯科地铁内的各个车站和走道中都安装摄影机,并将保留录影资料 3 天,同时,该计划也预定在未来将其设备改为数字图像,以便在调度室有着及时观察任何一个车站和走道的能力。除此以外,地铁当局还建立了专门为地铁训练警力的机构,以提高突发事件的应急处置能力。

在安全教育方面,当局除在中学开设安全和逃生课程外,紧急救援部也在有计划地向居民宣传安全防范和自救的知识。在此次地铁爆炸事件中,车厢内未受伤的乘客在第一时间通过对话装置,向列车司机报告发现烟雾信息,并立即用手边东西保护口鼻,以防吸入毒气发生中毒,且当时确定可以安全离开车厢时,青壮年乘客则帮助妇女、儿童和孕妇等行动困难的乘客快速离开现场。

此外,事故发生后,各大医院迅速调集了医护人员和相关药品,特别是当有 40 人急需输血的消息经广播、电视公布后,全市有 1500 多人立即赶赴医院要求献血。另外,莫斯科公众交通系统的安全防范工作,贯穿于日常之中,几乎所有地面和地下交通工具在报站时,会附带提醒乘客"下车时不要忘记自己的东西,看到可疑物后千万不要乱动,立即向司机或附近警察报告"。

莫斯科地铁员工、乘客和相关救援部门具有很强的组织性和纪律性,其中包括列车司机及时采取措施,向调度中心及时报告情况,乘客要听从司机安排,并相互帮助,有秩序地撤离现场,杜绝因人员拥挤和恐慌所带来的二次伤害,可见救灾教育已深入莫斯科市民心中。同时,各种救援机构也训练有素,能及时到位并各司其职,最大限度地降低了事故带来的损失。

在上述事件中,司机和乘客听从指挥,应急处置有条不紊,将伤亡和损失降到最低程度,反映出俄公民较高的公共安全素养,同时,出事地铁线路在当晚即恢复运营。另外,俄政府还注重及时发布权威信息,主导舆论。最近几年,俄飞机失事、地铁爆炸、市场爆炸等突发事件频繁发生,俄警方、紧急情况部等部门官员基本能在第一时间出面发布权威信息,制止了谣言和社会恐慌的扩散,在很大程度上掌握了工作的主动权。

下篇 网络化运营组织方法与实施技术

　　成网条件下如何根据网络条件来制定运输组织方案以便能够为乘客提供更好的服务是目前我国轨道交通运营实践中最关注的议题。本篇通过对世界上既有城市轨道交通系统运营组织的调研,重点从跨线乘客换乘组织模式、线路间列车过轨组织方法、共线与支线条件下的列车运行组织、多交路列车运营组织技术、快慢车结合列车运行组织方法、可变列车编组技术、网络化运营环境下线路通过能力计算方法,以及网络列车运行计划一体化编制方法等方面进行了分析和讨论,并结合具体案例分析提出了这些关键技术的适用性以及它们在我国的应用前景。

第7章　跨线乘客换乘组织模式

7.1　概　　述

换乘是指乘客在运输系统中为完成旅程,从一种交通方式转换到另一种交通方式,或者从一条路线转换到另一条线路以及在某一线路内的交通工具之间转换的过程。例如,公共汽车与地铁间的换乘;如果来自同一种交通模式,则是模式内的换乘,例如,轨道交通两条线路间的换乘。有些轨道交通系统中,同一线路中运营着不同速度等级或不同停站方案的列车,则还存在线路内的换乘,例如,乘坐小交路列车的乘客在大小交路重叠车站换乘大交路列车。

城市轨道交通作为一种公共交通形式,其线路设置是为了满足多数居民的出行需求,即线路设置应尽量满足主流 OD 的直达出行需求。显然,城市轨道交通系统的车站不可能与所有的 OD 点重合,线网中的运营线路也不可能满足所有的点对点直达出行需求。线网以外的 OD 点以及线网内不能直达的 OD 点间的出行,如果借助线网来实现,就必须换乘。换乘是由于乘客的点到点直达出行需求与运营线网覆盖的不重合造成的。更确切地说,是与列车运营交路及停站方案不重合造成的。换乘提高了运营服务的使用率,并已成为城市公共交通的一个基本特征。据统计,30%~60%的城市公交出行包含 2 次(甚至更多次)的换乘。

在轨道交通线网中,乘客的换乘是在换乘站内完成的。轨道交通换乘站是轨道交通线网中各条线路相交产生的节点,是提供乘客跨线换乘的车站。乘客通过换乘站实现两条线路之间的转换,达到换乘的目的。除非特别说明,本章中的换乘特指跨线乘客换乘。

轨道交通换乘站的客运组织工作应遵循的原则主要有:

(1) 组织方案应与换乘客流量相适应。

(2) 配合线路连接方式,创造良好的换乘条件。

(3) 尽量缩短乘客的换乘步行距离、换乘时间,提高服务水平。

(4) 确保突发事件下的各换乘设施处的乘客安全。

7.2　换乘量分析

换乘系数是衡量换乘乘客数量的重要指标,定义为乘客总出行次数与总换乘次数的和与总出行次数的比值。在城市轨道交通系统运营中,出于统计的方便,换乘系数 γ 被表示为客运量 P_v 与进线量 P_c 的比值,客运量 P_v 表示为进线量 P_c 与换乘量 P_t 的和,进线量 P_c 为统计期内进入统计线路(网)车站上车的乘客数目,包括本线进本线出的乘客 P_t^t 和本线进他线出的乘客 P_o^t;换乘量 P_t 可采用逐线路统计的方法,即某条线路的换乘量 P_t 为他线进本线出乘客数目 P_t^o 与途经本线(他线进他线出)P_o^o 乘客数目的和。则统计换乘系数的公式为

$$\gamma = \frac{P_v}{P_c} = \frac{P_t^t + P_o^t + P_t^o + P_o^o}{P_t^t + P_o^t} \tag{7-1}$$

成网运营的轨道交通系统大多采用付费区换乘的无障碍换乘模式,这种条件下 P_t^t、P_o^t 和 P_t^o 均可从自动检售票系统获得,只有途经本线的客流 P_o^o 无法直接获得。随车调查是一种获得途经本线客流的方法,但是实现起来较为困难,实际运营中,一般采用一定的路径概率方法通过计算得到。表 7-1 是采用无障碍换乘模式的某城市轨道交通运营网络中 8 条线路的客流和换乘系数情况。其中,H 线和 BT 线均只与线网中的一条线路衔接,因此不存在途经本线的客流;W 线独立运营,与其他线路有障碍换乘。

表 7-1　某城市地铁综合日报摘录

线别	本线进本线出	本线进他线出	他线进本线出	途经本线	本线进线量	换乘量	客运量	换乘系数
A 线	294 908	276 820	291 194	120 509	571 728	411 703	983 431	1.72
B 线	244 106	257 651	259 391	81 921	501 757	341 313	843 069	1.68
E 线	169 609	213 586	208 546	27 798	383 195	236 344	619 540	1.62
H 线	372	7 735	7 028	0	8 107	7 028	15 135	1.87
J 线	136 337	158 460	156 441	28 689	294 797	185 130	479 926	1.63
M 线	159 508	139 493	135 929	12 917	299 001	148 846	447 847	1.50
BT 线	21 532	90 845	86 061	0	112 377	86 061	198 438	1.77
W 线	11 752	0			11 752	0	11 752	1.00
合计	1 038 123	1 144 590	1 144 591	271 834	2 182 713	1 416 425	3 599 138	1.65

对于按线运营的城市轨道交通运营网络来说,换乘系数的物理意义可以解释为乘客在路网内平均一次出行需要乘坐的线路条数。在一定的取值范围内,该值越小说明乘客出行的直达程度越高,线网规划的合理性和运营服务水平也越好。一般认为,对于大城市,换乘系数在 1.5 左右、中小城市在 1.3 左右都是正常的。如果换乘系数超过 1.8,说明线路的设置与主流出行 OD 偏离较大,居民出行的便捷性较低,此时往往有必要对线网的设置或运营线路(交路)的设置进行调整。

从表 7-1 数据可以看到,只与线网中一条线路衔接的 H 线和 BT 线的换乘系

数最高,超过或接近 1.8。实际情况是,H 线目前只开通了部分线路,因此客流量也较小,规划中陆续开通的部分还将与线网中多条线路相交并开通换乘功能,届时换乘系数必然降低。而 BT 线仅与 A 线衔接,由于历史原因未能实现贯通运营,大多数乘客都需要继续换乘 A 线才能完成出行,造成两线的换乘系数均较高,乘客出行也感觉不便。B 线为环线,与线网中 5 条线路多次交叉,18 座车站中有 7 座是换乘站,因此也具有较高的换乘系数。从全网来看,该城市轨道交通出行的平均换乘系数为 1.65,略高于普遍认为的正常值 1.5,还存在进一步优化线网设置的空间。

7.3　换乘影响因素分析和评价

轨道交通中乘客的换乘,就是从一列车到另一列车的过程。一般情况,换出的列车和换入的列车沿固定线路运行并停靠在不同的站台(同台换乘除外),因此绝大多数的换乘就需要乘客通过步行来实现了。与进出站、上下车一样,换乘也是一种乘客半自助的行为。换乘具有一定的空间和时间属性,换乘距离可以定义为从换出站台到换入站台的走行距离,换乘时间可以定义为从离开换出列车时起至进入换入列车时止的时间段。

7.3.1　换乘时间组成

乘客从换出站台开始行走至换入站台的时间称为换乘走行时间 T_{walk},乘客到换入站台后至最近一班列车到达时止的时间称为换乘等待时间 T_{wait}(假定无留乘),那么由于换乘造成的乘客出行时间的增加为 $T_{interchange} = T_{walk} + T_{wait}$。

如图 7-1 所示,$T_{walk} = t_2 - t_1$,$T_{wait} = t_3 - t_2$,$T_{interchange} = t_3 - t_1$。

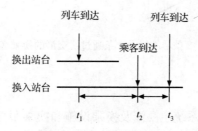

图 7-1　换乘时间组成

乘客换乘走行时间与换乘模式及换乘距离有关,尽量缩短换乘距离或采取助力措施可以减少换乘走行时间、提高乘客的舒适度。

将上面的公式变形可以得出乘客换乘等待时间为

$$T_{wait} = t_3 - t_1 - T_{walk}$$

　　当针对某一既定的换乘站时，T_{walk}可视为定值，t_3和t_1实际上是以各自线路的发车间隔为周期反复出现的值，此时换乘等待时间就与两线列车的发车间隔和相位差有关。如果简单地把线路按照发车间隔分为两类，长间隔（大于10min）和短间隔（小于10min），那么会有以下4种情况：

　　（1）换出线路和换入线路均为短间隔，等待时间总是很短。

　　（2）从长间隔线路换入短间隔线路，等待时间也总是很短。

　　（3）从短间隔线路换入长间隔线路，等待时间差异较大，短长一般交替出现。

　　（4）换出线路和换入线路均为长间隔，等待时间也存在较大差异，并视两线间隔相等与否而表现得有规律或随机。

7.3.2　换乘客流个数

　　两条或多条线路交汇于换乘节点，显然会产生多个方向的换乘客流。把从一条线路的某个方向来，到另一条线路的某个方向去的换乘称为一个客流方向，容易得出，在汇集了N_e条尽端线和N_t条通过线的换乘节点，可能的客流方向数M为

$$M = (N_e + 2N_t)^2 - (N_e + 4N_t) \tag{7-2}$$

　　如果仅存在尽端线，则$M = N_e(N_e-1)$；如果仅存在通过线，则$M = 4N_t(N_t-1)$。由式(7-2)可以看到，换乘客流方向数随着交汇线路的增多而增长得很快，2条尽端线交汇时，可能的换乘方向只有2个，如果是2条通过线交汇，可能的换乘方向就达到了8个，如图7-2所示。而3条通过线交汇时，可能的换乘客流方向数就高达24个！可见，换乘客流的组织是非常重要的。

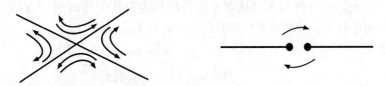

图7-2　2条尽端线及2条通过线交汇的换乘客流方向

7.3.3　换乘评价

　　城市轨道交通换乘系统主要涉及换乘设施和换乘服务两个方面，换乘设施主要包括换乘站站台、换乘通道、换乘楼梯和自动扶梯、指示标志、信息设备等，服务水平主要包括换乘线路列车时刻表的设计，如列车频率、列车间隔时间、到发时间的匹配协调，以及相关信息的发布等。

　　换乘组织的合理性直接影响到城市轨道交通的运营组织效益和整体服务水平，换乘评价可以对换乘枢纽在规划、布局、换乘衔接、交通组织等方面存在的问题进行有针对性的改善。

国内学者对换乘的评价多集中在定性分析,评价指标大都包括换乘时间、换乘舒适度、换乘便捷性、协调性等,对换乘行为和换乘不便性的定量描述不够。国外学者对换乘的评价更趋于定量,将换乘的不方便性和额外的时间用换乘损失 U(换乘成本)来衡量,如下所示:

$$U = \alpha I + \beta T + \delta W \tag{7-3}$$

式中,换乘损失由以下 3 部分组成:

(1) 换乘需要 I,与换乘所需的时间无关,与其相关的罚值为 α。

(2) 不同车辆间的换乘时间 T,权重是 β。

(3) 换乘等待时间 W,权重是 δ。

对罚值和权重系数的定量研究为研究换乘对出行需求的影响提供了条件,从而有助于改进各影响因素,降低换乘成本,进而提高换乘的无缝衔接性。

7.3.4　改善换乘组织的措施

根据城市轨道交通换乘系统的组成,改善换乘组织的措施可以分为空间资源整合和时间效益优化两类,如图 7-3 所示。

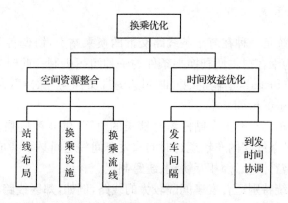

图 7-3　换乘优化措施

空间资源整合是通过对各种换乘设施的优化设计,缩短换乘走行距离,减少换乘流线间的干扰,使得人流车流能够在换乘站有序、安全、畅通地流动,换乘衔接紧密。时间效益优化是通过对轨道交通模式内和模式间换乘占用的时间资源进行优化设计,利用计算机系统和信息技术,进行列车时刻表的协调和优化,减少换乘等待时间,实现模式间或模式内的协调换乘。同台换乘是空间资源整合措施的典范,而定时换乘系统(timed transfer system,TTS)则是时间效益优化的代表。

1. 同台换乘

通过分析轨道交通的换乘特点知道,列车只能沿着固定的线路走行,任何时候任何位置只能允许一列车占据,因此,绝大多数情况下是乘客通过步行换乘,从一列车走到另一列车,即从一个站台走到另一个站台。这是以"车"为核心的运营模式,固定列车让人移动;如果我们换一种思维,让岛式站台的两侧分别停靠换出线路和换入线路的列车,那么乘客只需经过站台就能完成换乘,这种固定人让列车移动的换乘方式就是同台换乘,体现了以"人"为核心的运营理念。

换乘站站台的相对位置是决定采用何种换乘组织方式的关键。根据交汇线路配线在换乘站的拓扑关系,并考虑其是否为线路的端点,将交汇线路的连接方式分为"="号连接、"+"号连接、"Y"形连接和尽端连接4种。显然,"="号连接、"Y"形连接和尽端连接都具备组织同台换乘的条件,"+"号连接难以实现同台换乘。

根据交汇线路的换乘客流方向数可知,2条通过线路相交是有8个可能的换乘客流方向,一站同台,有两个站台,只能实现4个客流方向的同台换乘,为了实现全部8个方向的同台换乘,可采用2站换乘形式。

2. 定时换乘系统

定时换乘系统是一种在若干条线路交汇的换乘站上,协调各条线路的车辆同时到达或出发,为乘客提供便利换乘条件的一种组织机制。此时的换乘站也称为"焦点"或"中心"(focus),车辆定期同时到达的现象称为"脉冲"(pulse),其间隔称为"脉冲间隔"(pulse headway)。

各条线路的车辆在交汇车站停留足够长的时间,供乘客换乘后再出发。在这种组织机制下,各条线路的车辆运行时间和发车间隔之间必须满足一定的关系,各条线路的车辆运营计划必须相互协调、统筹制定。

定时换乘系统特别适合发车间隔较大的线路,例如,郊区线路或城际间的轨道交通线路。组织定时换乘时,线网的设计和计划的制订必须能够实现车辆运营的同步,运营必须可靠,以减少乘客在换乘中心误车的可能,同时还需要做好必要的信息发布和营销工作,要使服务地区的居民了解和接受这种服务。

在轨道交通与地面公交等模式间的换乘站,定时换乘系统也有很大的作用。作为客流集散的公共汽车,按照计划在轨道交通列车到达几分钟前到达,在列车出发后几分钟再出发,能够极大地便利换乘。但是对于城市中心区域发车间隔很短的地铁,TTS往往是不适用的。第一没有需求,因为发车间隔很短时等待时间也很短;第二有副作用,因为地铁客流较大,如果换乘客流密集到达会造成列车客流的不均衡。

7.4　换乘客流组织方式

一个换乘站可能包含一种或多种换乘方式。对应不同情形的线路连接方式，根据乘客在换乘时所利用的换乘设备，可将轨道交通的换乘方式分为同站台换乘、上下交叉站台换乘、站厅换乘、通道换乘和广场换乘 5 种基本类型。

7.4.1　同站台换乘

同站台换乘是指主要换乘方向的乘客在同一个站台上完成两线间的换乘。同站台换乘按车站布置形式的不同又可分为站台同平面换乘和上下平行站台换乘两种形式。

站台同平面换乘将两条线路的站台并列布置在同一平面上。主要换乘方向的乘客在同一个站台上换乘，次要换乘方向的乘客在位于相同平面的不同站台上换乘。

常见的站台同平面换乘站布置形式如图 7-4 所示。

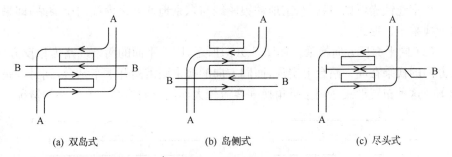

(a) 双岛式　　　　　　(b) 岛侧式　　　　　　(c) 尽头式

图 7-4　站台同平面换乘站常见布置形式

双岛式站台同平面换乘的特点是两线间同方向的换乘在同一站台上完成，两线间反方向换乘的乘客需要离开下车站台，到另一站台候车。这种布置形式适用于同方向换乘客流较大而折角换乘客流较小的情况。

日本东京地铁表参道站（东京地铁银座线与东京地铁半藏门线的换乘站）即采用双线双岛式站台同平面换乘的布置形式。

岛侧式站台同平面换乘的特点是两线间反方向的换乘在同一站台上完成，两线间同方向换乘的乘客需要离开下车站台，到对应的站台候车。这种布置形式适用于某一折角换乘客流量较大而其他方向换乘客流量较小的情况。

日本东京的西武铁路所泽站（西武铁路池袋线与西武铁路新宿线的换乘站）即采用双线岛侧式站台同平面换乘的布置形式。

以上两种布置形式都需要配合站厅换乘方式或通道换乘方式连接不同站台，

以满足次要方向的换乘需求。

当换乘站是其中一条线路的终点站,且采用站前折返方式时,该线列车可打开双侧车门供乘客上下车,从而采用尽头式站台同平面换乘的布置形式,满足两条线路间全部方向的换乘。

新加坡地铁裕廊东站(新加坡地铁东西线与新加坡地铁南北线的换乘站)即采用尽头式同平面换乘的布置形式。

与站台同平面换乘相类似,上下平行站台换乘方式中,主要换乘方向的换乘过程在同站台完成,但该换乘方式的车站站台分为上、下两层,相对平行布置。一般来说,各层站台均为岛式站台。

按照主要换乘方向(即同站台换乘方向)的不同,上下平行站台换乘站的布置形式主要分为两种:

(1) 同平面同方向换乘。如图 7-5(a)所示,同一平面的两条线路为同一方向,同方向的换乘在同一站台上实现,而反方向的换乘则需经由连通两站台的楼梯或自动扶梯,到另一站台候车。这种布置形式适用于同方向换乘客流较大而折角换乘客流较小的情况。

东京地铁赤坂见附站(东京地铁银座线与东京地铁丸之内线的换乘站)即采用这种换乘布置形式。

(2) 同平面反方向换乘。如图 7-5(b)所示,同一平面的两条线路为相反方向,反方向的换乘在同一站台上实现,而同方向的换乘则需离开下车站台,到另一站台候车。这种布置形式适用于折角换乘客流较大而同方向换乘客流较小的情况。

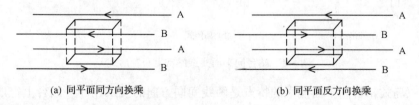

(a) 同平面同方向换乘　　　　　　　(b) 同平面反方向换乘

图 7-5　上下平行站台换乘站常见布置形式

实际应用中,需要按照规划换乘客流情况,按照乘客平均换乘距离最小(或平均换乘时间最短)的原则,选用较为适宜的布置形式,使得主要换乘方向的乘客可在同一站台完成换乘。

两个上下层站台换乘的相邻车站分别使用上述两种布置形式,构成一个全方位换乘组合,更能方便乘客的换乘,如图 7-6 所示。

香港地铁太子站与旺角站(港铁荃湾线与港铁观塘线的换乘站)即采用这种组合布置形式。

同站台换乘的主要优点是乘客换乘距离短。

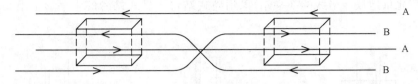

图 7-6　上下平行站台换乘组合车站布置形式

同站台换乘的主要缺点有：

(1) 限于站台面积，同站台换乘方式缺乏对大量客流集中到达的缓冲能力。若其中一条线路某方向的列车发生长时间延误，容易造成站台上候车的乘客过度拥挤。

(2) 换乘车站占据空间较大，可能会与城市空间规划产生矛盾。

(3) 对地下车站来说，较大的车站宽度或高度对施工技术有较高要求。

(4) 两条线路要有足够长的重合路段。在两条线路同期建设或建设期相近的情况下，尽量一次建成换乘车站。在两条线路分期修建的情况下，先期需将后期线路涉及的车站部分和邻接区间的线路交叉预留好，否则后期线路实施时对既有车站和线路的改造工程量巨大，对既有线运营也有很大干扰。而规模较大的预留工程量容易导致设备闲置和资金浪费。

7.4.2　上下交叉站台换乘

上下交叉站台换乘是指将两线立体交叉的重叠部分作为换乘节点，采用楼梯直接连通两线站台的换乘方式。上、下层站台的平面正投影通常呈十字形、"T"形或"L"形，乘客需通过连接上下层站台的楼梯或自动扶梯进行换乘。

个别情况下，由于两条线路的建设时期不同及用地限制等原因，上下层站台呈一字形排列。这在站台布置形式上与上下平行站台换乘相同，但各层只有同一条线路的双向停车线，乘客进行两线间的换乘仍需到另一层站台乘车。本章研究中将这种布置形式归入上下交叉站台换乘方式中。

对于十字形上下交叉站台换乘，按站台布置形式的不同，可分为侧式站台＋岛式站台、侧式站台＋侧式站台、岛式站台＋岛式站台 3 种情况，如图 7-7 所示。"T"形交叉站台也有类似的不同布置形式。而"L"形交叉站台由于只在站台末端一点相交，容易出现换乘客流堵塞，通常需要辅以站厅换乘或通道换乘，分方向引导乘客换乘。

在我国，上下交叉站台换乘方式常见于两线交叉的换乘站。北京地铁惠新西街南口站(北京地铁 5 号线与北京地铁 10 号线的换乘站)采用侧式站台＋岛式站台的十字形上下交叉站台换乘；而北京地铁复兴门站(北京地铁 1 号线与北京地铁 2 号线的换乘站)则采用"T"形上下交叉站台换乘；北京地铁建国门站(北京地铁 1

号线与北京地铁 2 号线的换乘站)采用岛式站台＋岛式站台的十字形上下交叉站
台换乘。

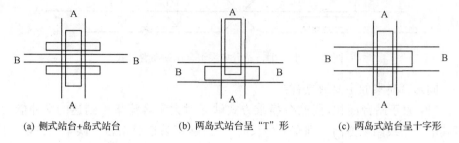

(a) 侧式站台+岛式站台　　　　(b) 两岛式站台呈"T"形　　　　(c) 两岛式站台呈十字形

图 7-7　十字形交叉站台换乘的 3 种站台布置形式

上下交叉站台换乘的主要优点有：

(1) 各个方向的换乘通过一次上楼梯或一次下楼梯即可完成。

(2) 与同站台换乘相比，站厅出入口更多，增加了地面出入口的覆盖范围，改善了疏解地面交通的组织。

上下交叉站台换乘的主要缺点有：若站台宽度和楼梯位置布置不当，容易造成站台上的客流堵塞的情况。受到楼梯换乘能力限制，某些情况下需配合站厅换乘、通道换乘等方式疏导换乘客流。

7.4.3　站厅换乘

站厅换乘是指乘客由下车站台经过两线共用的站厅到上车站台进行换乘。乘客下车后，无论是出站还是换乘，都要从站台进入站厅，再根据导向标志出站或进入另一个站台候车。

站厅换乘既可独立使用，也可在站台人流交织、换乘客流量较大、站台拥挤的情况下配合其他换乘方式使用。在各条线路分期施工的情况下，从减少预留工程量、降低施工难度的角度出发，宜考虑采用站厅换乘方式。另外，在各种换乘方式中，站厅换乘的弹性最大，适应性最广，使用最为灵活。

在实际应用中，站厅换乘通常作为上下站台换乘的辅助换乘方式，服务于非主要换乘方向的客流。

站厅换乘的主要优点有：

(1) 下车客流到站厅分流后减少了站台上的人流交织，缩短乘客在站台的滞留时间，因而对大量客流集中到达的缓冲能力较好，且有利于控制站台宽度规模。

(2) 换乘涉及的两条线路可以分期建设，先期建设的车站预留工程量较小，对既有车站的改造难度较低。

站厅换乘的主要缺点是乘客换乘距离较长。

7.4.4　通道换乘

通道换乘是指乘客由下车站台经过连接通道到上车站台进行换乘。换乘通道可以连接两个车站的站厅(付费区或非付费区),也可以直接连接两个站台。

通常情况下,根据两线车站或站台相对位置的不同,通道换乘可由"T"形、"L"形和"H"形 3 种布置形式实现,如图 7-8 所示。

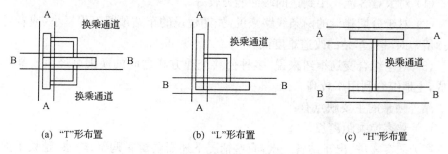

(a)　"T"形布置　　　　　　(b)　"L"形布置　　　　　　(c)　"H"形布置

图 7-8　通道换乘的 3 种布置形式

类似于站厅换乘,通道换乘也可以作为上下站台换乘的辅助换乘方式。另外,若两条线路的车站距离很近,但又无法合并为一个车站(常见于两条线路建设阶段不同的情况),则可以利用通道换乘方式来构建换乘站。对于两条线路工程分期实施,且后期线路位置不能完全确定的情况,该换乘方式具有良好的适应性。

另外,当线路的相互位置不利于某些方向的换乘客流使用其他换乘方式时,通道换乘可配合站台同平面换乘、上下平行站台换乘或上下交叉站台换乘使用。

通道换乘的主要优点有:

(1) 易于分方向对换乘客流进行疏导。

(2) 换乘涉及的两条线路可以分期建设,先期建设的车站预留工程量较小(甚至可以不预留),对既有车站的改造难度较低。

通道换乘的主要缺点是乘客换乘距离较长(主要取决于通道长度)。

7.4.5　站外换乘

站外换乘与前面几种换乘方式有着根本的不同。乘客需要走出下车站台,通过连接两座车站的换乘广场,进入上车站台。换乘广场除用于轨道交通线路之间的换乘外,还提供了轨道交通与其他公共交通方式之间的换乘衔接,多见于大型火车站等综合交通枢纽。有些情况下,换乘广场与地区商业开发相结合,共同规划,以充分利用城市空间。

从乘客换乘便利性的角度考虑,换乘过程应在车站付费区内完成。在轨道交通换乘节点应尽量避免出现站外换乘的情况,站外换乘多见于以下情况:

（1）高架线与地下线之间的换乘，因条件限制，无法采用付费区换乘的方式。

（2）两线交叉处无车站或两车站距离较远。

（3）因规划变动，已建线路、车站未预留换乘条件，改建困难。

另外，在多条线路汇集、多种公共交通方式并存的综合交通枢纽内，可以设置换乘广场，配合其他换乘方式使用，以利于大量人流的快速集散。

站外换乘的主要优点有：

（1）对大量客流集中到达的缓冲能力较好。

（2）对于分期建设的两条线路来说，先期建设的车站预留工程量小（或者可以不预留），对既有车站的改造难度低。

（3）对于综合交通枢纽来说，多种公共交通方式之间的换乘可经由换乘广场完成，土地综合利用率较高。

站外换乘的主要缺点有：

（1）乘客换乘距离长。

（2）乘客需进、出车站各一次，有些情况下还需要重新购票、检票，延长了换乘时间。

按照乘客换乘距离、客流缓冲能力、施工技术难度、分期建设难度 4 项评价目标，对上述 5 种换乘方式进行对比，结果如表 7-2 所示。

表 7-2　换乘方式评价对比

换乘方式	乘客换乘距离	客流缓冲能力	施工技术难度	分期建设难度
同站台换乘	最短	最小	较大	较大
上下交叉站台换乘	较短	较小	较小	较小
站厅换乘	较长	较大	较小	较小
通道换乘	较长	较大	较小	较小
站外换乘	最长	最大	最小	最小

在实际应用中，布置换乘站所采用的往往是以上几种换乘方式的组合。这主要有以下 4 个方面的原因：

（1）为使所有去向的乘客均能实现换乘。例如，同站台换乘方式需要配合其他换乘方式才能满足所有方向换乘的需求。

（2）分去向引导客流，避免不同换乘方向的客流在站内的行走路线产生交叉干扰。

（3）提高换乘能力。例如，在十字形上下交叉站台换乘方式中，站台楼梯的通行能力有限。因此，部分采用十字形上下交叉站台的换乘站仍需辅以站厅或通道换乘方式，才能满足换乘能力需求。

（4）减少预留工程量，降低分期建设难度。

7.5　换乘方式适应性分析

换乘站规划的影响因素有很多。以下对其中 4 个主要因素进行讨论并对各类换乘方式的适应性进行相应分析。这些因素包括:线网形态、线网规模、线路连接方式和换乘客流特征。

7.5.1　线网形态

由于城市布局形式、线路形状和路径的不同,轨道交通线网的整体形态也各不相同。世界上任一城市的轨道交通线网形态和规模都是独一无二的。

线网整体形态的规划不在本章研究范围之内,但线网局部形态的不同会对换乘节点的数目及换乘客流量产生影响,从而影响换乘站的规划。

从城市轨道交通线网本身的技术特点来看,乘客换乘次数不能太多,否则会失去与地面交通方式的竞争力。那么,在最大限度地降低乘客换乘次数的同时,要将线网中换乘站的数目维持在一个适当的范围内。线网中的换乘站太多,会增加工程费用和运营费用;换乘站太少,则会使得单个换乘站的负荷过重。

按局部线网涉及线路数目的不同,分别对 2 线、3 线和多线的情况进行讨论。

1. 2 线换乘

2 条线路间换乘的主要线网形态如图 7-9 所示。

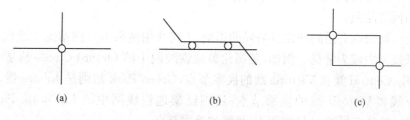

(a)　　　　　　　(b)　　　　　　　(c)

图 7-9　2 线换乘

图 7-9(a)是线网中最常见的线路连接形态。在城市轨道交通线网建设初期,线路数目较少,这种线路连接形态比较多见。在这种情况下,网络中只有一个换乘节点。若换乘客流量大,换乘时间集中,可能会形成网络瓶颈。

以广州地铁线网为例,公园前站是 1 号线与 2 号线之间唯一的换乘节点,客村站是 2 号线与 3 号线之间唯一的换乘节点。

图 7-9(b)是对图 7-9(a)的改进,连续设置两个换乘节点。这种线网形态将两线间的换乘客流分散到两个换乘节点,有效降低了单个换乘节点的压力。

北京地铁 1 号线与八通线之间的换乘就属于这种形态,在两线间换乘的乘客可在四惠和四惠东这两座相邻车站中任选其一进行换乘。另外,在规划换乘客流量较大的情况下,这种线网形态有利于布置为同站台换乘,为乘客换乘提供更多便利。

图 7-9(c)则将两个换乘节点设置在线路两端附近,既分散了换乘量,又降低了平均运距。

例如,北京地铁 2 号线与 5 号线之间有两个换乘节点,即崇文门站和雍和宫站,乘客可根据自己的具体出行需求,如列车走行路径长度或车厢内部拥挤程度等,自由选择其中一个换乘站进行换乘。

<2. 3 线换乘

在图 7-9(a)的基础上增加一条线路。由 3 条线路构成的线网的常见形态如图 7-10 所示。这三种形态的显著区别就是换乘节点数目的不同。

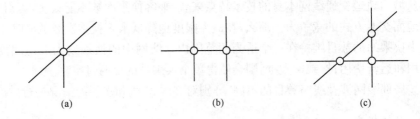

（a）　　　　　　　　（b）　　　　　　　　（c）

图 7-10　3 线换乘

图 7-10(a)的情况下,网络中只有一个换乘节点,换乘客流较为集中,换乘站可能成为网络瓶颈。

受到城市既有道路和建筑格局的影响,3 线共用换乘节点的情况在欧洲大城市地铁线网中较为常见。例如,英国伦敦地铁线网中的 Oxford Circus 站是 Bakerloo 线、Central 线和 Victoria 线的换乘节点,Green Park 站则是 Jubilee 线、Piccadilly 线和 Victoria 线的换乘节点;法国巴黎地铁线网中的 La Motte Picquet Grenelle 站是 6 号线、8 号线和 10 号线的换乘节点。

图 7-10(b)比图 7-10(a)增加了一个换乘节点,降低了单个换乘节点的压力,但也增加了乘客的换乘次数。这种线网形态适用于两条纵向线路之间的换乘需求较小的情况。

图 7-10(c)是图 7-10(a)的改进形态,克服了图 7-10(a)的线网换乘客流量过于集中的缺点,是 3 线网络的理想形态。

北京地铁建国门站、崇文门站、东单站的组合就构成了这种线网形态,如图 7-11 所示,1 号线、2 号线和 5 号线中任意两线间的换乘均可一次完成。

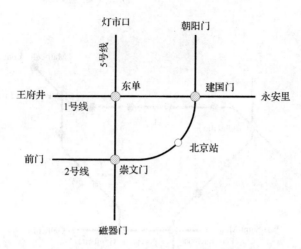

图 7-11 北京地铁 1 号线、2 号线和 5 号线之间的换乘

3. 多线换乘

4 条或多于 4 条线路间换乘的线网形态多种多样,均由前述 2 线换乘和 3 线换乘中的某些形态组合而成,如图 7-12 所示。

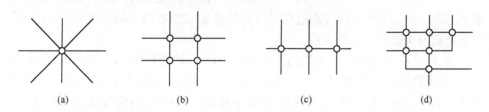

图 7-12 多线换乘

图 7-12(a)是多线共用一个换乘节点的线网形态。在换乘节点上,各条线路两两之间可以是交叉、衔接或平行交织的关系。与图 7-10(a)类似的,这种线网的换乘客流过于集中,换乘站很可能成为网络瓶颈。

这种多线集于一点换乘的情况在法国巴黎地铁线网中较为多见,一个典型的例子是 République 站,它是 5 条地铁线路共用的换乘站,这 5 条地铁线路分别是 3 号线、5 号线、8 号线、9 号线和 11 号线。

从法国巴黎地铁的实际运营状况来看,这种多线共用一点换乘的布置形式容易在换乘站形成瓶颈,对线网运输能力产生负面影响。

在图 7-12(b)的情况下,乘客换乘次数较多,但换乘站数目较少,且线路走向简单。在线网客流量较小的情况下,可以采用图 7-12(b)的线网形态。

例如,法国巴黎地铁 2 号线、3 号线、3 号线支线和 11 号线构成了类似的形态,如图 7-13 所示。

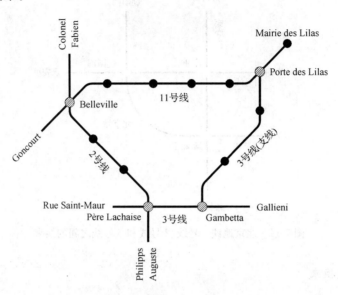

图 7-13　巴黎地铁线网局部

图 7-12(c)中,单条横向线路与多条纵向线路分别交叉,在横向线路上形成一系列换乘节点。这种线网形态适用于横向线路输送能力较大的情况,常见于环线与多条放射状线路之间的换乘。

例如,日本东京轨道交通线网中的 JR 山手线,作为环绕东京市区的线路,其29 个车站中有 24 个是换乘站,与多条地铁和通勤铁路之间存在换乘连接。山手线列车采用 E231 系车型,每列共有 10 节车厢,定员 3000 人,每日输送能力为 330万人次,实际运营中,最大拥挤率高达 216%;山手线发车间隔时间在上午时段约为 2min,午间约为 4min,晚上约为 3min。高密度、大运量的行车组织模式使得山手线成为串联东京市区其他轨道交通线路的客运骨干线路。

图 7-12(d)中,线路两两相交一次,乘客在任意两线间的换乘次数只有 1 次,且只有 6 个换乘节点,是四线网络中较好的形态。不过,在线网规划中,线路走向还受到客流分布、城市规划等其他因素的影响。因此,这种在换乘方面最为理想的线网形态其实并不多见。

7.5.2　线网规模

对轨道交通线网中的换乘节点进行规划,应遵循与换乘客流量相适应的原则。但在线网建设发展的不同阶段,某一换乘节点所负荷的换乘量会有变化。

在线网中,要达到"路径最短、换乘最少"的目标,必须遵循每一条线与其他线均有一次相交的原则,以保证乘客在线网内任意两座车站间的旅途中至多需要 1

次换乘即可到达。这就是换乘系数最小的典型线网。在这种线网中的线路交点数
D 与线路数 c 之间的关系满足：

$$D = 1 + 2 + \cdots + (c-1)$$

即

线路数 c	交点数 D	交点数 / 线路数
2	1	0.5
3	3	1
4	6	1.5
5	10	2
6	15	2.5
⋮		

考虑以下例子，某城市线网建设初期包含 2 条线路，如图 7-14(a)所示。在这
一阶段，线网中只有 1 个换乘节点。在线网建设中期，增加 2 条线路，如图 7-14(b)
所示。此时线路数目增加到 4 条，而换乘节点也增加到 4 个。在线网建设后期，继
续增加 2 条线路，如图 7-14(c)所示。此时线路数目增加到 6 条，而换乘节点则增
加到 9 个。

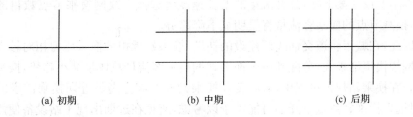

| (a) 初期 | (b) 中期 | (c) 后期 |

图 7-14　棋盘形线网发展示意图

在这种棋盘形的线网中，线路交点数 D 与线路数 c 之间的关系是

$$D = ab, \quad a + b = c$$

式中，a 为横向线路数；b 为纵向线路数。

在图 7-11 的例子中，有

线路数 c	交点数 D	交点数 / 线路数
2	1	0.5
3	2	0.67
4	4	1
5	6	1.2
6	9	1.5
⋮		

在换乘节点最少、换乘最为不便的极端不利情况下，线网中每增加一条线路，

只增加一个换乘节点。在这种仅在理论上存在的线网中,线路交点数 D 与线路数 c 之间的关系是

$$D = c - 1$$

即

线路数 c	交点数 D	交点数 / 线路数
2	1	0.5
3	2	0.67
4	3	0.75
5	4	0.8
6	5	0.83
⋮		

在实际应用中,即使考虑到存在少数换乘节点是 3 线、4 线或多线换乘的情况,线网的换乘节点数目仍然远高于极端不利情况,通常介于棋盘形线网和换乘系数最小的典型线网之间。换乘节点数目的增长速度明显高于线路数目的增长速度。

这样,在不考虑城市总人口增长的前提下,随着线网规模的扩大,线网客流密度基本不变或逐渐下降,总客流量的增长速度将远低于线网换乘节点数目的增长速度,换乘节点的换乘客流量将呈明显下降趋势。

因此,在城市轨道交通线网建设的初期,换乘站承担的换乘压力相对较大。随着线网规模逐渐扩大,分配到单个换乘站的换乘客流量总体呈减小趋势,换乘压力减轻。在换乘站规划过程中,有必要在换乘设施的能力满足近期换乘需求的前提下,对远期换乘客流量下降的可能性予以考虑,避免在远期出现车站设备使用率过低的情况。

7.5.3　线路连接方式

轨道交通线路的连接方式主要有交叉、衔接和平行交织。

1. 交叉

在两线交叉的情况下,从节省乘客换乘时间、缩短乘客步行距离的角度出发,应优先考虑上下交叉站台换乘方式。

考虑到换乘能力问题,在上下交叉站台换乘的不同布置形式中,优先选择十字交叉的布置形式,且采用侧式站台。

若上、下层均为岛式站台,通常需要与站厅换乘或通道换乘方式结合使用,以满足换乘能力需求。

例如,北京地铁 1 号线与 2 号线的复兴门换乘站就是岛式站台＋岛式站台的

十字形上下交叉布置形式。2 号线岛式站台在地下 1 层,1 号线岛式站台在地下 2
层,由 2 号线换乘 1 号线的乘客经站台中部下台阶到达地下 2 层站台候车,由 1 号
线换乘 2 号线的乘客经换乘通道到达地下 1 层站台候车。

另外,对于不同建设时期的两线交叉连接,从节省乘客换乘时间、缩短乘客步
行距离的角度出发,也应优先采用上下交叉站台换乘方式。

2. 衔接

两条线路的衔接通常呈"T"形或"L"形。优先考虑上下交叉站台换乘方式,在
站台端部用楼梯或自动扶梯实现一到两个方向的换乘,另外使用站厅换乘或通道
换乘方式实现其他方向的换乘。

若两线车站距离较远,没有交叉重叠部分,则应使用通道换乘或站厅换乘方
式,尽量避免出现站外换乘。

北京地铁 13 号线开通运营后,该线与 2 号线在西直门站的换乘就是站外换乘
的形式。北京地铁实施单一票制后,对西直门换乘枢纽进行了改造,用换乘通道将
13 号线西直门站与 2 号线西直门站的付费区连接起来,提高了换乘效率。

3. 平行交织

同站台换乘方式中,主要换乘方向的乘客在同一站台上完成换乘过程,最为节
省乘客换乘时间。因此,在两条线路存在平行交织条件的情况下,应优先考虑同站
台换乘方式。

由于同站台换乘方式共用站台,需要将车站一次建成,因而适用于两条线路建
设期相同或相近的情况。

在两线建设时间相差较大的情况下,若要实施同站台换乘方式,对既有车站的
改造难度较大,且对既有线运营的干扰较大。此时,可考虑采用站厅换乘或通道换
乘的方式。

7.5.4　换乘客流特征

换乘节点的换乘客流特征与线路主要途经地区类别有着密切的关系。

将城市各区域简单分为市区和郊区两类,对应地将城市轨道交通线路分为市
区线和郊区线两类。按照换乘线路类型搭配的不同,可将换乘站分为 3 种类型:市
区线-市区线、郊区线-郊区线和市区线-郊区线。

1. 市区线-市区线

市区线-市区线换乘站坐落在市区范围内,各换乘方向的客流量较为均衡,换
乘客流量相对较大。

若两条线路存在平行交织的条件,应优先采用同站台换乘方式。在同站台换乘方式的两种布置形式中,优先选用上下平行站台换乘。这是因为与站台同平面换乘相比,上下平行站台换乘方式具有以下优点:

(1) 由于线路重叠设置,取消了车站两端的立体交叉点,改善了线路条件。

(2) 车站的宽度较小。若站台宽度按 14m 计算,车站主体结构的宽度仅有 23.2m,占地面积小,便于工程实施。

(3) 次要换乘方向的乘客经由两层站台之间的楼梯或自动扶梯即可进行换乘,较为方便。

(4) 工程量小,造价低。

由于城市中心区的车站建设用地宽度往往受到严格限制,因而优先采用上下平行站台换乘的布置形式。

若两条线路间的换乘客流总量较大,应连续设置两个上下平行站台换乘站,使得不同方向的换乘客流都能实现同站台换乘。

在线路无法平行交织的情况下,优先考虑采用十字形上下交叉站台换乘。在地面道路干线的交汇处,地铁换乘站呈十字形上下交叉布置,能在城市主要路口形成地下步行过道综合体,充分利用地下空间。若换乘客流量较大,为达到提高换乘能力和分方向引导客流的目的,可配合站厅换乘或通道换乘使用。

另外,在市区繁华地带,若相邻两线间换乘客流量相对较小,且两线车站距离较远,可结合周边商业用地规划,构建换乘广场。

2. 郊区线-郊区线

郊区线-郊区线换乘站位于城市郊区组团内部,各换乘方向的客流量较为均衡,换乘客流量相对较小。

从方便乘客换乘的角度出发,若两线具备平行交织的条件,应优先采用同站台换乘方式。无论是地下车站、地面车站还是高架车站,与上下平行站台换乘相比,站台同平面换乘的布置形式具有便于施工的优点。虽然占地面积较大,但由于郊区的规划用地限制相对较为宽松,在有条件的情况下,优先采用双岛四线的站台同平面换乘布置形式。

在线路无法平行交织的情况下,优先考虑采用上下交叉站台换乘。

3. 市区线-郊区线

市区线和郊区线的衔接关系主要有以下 3 种情况:

(1) 市区线直接延伸到郊区组团内部。

(2) 郊区线直接延伸到市区内部。

(3) 市区线与郊区线在城市边缘通过换乘站衔接。

　　无论哪种情况,市区线-郊区线换乘站内的换乘客流中,以通勤通学为出行目的的乘客占据相当比例。在每日高峰时段,各个换乘方向的客流极不均衡,而且早、晚高峰的主要客流方向相反。

　　因此,在条件允许的情况下,应优先考虑连续设置两个上下平行站台换乘站,使得不同方向的换乘客流都能实现同站台换乘。

　　若两条线路无法平行交织,优先考虑采用上下交叉站台换乘。

7.6　案例分析

　　下面选取几个典型案例,具体说明各种情况下换乘客流组织的具体模式。

7.6.1　香港地铁换乘站分析

　　香港地铁公司是采用同台换乘形式的典范。目前港铁运营的 10 条线路中,最具特色的是由 4 条线路组成的环,即由荃湾线、观塘线、九龙塘线和港岛线 4 条线两两衔接组成一个围绕维多利亚湾的带 4 条支线的环。图 7-15 截取了港铁运营线路图的一部分,从图中可以看到,上述 4 条线路相互间均采用两站换乘的方式。

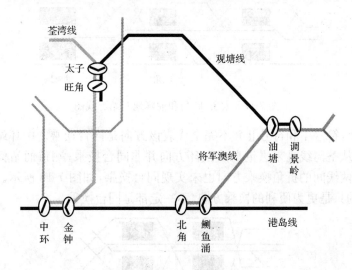

图 7-15　港铁运营线路形成的环

　　这种连续设置两个同台换乘站的设计便利了乘客的换乘,顺向和逆向的换乘客流均受益。为了标识出换乘站同台换乘的方向,或较为便捷的换乘方向,港铁设计了如图 7-16 所示的一套符号,其中,符号 Ⅰ 和符号 Ⅱ 专门用来区分两站换乘时的车站;后面 3 个符号适用于两条线路交汇处只有一个换乘站的情况,反映线路的相对位置关系,符号 Ⅲ、Ⅳ 和 Ⅴ 分别表示两条线路采用"="号连接、"Y"形连接和

"十"字连接。

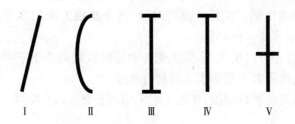

$$\begin{array}{ccccc} \text{I} & \text{II} & \text{III} & \text{IV} & \text{V} \end{array}$$

图 7-16　换乘方向示意符号

符号 I 表示在该车站顺向换乘较为便利,符号 II 表示在该车站逆向换乘较为便利。例如,荃湾线和观塘线交汇处的太子站和旺角站,分别用符号 II 和符号 I 标识,表明沿线路相反方向的同台换乘在太子站实现,沿线路相同方向的同台换乘在旺角站实现。太子、旺角以及油麻地三站的配线图如图 7-17 所示。尽管太子站和旺角站之间的距离只有 400m 左右,设计和施工难度较大,但两条线路在区间的 X 形立体交叉还是得以实施,这反映了香港地铁规划重视换乘便利性的理念。类似的一组还有油塘站和调景岭站,两站也均为同台换乘站。

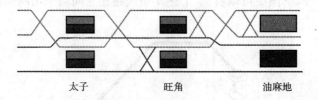

太子　　　　　　旺角　　　　　　油麻地

图 7-17　太子、旺角和油麻地三站配线图

事实上,符号 I 和符号 II 并不完全代表该方向是同台换乘。中环站标识为符号 I,但是从荃湾线过来去港岛线上环方向并非同台换乘;鲗鱼涌站标识的是符号 II,但是两线间的折角换乘方向也未实现同台换乘,如图 7-18 所示。所以这些符号表示的只是更为便利的换乘方向,不一定都是同台换乘。

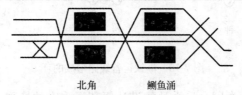

北角　　　　鲗鱼涌

图 7-18　北角和鲗鱼涌两站配线图

前面的分析谈到,荃湾线、观塘线、九龙塘线和港岛线 4 条线两两衔接组成了围绕香港中心区的环线,虽然 4 组 8 个换乘站不全是同台换乘站,但为了充分发挥环线的优势,在形成环的换乘方向上,即旺角站的顺向、油塘站的逆向、金钟站的逆

向和北角站的顺向,站台的设计形式均为同台换乘。这种高效率的同台换乘方式设计,几乎将线路联为一体,既发挥了环线可达性强的优势,又扩大了地铁的覆盖范围。

7.6.2　上海轨道交通中山公园站

上海轨道交通中山公园站采用的是典型的通道换乘方式。

中山公园站是上海轨道交通 2 号线与 3 号线(含 4 号线)的换乘站。两条线路的换乘车站总体呈“T”形布局,两站在平面上相距 17m。2 号线为地下 2 层车站,3 号线为高架 2 层车站,两站间采用通道换乘方式进行换乘,如图 7-19 所示。

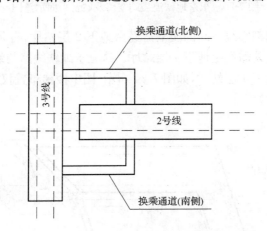

图 7-19　上海地铁中山公园站换乘通道示意图

在该换乘节点,初期投入使用的是北侧换乘通道,预留南侧换乘通道。北侧通道连接两线站厅收费区,南侧通道连接两线站厅非收费区。

随着 4 号线的开通(与 3 号线共线运营)和 2、3 号线的延长,北侧换乘通道逐渐难以满足高峰时段换乘客流需求。因此,2007 年 10 月,上海地铁运营公司对该站进行改造,将南侧换乘通道纳入站厅收费区并投入使用,2008 年 1 月,南侧换乘通道正式开通,实现了 2 号线与 3、4 号线之间的双向双通道换乘。

7.6.3　日本东京轨道交通池袋换乘站

东京轨道交通池袋站采用站厅换乘方式。

作为位居日本最繁忙车站第二位的车站(仅次于新宿站),池袋换乘站汇集了 JR 东日本、西武铁道、东武铁道和东京地铁 4 个运营企业的 8 条轨道交通线路。该换乘枢纽的站厅结构共有 3 层,其中地面一层、地下两层。地面层站厅连接 JR 东日本的 4 座岛式站台、东武铁道的 3 线港湾式站台和西武铁道的 4 线港湾式站台。地下层站厅提供东京地铁丸之内线、有乐町线和副都心线之间的连接。

三条地铁线路衔接方向及站台相互位置关系如图 7-20 所示。其中,丸之内线和有乐町线位于地下 2 层,副都心线位于地下 3 层。

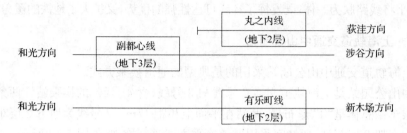

图 7-20　东京地铁池袋站线路及站台平面示意图

丸之内线与副都心线之间的换乘需经由地下 2 层站厅,有乐町线与其他两条地铁线路之间的换乘需经由地下 1 层站厅。这三条地铁线路与地面轨道交通线路的换乘均需经由地下 1 层站厅,如图 7-21 所示(图中楼梯布置仅为示意性质,不表示实际数目与位置)。

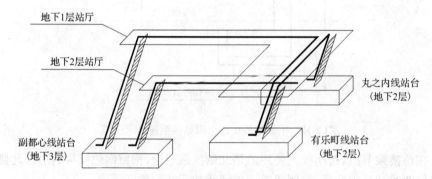

图 7-21　东京地铁池袋站换乘立体示意图

池袋站地下 1 层站厅不仅承担三线间换乘客流的疏导,而且为地铁与地面轨道交通之间的换乘客流提供引导和缓冲。为有效疏导人流,地下 1 层站厅拓展为地下商业街。据日本有关资料统计,地下街中的公共通道一般可起到 40％～50％的人流分流作用。

第8章 列车过轨运输组织方法

8.1 概 述

随着大城市轨道交通网络规模的快速扩张,一些城市轨道交通企业构想轨道交通列车过轨运营方式,目标是在多运营商共赢条件下,充分利用线路与列车资源,为乘客提供更加灵活和方便的出行路径,提高轨道交通的吸引力。

过轨运输在我国国有铁路运输领域较为常见,铁道部先后专门发布了《企业自备货车经国家铁路过轨运输许可办法》、《企业自备货车经国家铁路过轨运输许可办法实施细则》等文件,用于指导国有铁路领域过轨运输组织与实施。

在城市轨道交通领域,由于当前存在的不同线路间技术制式的差异,加上管理体制的鸿沟,过轨运输在我国城市轨道交通领域还处于一个探索性阶段,过轨运输组织形式与协作机制亟待完善,目前需要进一步研究适合我国国情的城市轨道交通过轨运输方式。

8.1.1 基本概念

过轨运输,是指在相互衔接的两条或多条轨道交通线路上,列车从一条线路跨越到另一条归属于另一个运营实体的线路,从而与该线路上的原有列车共用某一区段的运营组织方式。

过轨运输形式实际上就是利用归属两个以上运营实体的线路开行按一定组合形式和发车频率的列车,它可以更好地利用过轨区间的通过能力,为乘客提供更高效的出行方式。

8.1.2 过轨运输的特点

总结历史经验和国外的实例,不同制式之间的城市轨道交通线路过轨运输的不兼容性主要体现在以下4个方面:①线路及车站设施;②车辆与信号设施;③运营组织;④规章制度。

通过对这4个方面的分析和归纳,总结出过轨运输需要解决的主要问题,具体包括:

(1) 在参与过轨运营方式的既有线路制式差异较大时,考虑过轨运营方式所要求的系统兼容性,需进行线路制式改造。

（2）过轨运营的实现需要不同线路上的列车要有较好的运营协调组织，由于多样化的轨道交通服务，不同交路形式的服务使行车组织变得复杂。

（3）由于不同轨道交通线路系统的列车在共享路段上实施过轨运营时的行车组织比较复杂，在一定程度上增加了运营安全性的风险。

虽然过轨运输的实现会遇到很多的困难，但是它的优点也是同样不可忽视的，正是这些优点促使着人们对过轨运输不断地创新和实践，具体优点包括：

（1）减少建设成本，避免与一条能力富裕的线路平行建设及维护、运行这条线路的支出。

（2）利用现有的线网扩充轨道运输能力、提高服务水平。

（3）通过延伸线路和相互过轨的方式来鼓励运营主体间服务协作，以减少乘客换乘。

（4）增加了在轨道运输服务缺失的地区新增服务的可能性。

（5）可以实现不同运营主体之间制度的统一，如清算中心的发展。

（6）为利用率低，或弃用的线路增加财政收入来源。

8.2　过轨运输组织模式类型划分

过轨运输组织模式可以按照技术制式、线路经营权和付费方式与付费关系的不同进行分类。

8.2.1　按技术制式的分类

不同技术制式之间过轨运输最早出现在欧洲，其目的主要是为了提高公共交通，尤其是轨道交通对私人汽车出行的吸引力；其次是铁路的上下分离改革及线路运能富余促使铁路寻求新的市场。

然而，不同制式之间轨道交通运营公司都是相互独立的个体，要把不同运营制式轨道线路整合为一条线路，使两个完全独立的系统统一化，并由两家或多家公司共同运营，还需要解决技术、运营和经营方面的问题。

技术方面的问题包括行车安全、信号制式、牵引电压和站台高度等；运营方面的问题包括缩短站间距、增加列车密度等；经营方面的问题包括运营管理机构重组、基础设施与车辆的保养维修承包给第三方等。

目前常见不同技术制式之间的过轨运输主要有以下 6 类：

（1）地铁与市郊铁路的过轨运营。

（2）轻轨与城际铁路的过轨运营。

（3）轻轨与货运铁路的过轨运营。

（4）通勤铁路与路面有轨电车线路的过轨运营。

（5）轻轨与路面有轨电车线路的过轨运营。

（6）相同运行制式不同运营公司之间的过轨运输。

其中,第(6)类过轨运输由于是相同技术标准的轨道交通列车共线运行,硬件设施方面的障碍较少,主要矛盾存在于运营环节。因为对于运营公司来说,线路所有权是固定不变的,要实现不同路权线路之间的互联互通,就需要各个公司之间签署协议,通过协议来协调车辆间的运营组织,并建立清算中心,对收益进行分配。

8.2.2 按线路经营权的分类

过轨运输情况下,不同运营公司的列车(包括本线的)在同一条线路上运行,存在线路资源(主要是通过能力)占用冲突的问题,必须明确组织列车开行的运营公司,以保障列车的安全运行。对于运营实体而言,过轨运营区间的列车与线路所有权都是确定不变的,不同运营实体之间通过协议组织车辆运行并对线路产生以下两类支配形式:单一运营公司支配与多家运营公司支配。

1. 单一运营公司支配

即通过协议的形式,运营区间的所有车辆的运行组织由单一公司决定。这种运营模式下,对线路拥有所有权的公司(其本身可能拥有车辆也可能只经营线路)通过租赁其他公司的车辆组织该线路上的所有车辆运营,运营全部收益归运营线路的公司所有,但要向提供车辆的公司缴纳租赁车辆的费用。

这种单一运营公司支配下的运行组织相比于下面的方式,避免了多家公司的车辆运行组织的冲突协调,一般更为安全有效,特别是有利于组织本线列车与过轨列车的追踪运行,保证线路的通过能力利用率,在轨道交通系统的过轨运营中实际应用广泛。

2. 多家运营公司支配

即参与过轨运营的公司以协议的形式确定过轨运营区间的通过能力分配和列车开行方案,由各运营公司自行运营管理本公司的列车在过轨区间内运行。

这种多家运营公司支配的运行组织,有利于各运营公司根据自身的情况制定列车开行方案;但是共线运营区间的列车容易产生冲突,不利于运营安全管理,也可能造成通过能力利用不足。一般在运能富裕、各线列车开行时间间隔较大的个别共线运营区间采用。

多家运营公司支配模式下又可分为租线和线路互用两种方式。租线方式是指使用线路的公司根据协议向拥有线路所有权的公司缴纳线路使用费。公司间的车辆运行组织由各公司协商后自行支配,过轨区间的所有盈利(票款)通过车票记录予以清分。

　　线路互用方式即通过协议的形式,各公司将路轨互相接通,将己方的列车驶进对方的区间,驶入区间的长度由运营公司协商决定,一般为双方均可驶入对方等长、等列车数运营里程的区间。

8.2.3　按付费方式与付费关系的分类

　　过轨运营中,不同运营公司的列车(包括本线)在同一条线路上运行,存在线路或列车的使用权与所有权不一致的问题,必须通过某种形式的经济关系予以解决。

1. 租车形式

　　本线运营公司(对线路拥有所有权,其本身可能也拥有车辆也可能只拥有线路)租赁其他公司过轨到本线的列车,从而组织过轨运营区间的所有列车的运行。这种运营模式下过轨运营区间的所有盈利(票款)归本线运营公司所有,但要向提供列车的公司缴纳租赁车辆的费用。

2. 租线形式

　　使用过轨区间线路的公司向本线运营公司缴纳线路使用费,过轨运营区间的所有盈利(票款)由参与运营的公司根据客运量予以清分。

3. 线路互用形式

　　过轨双方将路轨互相接通,将己方的列车驶进对方的区间。驶入区间的长度由运营公司协商决定,一般为双方均可驶入对方等长运营里程的区间。在这种支配方式下,过轨双方一般不再支付任何形式的费用;过轨运营区间的所有盈利(票款)由参与运营的公司根据客运量予以清分。

　　结合线路经营权与付费方式分析可以发现:在"租车"形式下,必然采用单一运营公司支配形式;在"租线"与"互用"这两种形式下,可以采用单一运营公司支配形式,也可以采用多家运营公司支配形式。

8.3　过轨运输组织模式的适用性分析

　　一般而言,过轨运输是否可行,除了技术上的因素外,还需要对客流特性、通过能力及过轨站服务水平进行综合分析。

8.3.1　过轨客流特性

线路过轨运营主要体现在直通车通过原接轨站在两条线路上运行,因而接轨站及其前后两个断面的客流特点集中反映出直通线路的客流特征。一般分析的指标为日均过轨客流、过轨客流占断面客流比例、定期过轨客流在断面客流和过轨客流中所占比例等。日均过轨客流反映了该通道内通过接轨站往来于两条线路的客运总量;过轨客流占断面客流量的比例反映出在接轨站前后两个断面中直通过轨的客流所占比重;定期过轨客流所占比例则反映出过轨客流的组成。这几个指标可有效反映出相互过轨线路的客运需求及特点。

由于日本的轨道交通发展较早,大多数的线路在 1980 年前就已经建成并实现了过轨运输,到了 20 世纪 90 年代已经发展得比较成熟,客流也相对稳定。下面以地铁浅草线、半藏门线、新宿线和有乐町线 4 条较早采用过轨运输方式进行直通运转的线路作为研究对象。从上述各点对它们相对稳定后的客流进行分析,数据见表 8-1 和表 8-2。

表 8-1　1988 年过轨客流占断面客流量比例

参与过轨运输的线路		过轨站	方向	过轨客流 /(万人次/日)	过轨客流占断面客流量比例/%	
地铁线	市郊线				近市区	近郊区
浅草线	京成押上线	押上	上行	5.55	76.8	80.2
			下行	5.35	78.0	81.7
半藏门线	东急田园都市线	涉谷	上行	10.46	81.5	42.9
			下行	9.20	72.2	41.6
新宿线	京王线	新宿	上行	5.44	51.9	17.2
			下行	4.71	46.4	15.0
有乐町线	东武东上线	和光市	上行	1.79	71.0	8.3
			下行	1.64	66.7	7.7

注:数据来源:天野光三. 都市の公共交通. 东京:技报堂出版株式会社,1988.

表 8-2　1988 年定期过轨客流占过轨客流比例

参与过轨运输的线路		过轨站	方向	定期过轨客流 /(万人次/日)	过轨客流 /(万人次/日)	定期过轨客流占过轨客流比例/%
地铁线	市郊线					
浅草线	京城押上线	押上	上行	3.98	5.55	71.7
			下行	4.19	5.35	78.3
半藏门线	东急田园都市线	涉谷	上行	8.59	10.46	82.1
			下行	8.33	9.20	90.5

参与过轨运输的线路		过轨站	方向	定期过轨客流 /(万人次/日)	过轨客流 /(万人次/日)	定期过轨客流占过 轨客流比例/%
地铁线	市郊线					
新宿线	京王线	新宿	上行	3.87	5.44	71.1
			下行	3.92	4.71	83.2
有乐町线	东武东上线	和光市	上行	1.39	1.79	77.7
			下行	1.35	1.64	82.3

注：数据来源：天野光三. 都市の公共交通. 东京：技报堂出版株式会社，1988.

通过对表 8-1 和表 8-2 中客流特征的分析，适合采用过轨方式的线路客流具有以下 4 个特点。

(1) 从客流总量上看，各个过轨车站的过轨客流量均超过 1.5 万人次/日，涉谷站的过轨客流量甚至超过了 10 万人次/日。

(2) 从客流比例上看，过轨客流占近市区断面客流 50% 以上，是地铁线近市区断面客流的主要组成部分；同时，定期过轨客流比例所占比重很大，表明线路的直通需求以定期通勤、通学为主，且发生在郊区与市区之间的通勤、通学客流较大。在这种客流特征下，适宜设置过轨车站采用共线运营。

(3) 横向比较线路之间的数据，在不同线路上，过轨客流占近郊断面客流比例以及定期过轨客流占过轨客流比例的差异较大，说明以过轨站所处位置作为客流分段点，适宜采用多交路：过轨客流大的，应设置长交路直通运行；过轨客流小的，应设置短交路使部分列车折返。

(4) 过轨区间发生在山手线内外的区段，分别属于东京都的近市区段和近郊区段，市中心段和远郊段一般分别由地铁和市郊铁路独立承担运营。

综上所述，从客流量与客流结构上看，采用共线运营的区段，过轨客流量超过 1.5 万人次/日，占断面客流量的 50% 以上；同时，从服务区域上看，过轨区间适宜设置在市郊结合的上下游区段。

8.3.2 过轨线路通过能力

过轨运输与线路并行不同，过轨运输不会增加线路的总能力，而是提高能力的利用率，并行则兼顾了换乘便利和运能提升。但是线路的并行投入较大，而过轨运输旨在用最少的线路来完成最多运量。

对全路而言，在运营线路客流量不大的情况下，为减少乘客换乘次数、提高服务水平，过轨运行在运营上是可行的。但是客流量较大的情况下，由于受过轨区段通过能力的限制，列车运能与客流密度难以很好匹配。例如，非直通区段通过能力未能充分利用，致使列车运能小于客流密度、车内比较拥挤、候车时间增加。直通区段通过能力虽然充分利用,但列车运能可能大于客流密度,造成运能虚糜。这时就需要采用多种交路套跑的方式,以解决共线区段能力的限制。

8.3.3　过轨车站服务水平

如果不采用过轨的方式,过站的客流将在过轨车站换乘。过轨客流较大时,过轨车站的换乘压力将进一步增加,甚至达到能力上限,将降低服务水平。当采用过轨运输时,一方面可以减少换乘;另一方面,可以增加乘客的换乘选择,各过轨站的换乘压力得到缓解,过轨站的车站服务水平将明显提高。

8.4　东京地铁过轨运输案例

8.4.1　东京地铁过轨概况

东京的轨道交通网主要由市区的地铁、JR(国铁)和各私铁公司经营的郊区铁路组成。自 1925 年银座线开建并于 1927 年开始运营后,地铁建设受到战争影响,直到 1951 年才开始第二条地铁线(丸之内线)的规划建设。郊区铁路则在关东大地震后迅速发展,但基本上止于 JR 山手环线上的大型枢纽站。直到二次大战后,东京政府统一管理轨道交通系统的建设运营,地铁与郊区铁路的相互直通规划建设才正式走向实施。除 12 号线外,后期新规划建设的每条地铁线都考虑了与郊区铁路的相互直通。地铁线的建设空间,基本上位于山手线覆盖及包围的城市中心区内。

目前,东京市已开通地铁线 12 条,在建 1 条(13 号线或称副都心线),已经开通的 12 条线路中,除了使用第三轨条集电的银座线、丸之内线,以及使用新式规格兴建的都营大江户线外,有 9 条线路实现了与郊区铁路相互直通,在建的 13 号线也规划与东武东上线、东急东横线相互直通。东京城市轨道交通过轨运营的线路与区间如表 8-3 所示。

表 8-3　东京都市圈直通运转线路与区间一览表

地铁	JR 线/民铁线	过轨区间
日比谷线	东急东横线	中目黑—菊名
	东武伊势崎线	北千住—东武动物公园
东西线	JR 东日本中央、总武缓行线	中野—三鹰;西船桥—津田沼
	东叶高速铁道	西船桥—东叶胜田台
千代田线	JR 东日本常盘缓行线	绫濑—取手
	小田急小田原线、多摩线	代代木上原—本厚木/唐木田
有乐町线	东武东上线	和光市—川越市/森林公园
	西武有乐町线、池袋线	小竹向原—饭能

地铁	JR线/民铁线	过轨区间
半藏门线	东急田园都市线	涩谷—中央林间
	东武伊势崎线、日光线	押上—南栗桥
南北线	埼玉高速铁道	赤羽岩渊—浦和美园
	东急目黑线	目黑—武藏小杉
浅草线	京急本线、空港线、久里滨线	泉岳寺—三崎口/羽田空港
	京成押上线、本线	押上—成田空港/东成田
	北总公团线	押上—京成高砂—印旛日本医大
	芝山铁道	押上—东成田—芝山千代田
三田线	东急目黑线	三田—目黑—武藏小杉
新宿线	京王线、相模原线、高尾线	新宿—桥本/高尾山口

从表中可以看出,地铁与私铁线路、地铁与JR铁路是线网内进行过轨运输的主要线路。

在车辆运行方面,东京地铁采用双线左侧行车的运营模式,站间距最短0.8km,最长为2.1km,一般站间距约1km。列车运行间隔最短110s,非高峰期最大运营时间间隔为10min,平均运行速度为35~48km/h。列车编组分别按6辆、8辆和10辆进行,相应的列车长度为16~20m。

过轨双方参与过轨运输的区段设置基本原则如下所述。

东京的过轨运输线路中,地铁全线参与过轨运输。郊区线则根据客流选取过轨运输区段的起终点:高峰时段各个车站的过轨客流量大,则全线参与过轨运输(如东急田园都市线、京王线);否则,选取过轨客流量相对本线较大的区段参与过轨运输(如东武东上线、东武伊势崎线)。

由于过轨运输后东京地铁运营线路较长,多数线路上都有不同类型的列车运营。列车等级有特急、急行、准急和各停之分。特急(special express)停站最少,当然也最快,急行(express)次之,准急(semi express)再次之,各停(local)就是每站都停靠的慢车,上下班还有通勤特急或者通勤急行,有些线路还有快速急行,介于特急和急行之间,而各种列车的起终站不同,这样就形成多交路组合方式。

下面以东京都营地铁新宿线和私铁京王线的过轨运输为案例进行分析。

8.4.2 新宿—京王线过轨运输

1. 线路走向

都营新宿线为一条贯穿东京市区北部的东西向线路,京王线属于郊区电铁,该线路在新宿站与新宿线衔接。新宿站位于东京的西北郊,是东京北部最大的轨道交通枢纽,多条线路在新宿站交叉。都营公司主要经营市区地铁线路,而京王电铁线路覆盖了东京的西郊,主要以大站快车为主。

京王线与新宿线过轨区间为"本八幡—新宿—桥本/高尾山口"。调布—桥本属于相模原线,线路里程为 22.6km,共设 11 站;调布—新宿属于京王线;北野—高尾山口属于高尾线,线路里程为 8.6km,共设 6 站;新宿线属于都营地铁公司。

京王线与新宿线过轨运输属于换线运营的形式,都营地铁给予京王电铁新宿线的使用权,京王电铁同样给予都营地铁京王线、相模原线及高尾巴线的使用权。列车在对方线路上运营由拥有线路的公司组织。

线路走向示意图如图 8-1 所示。其中,都营地铁和京王电铁的过轨车辆在新宿站过轨,过轨列车种类分为慢车、普通快车及通勤快车、直通快车。这三种列车的运行区间为"本八幡—桥本/高尾",京王电铁的线路在调布站分岔,下行过轨列车到达调布站后有一部分列车进入相模原线,一部分列车在京王线继续运行。京王电铁在高尾线和京王线上还组织了特快和准特快,列车始发于高尾站到新宿站折返不过轨。

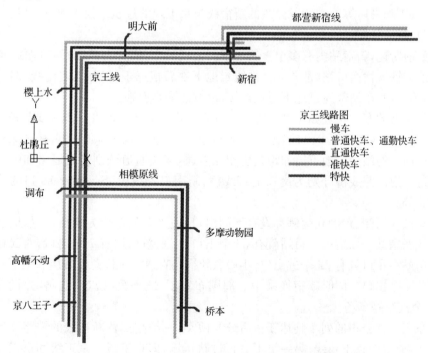

图 8-1　东京轨道交通"本八幡—新宿—桥本/高尾山口"过轨运营组织示意图

2. 过轨车站

1) 车站概况

京王线和新宿线在新宿站衔接,新宿站位于东京都新宿区新宿三丁目至西新宿一丁目、涩谷区代代木二丁目至千驮谷五丁目的范围,是东京重要轨道交通枢纽。新宿站由多家运营公司共同使用,共有 JR 山手线、JR 埼京线、JR 湘南新宿线、JR 中央线、JR 总武线、小田急小田原线、京王电铁、京王新线、都营新宿线和都营大江户线等 10 条线路在该站衔接或通过。

新宿站建筑庞大、内部结构复杂,每日进出站客流量高达 347 万人次,是世界上最高使用人次的铁路车站。

新宿站是多层立体换乘枢纽,各公司的车站相互独立于不同楼层,并用地下通道把各个车站连接在一起。地下 1 层是小田急各站停车线路,又通过站台的中央通道、北通道和高架南通道,联络车站东西两侧;地下 2 层是京王线;地下 3 层是丸之内地铁线;地下 4 层是 JR 新宿站;地下 5 层是京王新线、地铁都营新宿线;地上 1 层是小田急快车线、山手线和中央线;2 层以上是京王百货店、小田急百货店、食品店、饭店和书店等。本章所介绍的新宿线与京王线的过轨站位于地下 5 层。

2) 乘客组织

如前所述,新宿站内有多个隶属于不同公司的车站,如西武新宿站(西武新宿线)、地下铁新宿西口站(都营大江户线)、地下铁新宿三丁目站(丸之内线、都营新宿线)等,这些车站都通过地下通道连接,以方便乘客换乘。

新宿站的车站布置如图 8-2 所示。垂直方向上,新宿站地上 2、3 线与地下 7 线,地上 4、5 线与地下 8、9 线,地上 6 线与地下 10 线和南检票口之间有电梯相连接。地面上的站台以地下道和跨线桥相互连通,连接通道分别是北通路和中央通路的地下道。跨线桥分别为南口的跨线桥、新南口跨线桥、Sazanterasu 口的跨线桥共 4 处。

车站在西侧、东侧和南侧都设有不同出口,使乘客从多个方面疏散,如地铁丸之内线新宿站—新宿三丁目站就有 36 个出口,京王新宿站有 7 个出口,西武新宿线新宿站在东口就有 22 个进出口,小田急新宿站直通到小田急百货店和地下商业街,有 24 个出口。同时新宿换乘中心周围布置了 39 条公共汽车线路,并设立了 30 多个汽车停车场。

京王电铁公司的列车到达新宿后分为两类,一类与都营新宿线的铁路互通而且共用站台,即京王新线;另一类不进行过轨运输,即京王线。京王线和京王新线虽然线道编号是共用,但实际上与 1~3 号线的京王线位置完全不同,京王新线位于 JR 新宿站南口的西侧、甲州街道的地下 5 层;而京王线位于京王百货的地下 2 层,站台位于小田急线的西邻,初建成时是 3 面 4 线设计,后来经改良 4 号线被废

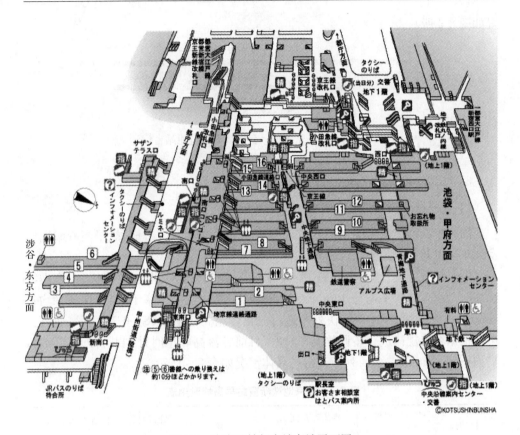

图 8-2　东京地铁新宿站车站平面图

止,设置为京王新线的连接口,京王新线站台东侧有自动扶梯到地下1层与京王线换乘。

值得注意的是,虽然京王新线和都营新秀线共用站台,但是车站的基本管理是由京王电铁负责,站内的标识板等基础设施均使用京王电铁的形式,都营地铁公司向京王电铁交纳管理费。车务人员到达新宿站后下车,驾驶对向列车折返,车辆转交给对方公司组织运营。

京王线和京王新线车站关系是相互补的,京王线会使用对方站台发车,京王电铁的最后两班电车及京王线至杜鹃丘、樱上水的列车都在京王新线发车;同时,由于京王线的列车始发列车多为特快、准特快,像幡谷和樱上水这样的小站通过不停车,所以很多乘客需要换乘京王新线。

3)站台配置

京王新线和都营新宿线新宿站采用一台两线岛式站台设计,这是一种典型的直通运转交界配置,京王电铁列车经过交界站与都营地铁过轨直通;以该站为终到站的列车则可以利用渡线进入站台另一侧的线路而成为反方向始发列车,站台配置如图 8-3 所示。

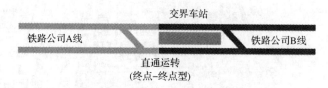

图 8-3　新宿线与京王线一台两线岛式过轨站台设计

3. 过轨运输组织方式及能力分配

1）早高峰时期

因为早高峰客流主要由进入东京市区的通勤通学客流组成,故早高峰时期所发列车以过轨列车为主。

发车频率上,慢车最为频繁,平均每 5min 一列,普快、直通及特快(包含准特快)配合发车,普快平均每 30min 一列,特快、直通的发车频率不定,但保证平均每 5min 有一列普快、直通或特快列车通过。在客流高峰小时(8:00~9:00),运营公司会根据客流规律进一步调整发车频率,目前客流高峰小时计划开行列车 24 对,平均不到 2.5min 一列。列车开行的具体情况如表 8-4 所示。

表 8-4　东京地铁新宿站早高峰时刻表

目的地	开行对数/对	平均发车间隔/min	类型	开行对数/对	平均发车间隔/min
京八王子	22	8.20	普快	10	18.87
			直通	6	30.20
			特快	6	19.50
桥本	13	13.85	普快	12	15.70
			直通	1	—
杜鹃丘	4	45	普快	4	55.67
若叶台	2	90	普快	2	—
京王多摩	23	7.83	特快	6	29.60
			直通	7	24.83
			普快	10	17
高尾山口	17	10.59	特快	1	—
			直通	5	22.75
			普快	11	13.30

注:平均发车频率根据列车到发时间计算。

2）午平峰时期

午平峰时期所发列车中过轨列车和非过轨列车数目相等,各种列车频率都为每 20min 一列,累计每小时发车 15 对,平均每 4min 一列。具体情况如表 8-5 所示。

表 8-5　东京地铁新宿站午平峰时刻表

目的地	开行对数 /对	平均发车间隔 /min	类型	开行对数 /对	平均发车间隔 /min
京八王子	18	10	普快	9	20
			特快	9	20
桥本	8	22.50	普快	8	22.50
京王多摩	1	180	普快	1	—
高尾山口	18	10	普快	9	20
			特快	9	20

注：平均发车频率根据列车到发时间计算。

3）停站及交路

根据慢车、普快、直通及特快性质的不同,其停靠站点和机车交路也不尽相同。

慢车、普快停站:慢车在每一站都靠站停车;早高峰时期机车交路比较复杂,主要运营区间有高尾山口—新宿、八王子—新宿、桥本—新宿,还有少量从杜鹃丘和高幡不动出发到达新宿,以适应客流分布。午平峰时期交路比较固定,基本都是从每条线路的起始站发车(高尾山口、桥本、京八王子)到达新宿站,慢车到达新宿站后过轨继续运行。

直通停站:杜鹃丘、千岁巫山、樱上水、笹冢、新宿;直通列车主要从每条线路的起始站发车(高尾山口、桥本、京八王子),到达新宿站后过轨继续前行。

特快停站:调布、前大明、新宿。由于相模原线不开行特快列车,所以机车交路主要从高尾山口、高幡不动出发,到达新宿站后折返,不过轨继续前行。

新宿—京王线上行主要行车交路及开行对数如图 8-4 所示。

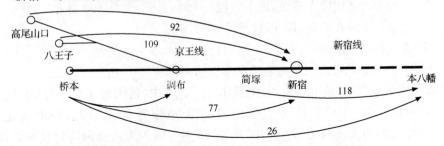

图 8-4　东京轨道交通新宿—京王线上行主要行车交路图

8.4.3　新宿—京王线过轨运营模式分析

1. 经济关系

由于过轨运输涉及多个运营主体,而各个运营主体间又存在很大差异。在过轨区段乘车的乘客将使用不同公司的线路或车辆,但在"一票制"的网络化运营环境下,乘客所交纳的费用是由其起始车站所收取的。而起始车站与其途经车站很可能隶属于不同的公司,这就需要统一不同公司的票制和票价,使得乘客在始发站可以直接购买到终点的车票,而无需在过轨站再次补票。对于车票的收入,各个运营主体间需要通过签订协议对利益进行分配,并建立清算中心,统一清算。

1) 过轨票制及票价

东京地铁的运营公司主要有 3 家,营团地铁(TRTA)、都营地铁(TOEI)和国铁(JR)。客票主要有 2 种形式,一种是以距离分段制的客票,另一种是以天时间为单位的联票。

分段制的客票主要有普通票和定期票 2 种,以营团地铁为例,按距离分为 5 段,即 1～6km、7～11km、12～19km、20～27km 和 28～40km。

营团地铁的普通票乘车基本费用规定为 6km 以内 160 日元,随后依乘车距离依次递增为 190 日元和 230 日元。都营地铁普通票票价比营团地铁稍贵,即 4km 以内为 170 日元,随之递增为 210 日元和 260 日元,如途中需在营团地铁和都营地铁之间转乘,则可享受低于双方地铁合计车费 40 日元的优惠。

定期票又分为通勤票和通学票(学生票),其中有月票、季度票和半年票 3 种。

以天时间为单位的联票方面,由于东京地铁由三家公司联合经营的,所以联票的形式也有一家公司的联票和几家公司共同适用的联票,联票的种类不同,对应可以使用的线路也不同。联票主要类型包括:

(1) 营团地铁 1 日通用乘车联票,所有营团地铁 710 日元。

(2) 都营 1 日通用经济乘车联票,都营地铁、都营公共汽车和都营荒川线 700 日元。

(3) 营团都营通用乘车联票,地下铁成人 1000 日元、儿童 500 日元。

(4) 东京自由乘车联票,JR 都营营团 1580 日元。

(5) 东京都内自由乘车,联票 JR730 日元。

上述各种车票均可通过车站自动售票机购买。

除了购买车票外,还可以使用"地铁 IC 卡"。其中,营团地铁发行的"SF 地铁卡"与都营地铁发行的"T 卡"都是通用的,按金额分为 1000 日元、3000 日元和 5000 日元 3 类,可无限期使用。使用"地铁 IC 卡",因为无需查询票价及购票,所以对于经常使用地铁的乘客来说是十分便捷的。

2）过轨协议及过轨清算

东京地铁第一次过轨运输协议的尝试发生在营团公司日比谷线。该协议规定，三个运营集团（营团地铁、国铁、东急电铁）两两之间可以直通等距里程，但由于各方面的原因，该协议并没有实现三家公司全部直通，也就是说，国铁的列车可以通过日比谷线进入市区，但不能继续前进到东急电铁的线路上；同样东急电铁的列车可以通过日比谷线进入东京市区，但不能前行进入国铁线路。

就目前而言，过轨协议并不存在一个统一格式。在保证一些基本的过轨运输条款的前提下，每个协议都是独立的，协议的内容根据需要而定。

东京地铁的费用清算主要通过协议的方式达成共识，各个运营公司通过租赁基本费用条款，签署租赁合同，从而使用其他运营公司线路和车辆。

租车运营，即单一运营公司支配线路的方式，由于这种方式避免了多家公司的车辆运行组织的冲突协调，一般更为安全有效，在轨道交通系统的过轨运营的实际应用中也更为广泛。例如，地铁日比谷线过轨运输到民铁东急东横线的"中目黑—菊名"区间，即属于这种形式，如图 8-5 所示。

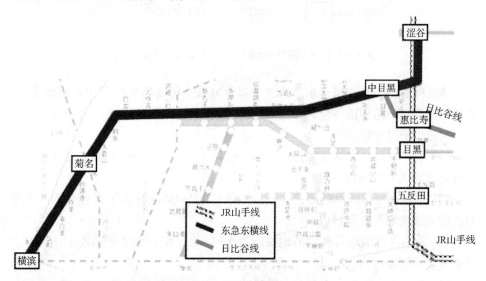

图 8-5　东京地铁"中目黑—菊名"过轨区间示意图

该区间线路所有权属于东急公司。东急公司根据东京地铁进入该区间的开行对数，支付车辆使用费于东京地铁后，可以独立支配全部车辆运行组织，并获取所有盈利（票款）。

租线运营，即多家运营公司支配某条线路方式，租用线路的公司自行组织车辆在该线路上的运行，并向该线路的拥有者交付线路的使用费。该方式可能会带来运营组织方面的问题，同时由于票款费用是由线路上某一车站收取，票款会自动进入运营该车站的公司,将导致票款清算复杂度增加,需要建立计算中心对票款重新分配。例如,都营地铁三田线过轨运输到东京地铁南北线的"白金高轮—目黑"区间,即属于这种形式,如图 8-6 所示。

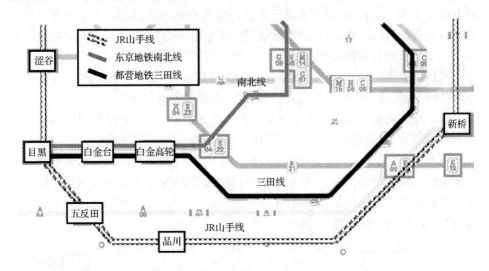

图 8-6　东京地铁"白金高轮—目黑"过轨区间示意图

该区间线路所有权属于东京地铁。都营地铁支付线路使用费于东京地铁,两公司的车辆运行组织由各公司协商后自行支配;过轨区间的所有盈利(票款)通过车票的磁性记录予以清分。

(1) 乘客在南北线单独运营区段的地铁站上车,票款存在于东京地铁各个站的自动售票机和售票窗口内。

(2) 乘客在三田线单独运营区段的地铁站上车,票款存在于都营地铁各个站的自动售票机和售票窗口内。

(3) 乘客在过轨运营区段的地铁站上车,票款存在于东京地铁各个站的自动售票机和售票窗口内。

(4) 乘客上车未买票而在车上补票的,票款由乘客所乘坐的车辆收取,票款录入车辆归属的运营公司。

(5) 乘客上车未买票、车上未补票的,出站补票,终到站为三田线则票款录入都营地铁,终到站为南北线则票款录入东京地铁。

(6) 对于购买联票的乘客,票款由起始站的地铁公司代收。

通过计算中心汇总,并按照事先约定好的协议分配票款,都营地铁将多收的票款退还,并凭借车票向东京地铁索要代收票款;反之,对于东京地铁也是一样。

但是无论租车还是租线,都会产生大量的资金转移,于是地铁运营公司通过东京都交通局的统一调控分配线路组织车辆运行,使双方相互使用的能力相等,即交换式线路支配。这种对等交换有效避免了大量资金流动,而两家公司线路相交的车站由在该站业务多的公司组织车站运营,而业务少的公司向该公司交纳一定管理费用。运营车辆则在该站由接管公司车务人员替换,各公司员工互不进入对方公司线路操作,京王新线的结算就属于这种类型。

2. 行车组织

行车组织方面,最基本的做法就是非过轨运输区段利用过轨运输区段能力上的富裕,实施插入式过轨运营。这种行车方式提高了过轨运输区段能力的利用率,组织简单,列车到达比较平均,车辆间的相互干扰小,运行图容错性强。但是由于过轨区段所需能力是各个非过轨运输区段能力之和,所以在繁忙线路上,行车组织将受到过轨区段能力的限制,而非过轨运输区段和过轨运输区段的列车开行频率也很难一致。具体运行图如图 8-7 所示。

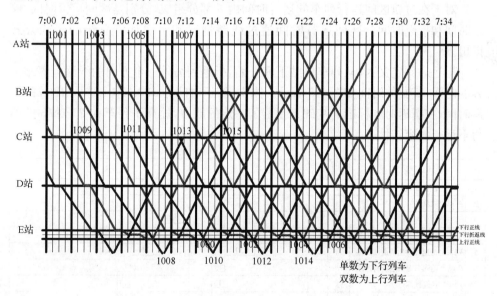

图 8-7　过轨运输共线区段插入式运行图

如图 8-7 所示,A 站到 C 站为非过轨区段,C 站到 E 站为共线区段。列车在非过轨区段的开行间隔为 4min,过轨区段自身运行的列车开行间隔为 4min,过轨的列车利用其间隔均匀地插入,这是一种在能力比较富裕线路上的普遍开行方法。实际上列车在共线区段以 2min 的间隔开行,已经达到能力上限。此时如果 A 站到 E 站客流比较平均,而列车开行频率共线区段是非过轨区段的两倍,导致客流不能和列车运能很好地结合。

为了使得列车在整条线路上比较均匀地开行,通常采用一种大小交路套跑的形式,其线路布置如图 8-8 所示。

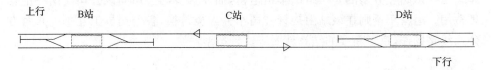

图 8-8　过轨运营站线路布置

如图 8-8 所示,假设 B、C、D 三个车站,站间距均为 1400m。B 站到 D 站为过轨直通区段,B 站和 D 站两端都设有尽头式单折返线,牵出线采用 9 号道岔,车辆采用 B 型车,牵出线长度为一列车长加 40m。站台长度 120m,宽度 30m。线路采用右侧行车,B 站和 D 站两端亦可采用双折返线,一条线用做折返,一条线用做停车线,当有列车出现故障时,可在停车线紧急停车,以保证运行图正点运行。

对于在过轨区间运行列车的运行时间由 3 部分组成,分别是区间运行时间、停站时间和折返时间。区间运行时间通过线路情况和牵引计算总结的经验公式得出。

折返时间定义为,从列车停站下客开始,折返到另外一个方向的线路上停站上客的时间,其具体时间如图 8-9 所示。图中,折返时间为 133s,本章选取 180s 的折返时间,在折返时间标准的基础上预留了一定的能力,提高了列车在 20 对/h 的能力下运行的容错性。

序号	作业项目	时间/s		
1	车站办理接车进路	13	13	13
2	列车进站到达	23	23	23
3	列车停站下客	30	30	30
4	车站办理列车进折返线的进路	13	13	13
5	列车进折返线并出清道岔区段	30	30	30
6	车站办理列车出折返线的进路	13	13	13
7	列车转换驾驶端	13	13	13
8	列车自折返线进站	30	30	30
9	列车停站上客	30	30	30
10	列车自车站发车出站	24	24	24
11	到达间隔	96	96	
12	列车停留时间	133	133	

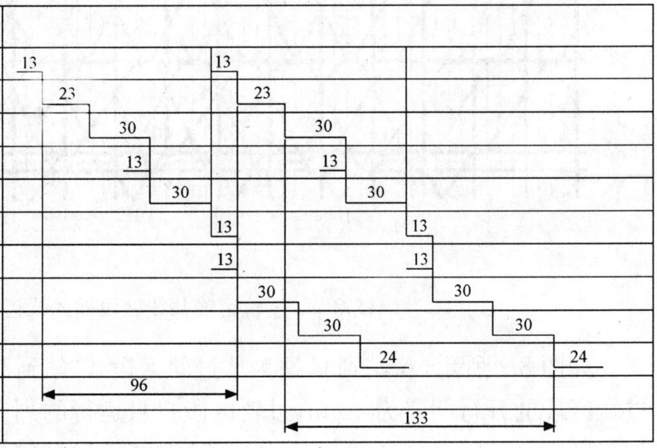

图 8-9　列车折返时间能力

大小交路套跑的列车运行组织见图 8-10,上下行列车分别通过 E 站、A 站,以20 对/h 分别从非直通区段进入 B 站、D 站。

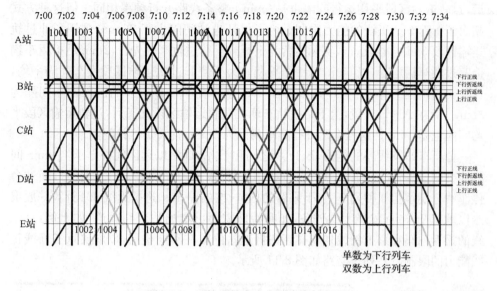

图 8-10　过轨区间大小交路套跑运行图

如图 8-10 所示,上行列车 1002 次停站 90s 后,7:03 从 E 站出发,到达 D 站后停车 30s,过轨进入过轨运输区段继续运行,C 站停站 30s,到达 B 站后,停站 30s,驶入上行折返线,办理折返进路后,驶入 B 站下行正线。停站 30s 后,7:13 从该站始发,到达 C 站停站 30s,到达 D 站后,停站 30s,过轨进入非过轨运输区段,7:22 到达 E 站,停站 90s 后继续运行。

上行列车 1004 次,7:04:30 到达 E 站,停站 30s,在 1002 次发车 2min 后,7:05 从 E 站发车,追踪 1002 次运行,到达 D 站后,停站 30s,进入上行折返线,办理折返进路后,驶入 D 站下行正线,7:10 从该站始发,7:12 到达 E 站,停站 30s 继续运行。4min 后 1006 次到达 E 站,停站 90s 后,过轨进入过轨运输区段,运行方式同 1002 次,2min 后 1008 次追踪运行,如此过轨与折返列车交替发车,以 6min 为周期不断重复。

同理,下行列车 1001 次停站 90s 后,7:00 从 A 站发车,过轨进入过轨运输区段,7:07 到达 D 站,在下行正线停车 30s 后,进入下行折返线,办理折返进路后,7:09:30 驶入 D 站上行正线,1001 次占用 D 站上行正线的时间在 1004 次和 1006 次之间,上行的第一个周期内。而 1003 次同样 2min 后追踪 1001 次运行,在 B 站折返,并以 6min 为周期。此时过轨区段及非过轨区段都是开行 20 对/h,有效地解决了过轨区段能力对整条线路能力的制约,使得列车运能和客流得到了很好的结合。

这种运行方式在最理想状态下,非过轨运输区段以 2min 间隔开行,每两个车过轨一辆,过轨运输区段运行间隔为 4min,上下行过轨车辆在过轨运输区段交叉后,过轨运输区段平均运行间隔也是 2min。整条线路开行频率相同。但这种方式超出了折返车站正线的能力限制。为了保证进站间隔大于 90min,采用了非过轨运输区段 3min 间隔运行,实际运营为下行或上行过轨车辆先行,2min 后折返车辆追踪过轨车辆运行,以 6min 为一个周期。为了使非过轨运输区段发车间隔平均,让长交路折返列车在 A、E 站多停留 60s,这样在 A~E 以外的区段发车间隔为 3min。而在 A~E 区段,上下行过轨车辆在过轨运输区段交叉后,过轨运输区段平均间隔也是 3min。这样全路开行频率相同为 3min,且满足停站间隔。

分析车站及线路的能力,B、D 站之间和 B 站、D 站以远区间都是承担 2min 间隔能力的任务,B、D 两站两端的折返线分别只承担 4min 间隔能力的任务,而站台停车线分别承担 3 种列车上、下乘客的任务,按站停 30s、进折返线 30s 计算一股道难以承担 2min 间隔能力的任务,如有特殊需要可增加站台和股道,如上例,京王线的折返列车和京王新线列车在新宿折返站停留在不同楼层,以解决京王新线正线能力的限制。其列车交路如图 8-11 所示。

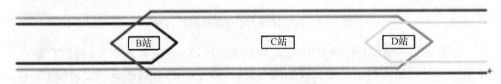

图 8-11　过轨运营车辆交路

实际上,这种方法提高了过轨区段能力的利用率,全线列车的开行频率相同,在客流比较平均的线路上,客流和列车运能很好地结合。有效地解决了过轨区段能力对整条线路能力的制约,但其对折返站运输组织的要求较高,车辆间干扰大,运行图容错性低,需再增加建设折返线,成本也比较高。

3. 客运服务分析

过轨运输组织涉及多个利益主体,其效益体现在很多方面。作为交通设施,过轨最重要、最直接的效益体现在改善对乘客的服务上。乘客过轨服务质量主要体现在减少乘客换乘次数及旅行时间、减轻接轨站换乘压力等几个方面。

1）减少乘客换乘次数及旅行时间

采用过轨运输后,乘坐过轨列车的乘客不必在原接轨站换乘,减少了换乘次数和旅行时间。实际运行中,只有部分列车是通过原接轨站的过轨列车,故过站客流由过轨列车输送客流和接轨站内换乘客流两部分组成,换乘次数及旅行时间的减少仅对乘坐过轨列车的乘客才有效。因此,必须根据过站客流特征设置合理的行车组织并改善接轨站的换乘条件,从而减少两线全体乘客的总体换乘次数及旅行时间。

2) 缓解原接轨站换乘压力

由于乘坐过轨列车的乘客不必在原接轨站换乘,减少了原接轨站内的换乘量,从而减轻了原接轨站的换乘压力,特别是高峰时段的换乘压力。

总而言之,过轨运输是对过轨站上换乘的弱化,一部分换乘转化为直达,而一部分被分散到过轨运输区间各个车站。在减轻换乘站换乘压力的同时,过轨运输区间上部分站点的换乘量有所提高。

第9章 共线条件下的列车运行组织方法

9.1 概　述

为了更好满足中心区与郊区之间的直通需求,很多城市在地铁主干线的郊区延伸范围修建了岔(支)线。支线与干线的直接连接,不仅可以充分利用干、支线的运输能力,还可扩大中心区线路的覆盖范围,提高支线线路乘客的直达率。

共线运营是指某一运营公司所辖运行线路不完全相同的列车共用某段线路的运行组织方式。某些场合下,一条线路在末端因满足不同出行方向需求而形成的不同方向的列车共用中心城区线路的方式(通常称支线运营)也是一种共线运营形式。

在共线(支线)运营区段,干、支线的列车按一定的组合形式和发车频率,在线路上追踪运行,共同分配共线区间的通过能力。图 9-1 给出了一种最基本的共线(支线)运营形式,即"Y"形线路。由于本章主要关注支线和共线运营在共线方面的运输组织技术,故下文不再严格区分二者之差别,统称为"共线运营"。

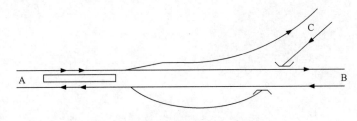

图 9-1 共线运营基本线路示意图

虽然支线运营和共线运营在运输组织方面无严格差别,但它们与第 8 章所述过轨运输相比,还是具有一些异同点:

(1) 三者均是通过在某一特定区段开行分属两条或两条以上线路的列车,从而使该区段内的乘客无需换乘即可到达目的站。

(2) 列车在过轨或共线区段按特定的组合节拍追踪运行,共同分配该区段的线路通过能力。

(3) 过轨运输的线路,列车制式可能不同,且过轨线路分属两个或两个以上运营实体;共线运营中的干支线线路、运营车辆一般归属同一运营方,且线路、列车制式相同。

（4）一般的，过轨运输的列车在过轨区段和本线既有列车无主次之分，按照过轨协议分配通过能力；共线运营中支线列车在共线区间处于次要地位，应优先满足干线列车的开行需求，在能力富余的情况下再考虑支线列车驶入干线区段。

9.2 共线运营组织技术

在共线运营区间，来自不同线路的列车按一定的组合形式和发车频率，在线路上追踪运行，共同分配共线区间的通过能力。

共线运营组织技术的提出，是由于在城市轨道交通线网中，不同时期建成的线路衔接后，仅通过车站换乘组织难以适应线路间的换乘客流需求。为了减少换乘站的换乘客流量，一些发达的城市轨道交通线网内采用了这种将一条线路上的列车驶入另一条线路的"过轨运输"方式，使乘客在不同线路之间的出行如同在一条线路上的出行，从而"消除"了这部分的换乘客流。

因此，在线网形态确定以后，共线运营是提高线网通达性的有效途径之一。同时，共线运营还有明显的"多赢"效益：对于线网，共线运营减少了总体换乘次数，提高了线网的通达性；对于乘客，压缩了乘客出行广义成本，提高了出行效率；对于"过轨方"，避免了重复建设一条与此线路（必须是能力富裕的线路）平行的新线及维护、运行新线的资金投入，从而降低了扩充本线运能与运量的成本；对于"被过轨方"，有效提高了能力富裕（甚至可能弃用）的线路或区段的利用率，增加了运营收入。

共线运营分类方式较多，本节主要从支线依托干线形式即支线形态和分岔车站的布线形式两个方面对共线运营进行分析。

9.2.1 支线形态

到目前为止，城市轨道交通按照支线依托干线的形式主要可以分为以下几种。

1. 支线在干线中岔出且不形成环路

此种情况主要为减少乘客换乘次数，进一步实现路网中部分车站之间连通而建造的支线，如图 9-2 所示。

由图 9-2 可以看出，建造 C、D 方向的支线，可以将 C、D 方向的部分车站连接到路网内，从而减少乘客的换乘次数，而对于 A—B 方向线路的通过能力并没有产生影响。在巴黎的 RER-B 线中，Avenue du pdt Kennedy 站至 Vileneueve le-Roi 站之间是位于城市中心的一段干线，分别在 Avenue du pdt Kennedy 站以及 Choisy le-Roi 站分出了两条支线，且干线的通过能力并未饱和，属于支线运营方式 1 的应用实例。

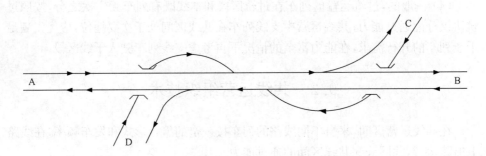

图 9-2　共线(支线)运营方式 1

2. 支线在干线中岔出且形成环路

此种情况一方面可以把路网中更多的车站进行连接,从而达到减少乘客换乘次数的目的;另一方面,由于形成了环路,由一个站点到另一个站点增加了一个交路,从而增大了两个站点之间的通过能力。如图 9-3 所示。

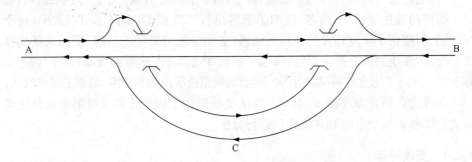

图 9-3　共线(支线)运营方式 2

由图 9-3 可以看出,建造 A—C—B 的支线,一方面,A—C、C—B 方向的站点都被联入路网,从而减少了乘客的换乘;另一方面,由于形成了环路,A—B 方向的乘客可以选择直接 A—B 或 A—C—B 两种乘坐方式,加大了 A 点到 B 点的运输能力。在 RER-D 线上的 Viry-Chatillon 站至 Corbeil-Essonnes 站之间,在 Viry-Chatillon 站后分出支线,支线在 Corbeil-Essonnes 站前汇入干线,并行成环路,属于支线运营方式 2 的应用实例。

3. 支线在干线尽头延伸

此种情况主要应用在城市主干路通往郊区的部分,由于到达郊区后客流相对不够集中,因此,为减少乘客换乘次数,提高城市轨道交通的便捷性,在干线到郊区的延伸段岔分为几个方向,如图 9-4 所示。

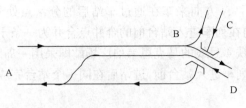

图 9-4　共线(支线)运营方式 3

由图 9-4 可以看出,客流在 B 点进入郊区后由 C、D 两条支线分流,C、D 方向的车站全部被联入路网,实现了 A—C、A—D 的直通。同时,在技术条件允许的情况下,D—C 的客流也可以通过 B 点直接连接,方便乘客的出行。RER-A 线上的 Maisons-Laffitte 位于巴黎郊区,RER-A 线在此站分为两条支线,分别通往 Cergy Le Haut 和 Poissy,属于支线运营方式 3 的应用实例。

9.2.2　车站布线

车站的布线形式设计是城市轨道交通线路规划与建设中的一项重要内容。就车站而言,站台＋线路的组合形式多种多样,不同的站线布置形式具有不同的换乘条件、候车条件、折返能力和列车出入段条件等。因此,线路及车站设施,特别是共线车站的站线设置,是共线运营赖以实施的基础条件。

常见的站线布置形式有一岛双线、一岛一侧三线、两岛三线和两岛四线等。以下对这几种比较有代表性的共线车站的布置形式进行分析。

1. 一岛双线式

一岛双线式车站即"Y"形车站。这种布线形式是当只有一个站台时最常采用的形式。使用一个岛式站台,乘客在同一个站台上完成两个方向上的乘降,支线与干线的分岔点在列车出站后。其站台布线形式如图 9-5 所示。

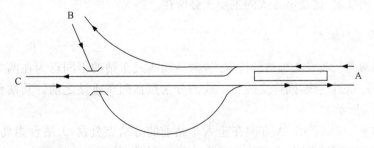

图 9-5　一岛双线式车站布线形式

如图 9-5 所示,因为只有一个站台,所以,干线与支线的分岔点只能在乘客乘降完成、列车出站后,A方向来车在通过车站后的分岔点处分为 B、C 两个方向。同样,B、C 两个方向在列车进入站台前的合并点合并为一条干线,通往 A 方向。

德国慕尼黑地铁 4 号线的马克思韦伯广场站即采用一岛双线的布置形式。两线股道汇合点位于列车进入站台前,进站后在同一个站台完成乘客乘降。

2. 两岛三线式

这种情况中,两个乘客等候站台都采用岛式站台,岛式站台可在站台两边同时上下车,能充分满足上下客流的要求。但普通岛式站台宽度过宽,站前折返能力不足。支线与干线的分岔点在列车进站之前。其站台布线形式如图 9-6 所示。

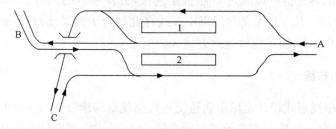

图 9-6　两岛三线式车站布线形式

如图 9-6 所示,A 方向在进入车站前的分岔点分岔,1 站台为岛式站台,去往两个方向的乘客均可在 1 站台乘坐列车;同样,B、C 方向来车也在列车进站前的合并点汇合成 A 方向的一条干线,2 站台也为岛式站台,两个方向的乘客均在 2 站台乘坐前往 A 方向的列车。

巴黎 RER-B、D 线在沙特莱车站即采用两岛三线的布置形式(Taplin,1995)。与一岛一侧三线式站台布线形式相比,两岛三线式唯一的不同点在于把侧式站台改为岛式站台。在这种布置形式中,两个候车站台都采用岛式站台,站台两边允许同时上下车,特别是本线方向可设置成两站台同时乘降,能充分满足本线双方向客流不均衡的要求,这是该方式的主要优势所在。

3. 两岛四线式

相比两岛三线式的车站设计方式,两岛四线式车站的不同点为在两个车站之间增加了一条折返线,同样支线与干线的分岔点在列车进站之前。其站台布线形式如图 9-7 所示。

从图 9-7 可以看出,A 方向在进入车站前的分岔点分岔,1 站台为岛式站台,去往 B、C 方向的乘客均可以在 A 站台上车。另外,从图中可以看出,C 方向的车在到达车站后开始折返,因此 C 方向的乘客要去往 A 方向,需在 2 站台换乘 B 方向来的列车。

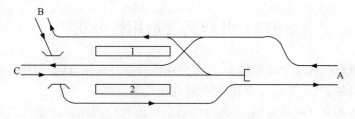

图 9-7　两岛四线式车站布线形式

英国伦敦地铁维多利亚线的七姐妹站采用的就是两岛四线的布置形式。与两岛三线式站台布线形式相比,两岛四线式唯一的不同点在于共线汇合点位于站后,从而解决了一岛一侧三线式和两岛三线式中乘客可能发生乘车错误的问题;然而,两岛三线式中本线客流的乘降优势不复存在,适用于共线两条线路的双方向客流均较为均衡的情况。

4. 一岛一侧三线式

与两岛三线式站台布线形式相比,一岛一侧三线式唯一的不同点在于把第二个岛式站台换成了侧式站台。与岛式站台相比,侧式站台的宽度要求比较小,且站前的折返能力满足要求,但是当列车交替使用两条到发线时,乘客不易判断列车停靠位置,且出入段线难以布置。因此,相对来说,侧式站台在目前的车站形式中采用并不如岛式站台广泛。其站台布线形式如图 9-8 所示。

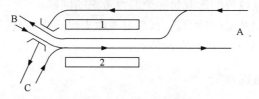

图 9-8　一岛一侧三线式车站布线形式

如图 9-8 所示,A 方向在进入站台前的分岔点分为 B、C 两个方向,1 站台为岛式站台,站台两侧均可以提供乘客乘降,因此,去往 B、C 方向的乘客都在 1 站台上车。B、C 方向在进入车站前合并为干线开往 A 方向,2 站台为侧式站台,只有一侧可以供乘客乘降,因此,B、C 方向的乘客在进站前合并为一条干线,乘客在 2 站台乘车去往 A 方向。

法国巴黎地铁 9 号线的塞夫尔桥站即采用一岛一侧三线的布置形式。与岛式站台相比,侧式站台的宽度要求比较小,且有利于站前的折返能力满足要求。但是当来自不同线路的列车交替使用一条到发线时,出入段线难以布置;同时乘客需要分辨进站列车,可能导致其乘车错误。

9.3　共线运营适用性分析

随着承载的客流量越来越大,在部分路段及部分车站,已有的线路已经无法满足客流条件的需要,在这些地方,矛盾显现得最为突出。

以日本的丸之内线为例,丸之内线是东京地铁公司经营的地铁路线。运营区间自东京都丰岛区池袋站到杉并区荻洼站的干线,以及中野区中野坂上站到杉并区方南町站的支线(方南町支线);正式名称为4号线丸之内线和4号线丸之内线支线。在新宿—荻洼站间与中野坂上—方南町站之间开通当时被称为荻洼线。随着丸之内线的运营开通,客流量逐渐加大,主要矛盾也逐渐有所体现。综合来看,在城市轨道交通运营组织中,矛盾主要表现在以下两个方面:

(1) 客运需求不断增大与运能不足之间的矛盾。

(2) 城市轨道覆盖的地段过少与乘客出行目的分散性大之间的矛盾。

根据丸之内线本身的情况,东京地铁公司通过兴建丸之内线支线,组织城市轨道交通支线运营的方式较好地解决了这些矛盾。

支线修建后,由于线路增多,线路的乘客承载能力加大,因此,很好地解决了乘客客流量过大的问题;支线以干线为主体向其他方向延展,使城市轨道能够覆盖到更多的地方。

支线分岔点与车站的相对位置对于运营组织有很大的影响,因此,在修建支线时,对于支线分岔点位置的选取是一个值得考虑的问题。

综上所述,采用共线(支线)运营,需要考虑支线沿线客流、共线客流、支线分岔的地理位置条件和分岔点相对车站位置。

9.3.1　支线沿线客流特征

客流量是衡量支线和干线的基本标准,一般而言,客运需求相对较小的地铁线称为支线,客运需求相对较大的称为干线,因此,干线、支线只是相对而言。

结合9.2.1节的支线形态示意图,当只有支线方向的站点有客流量的需求,而干线AB两点的运输能力仍能满足AB间的客流需求时,可使用如图9-2和图9-4所示支线运营方式;而当支线方向的站点有客流量的需求,而且干线中AB两点之间的运输能力已不能满足AB间的客流需求,甚至成为干线的运输瓶颈的情况下,可建设如图9-3所示的支线运营方式。一方面新建设的支线将C方向的车站更多地联入到路网之中;另一方面也为AB间的通行新增加了一条线路,起到了缓解AB间客运压力的目的。当A—C—B这条支线上的客流量逐渐变大,持平甚至超过AB线路上的客运量后,支线也就不再是完全意义上的支线,而成为一条新的干线。

9.3.2　共线客流特征

支线沿线客流量大小只是是否建设支线的条件,要实现支线与干线共线运营,开行支线直通列车通过过轨车站(或共线车站)在两条线路上运行,同样需要考虑共线的客流条件。一般而言,过轨站(或共线站)及其前后两个断面的客流特点集中反映出共线线路的客流特征。

9.3.3　支线分岔地理条件

在支线运营组织中,确定支线的地理位置是一个非常重要的环节。而不同的支线运营模式也适用于不同的地理位置。所谓的地理位置,主要指的是支线分岔的地点,包括市中心和市郊两种情况。

当预计支线的位置在市中心,即乘客的客流方向及要联入路网的车站主要分布在市中心,且依附于城市的主干线时,可选择如图 9-2 和图 9-3 所示运营方式;而当预计支线的位置在市郊,即乘客在离开市中心后的某一个站分成几个方向,此时可选择如图 9-4 所示运营方式。此时在运营方式 3 的 B 站后的两条线没有干线支线之分,是以分流的形式延伸干线至不同的方向。这种支线运营线路被称为"Y"形线路,在各国的支线运营中应用最广。

9.3.4　分岔点相对车站位置

城市轨道交通建设的初衷就是为了方便乘客的出行,而支线运营的目的则是为了方便乘客更好地出行。因此,支线分岔点相对车站的位置的确定是以便民为最大原则的。

从 9.2.1 节中 4 个车站布线图可以看出,其中,图 9-6～图 9-8 所示布线类型均是支线在进入车站之前分岔,而图 9-5 是干线在进入车站后分岔,综合以上情况的分岔形式图如图 9-9 所示。

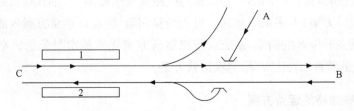

图 9-9　C—AB 方向分岔点与车站相对位置

从列车发车时间间隔的角度来看,以 C 方向发车 2min 间隔为例,假设两个方向是依次发车的,那么 C—A 方向的发车间隔为 4min,C—B 方向的发车间隔为

4min。C方向发车时,列车可以很好地控制发车间隔,因此,此时分岔点相对站台的位置对城市轨道交通的运营组织影响不大。

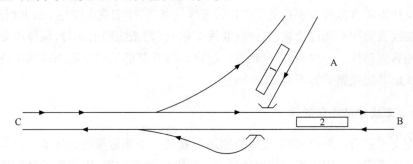

图 9-10　AB−C方向分岔点与车站相对位置

从列车发车时间间隔角度来看,假设 A、B 方向依次发车,且都为 4min 间隔。则 A、B 方向并入干线时,需要精确的并入时间,以保证 C 方向干线上的列车发车时间为 2min 间隔,这是分岔点位置选取的主要矛盾。要保证列车并入干线时发车时间的精确,主要有以下两个措施:①发挥信号灯的作用,在一定的位置通过设置信号机传达给列车相关信息,以方便列车通过旅行速度的变更弥补时间上的偏差;②如图 9-10 所示的分岔形式,可方便地让列车在车站停站时间上进行调整,以弥补时间上的偏差,保证两个方向的列车并入干线时追踪间隔为 2min。

9.4　共线运营方案制定方法

目前,国内共线运营车站布线类型以一岛双线式("Y"形)车站为主,如上海地铁 11 号线、香港观塘线支线就是采取"Y"形地铁线路。由于"Y"形地铁的运营方案灵活,其运营方案的效率受线路的流量、运营成本、发车间隔、线路流量分布等因素的影响,使得其运营线路的组合比普通线路要复杂得多。目前,对轨道线的运营线路组合设计方案,大多依靠规划人员的经验判断,所设计运营方案未能同时考虑到地铁运营者和乘客的需求,缺乏对线路运营方案优劣的定量分析。本节将根据"Y"形地铁的特性,介绍"Y"形地铁运营方案。

9.4.1　地铁线路的运营方案

轨道交通线路根据自身线路的特点、线路流向和线路流量,不同的实施阶段,可以采用不同的运营组织方案。各种运营方案具体如下所述。

1) 全线独立运营方案

从起点到终点采用全线贯穿运营方式,是地铁线网最基本的运营方案。

2) 分段延伸运营方案

是一种临时过渡运营方案,根据线网实施规划采用分期施工、分段运营时,可建成一段,运营一段,逐渐延伸。

3) "Y"形运营方案

"Y"形地铁线路结构具体如图 9-11 所示,$M_1 \leftrightarrow M_k$ 为干线,$M_k \leftrightarrow M_t$、$M_k \leftrightarrow N_t$ 为支线。其运营方案主要包括并线贯通运营和支线独立运营两种方案。

(1) 并线贯通运营方案:干线和支线并线运营,列车分别交替驶入两条支线,全线贯通运营。

(2) 支线独立运营方案:干线和支线分线运营,其中一条支线独立运营,另一条支线并入干线;或者干线和两条支线都分别独立运营。

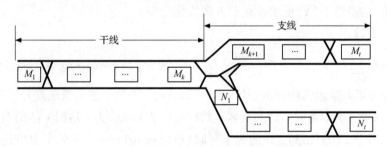

图 9-11　"Y"形地铁线路结构图

根据实际运营需要,可将多条运营线路进行组合构成运营方案。例如,运营线路 $M_1 \leftrightarrow M_t$、$M_1 \leftrightarrow N_t$ 组合构成并线贯通运营方案;运营线路 $M_1 \leftrightarrow M_k$、$M_k \leftrightarrow M_t$、$M_k \leftrightarrow N_t$ 组合构成支线独立运营方案。

9.4.2　"Y"形地铁运营方案优化

1. 基本运营方案的设计

基本运营方案首先必须满足以下 2 个约束条件。

约束条件 1:为方便乘客上下车,任何一个车站至少有一条运营线路在该站停车,则有

$$\prod_{k=1}^{l} X_k^i = 1, \quad i = 1, 2, \cdots, m \qquad (9\text{-}1)$$

式中,X_k^i 为 0-1 变量,当线路 k 在 i 站停车时,则 $X_k^i = 1$,否则为 0。

约束条件 2：运营线路过短，将导致列车频繁折返，运营线路途经车站数量 num_k 必须大于一定数量，即

$$num_k = \sum_{i=1}^{m} X_k^i \geqslant C_1 \tag{9-2}$$

式中，C_1 为运营线路途经车站的最少站数。

2. 运营方案优化模型

地铁运营系统的总成本包括乘客出行成本与地铁运营成本，其中，乘客出行成本包括出行车费（票价）、等车成本和换乘成本。由于乘客的出发站和到达站已定，运营方案的变化只是影响其等车和换乘成本，出行车费并没有变化。因此，出行车费不予考虑，并不影响模型最优解。以单位时间（h）地铁运营系统的总成本最小化为决策目标，发车间隔为优化变量，并考虑运营系统总列车数、最小和最大发车间隔约束，构造以下"Y"形地铁运营方案优化模型。

目标函数：

$$\min \sum_{k=1}^{s} L_k \times f_k \times cost_1 + \sum_{i}^{m} \sum_{j}^{n} (P_{i,j} \times W_{ij} \times cost_2 + Q_{ij} \times cost_3) \tag{9-3}$$

式中，L_k 为第 k 条运营线路的长度（单位：km）；f_k 为第 k 条运营线路发车频率（单位：次/h）；$P_{i,j}$ 为 i 站到 j 站的乘客人数（单位：人）；Q_{ij} 为 i 站到 j 站的换乘人数（单位：人）；W_{ij} 为 i 站到 j 站的候车时间（单位：min）；$cost_1$ 为列车单位运营成本（单位：元/列车公里）；$cost_2$ 为乘客从 i 站到 j 站的候车成本（单位：元/min）；$cost_3$ 为乘客从 i 站到 j 站的换乘成本（单位：元/次）。

乘客的平均候车时间与列车的平均发车间隔的期望值及乘客到达变异系数 v 具有以下关系：

$$E(W_{ij}) = 0.5E(t_{ij}) + v/2E(t_{ij}) \tag{9-4}$$

式中，$E(W_{ij})$ 为乘客的平均候车时间（单位：min）；$E(t_{ij})$ 为列车的平均发车间隔（单位：min）。

当发车间隔较小时，乘客到达率可视为均匀到达。由于地铁列车的发车间隔一般较小，本章取候车时间期望值为发车间隔一半，即 $E(W_{ij}) = 0.5E(t_{ij})$。

除满足 2 个基本约束条件外，还应满足以下 2 个约束条件。

约束条件 3：发车间隔的约束。

设线路 k 运营区间为 $[M_i, M_j]$，则线路 k 单位时间发车频率为

$$f_k = \frac{\max\{P_{i,i+1}, \cdots, P_{i,j}, P_{i+1,i+2}, \cdots, P_{j-1,j}\}}{A}, \quad i < j \tag{9-5}$$

假设经过该区间的运营线路共 θ 条，则两站之间的平均发车间隔 $t_{ij} =$

$1/\sum\limits_{k=1}^{\theta}\dfrac{f_k}{60}$，$t_{ij}$ 必须满足以下约束条件：

$$t_1 \leqslant t_{ij} \leqslant t_2 \tag{9-6}$$

式中，t_1 为列车最小发车间隔（单位：min）；t_2 为列车最大发车间隔（单位：min）；A 为列车的平均定员（单位：人/列）。

约束条件 4：系统总列车数的约束。

由于地铁运营线路组合，不同的运营方案，需要的列车数量不同，因此，运营方案还需考虑系统列车数量的限制。

$$\left[\sum_{k=1}^{s}\left(\frac{2L_k}{V}+2T_{折返}+T_{停}\right)\times f_k\right]\times(1+\beta)\leqslant C_2 \tag{9-7}$$

式中，V 为列车运营速度（单位：km/h）；$T_{折返}$ 为列车折返时间（单位：min）；$T_{停}$ 为列车停站总时间（单位：min）；β 为列车备用率；C_2 为系统总列车数（单位：列）。

3. 运营方案的优化流程

由于该优化模型是一个非线性问题，可以采用惩罚函数法将带非线性约束最优化问题转化为容易求解的无约束优化问题。"Y"形地铁运营方案的优化步骤如下所述。

Step1，基本控制参数的设定。

对路线的客流量进行调查分析，并设定系统的主要控制参数。

Step2，可行运营线路和运营方案的确定。

根据"Y"形地铁的特点，以及系统的约束条件，首先选择可行的运营线路，若不符合约束条件，则删除该运营线路。由可行运营线路进行组合，构成可行的运营方案，若不符合约束条件，则删除该运营方案。

Step3，运营线路客流量分配。

客流量分配原则是根据线路重叠情况，将线路分成几个区段，并找出非重叠线路区段（该区段只有一条运营线路通过），作为优先客流量分配线路（主要原因是非重叠线路没有替代的运营路线），然后在优先分配线路中找出最大站间客流量需求，求解列车的发车频率。若区段有 2 条及以上运营线路经过，则找出区段中最少重叠线路区段，该区段为优先分配线路。

Step4，将已分配过的客流量从各站间客流量分布表中扣除，并将已被分配的线路剔除。检查运量是否分配完成，否则回到 Step3，直到所有站间的运量被分配完成。

Step5，线路组合方案的优化。

以系统总成本最小作为决策目标,系统总列车数量和列车运行间隔作为约束条件,对线路组合方案进行优化。

运营方案的优化流程具体如图 9-12 所示。

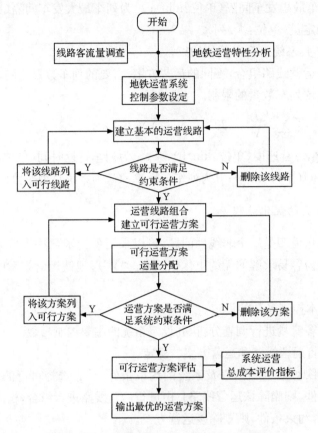

图 9-12 "Y"形地铁运营方案优化流程图

9.4.3 算例分析

1. 基本控制参数设定

假设一个简单的"Y"形地铁网络,线路共有 16 个车站。M_1 为起始站,车站 M_6 为换乘和折返车站。干线为 $M_1 \leftrightarrow M_6$,支线分别为 $M_6 \leftrightarrow M_{10}$ 和 $M_6 \leftrightarrow N_6$,具体可参考图 9-11。参考我国多个城市地铁高峰和平峰客流情况,随机产生单位时间内地铁各站间的客流量,具体如表 9-1 所示。

表 9-1　各站间的客流量分布表　　　　　　　　　（单位：人/h）

OD	M_1	M_2	M_3	M_4	M_5	M_6	M_7	M_8	M_9	M_{10}	N_1	N_2	N_3	N_4	N_5	N_6
M_1	0	620	410	380	620	520	330	350	375	210	250	210	450	520	200	250
M_2	200	0	410	350	500	300	410	320	320	450	210	620	250	550	620	320
M_3	450	650	0	250	650	650	200	200	380	620	160	380	260	450	250	189
M_4	510	320	450	0	360	560	520	156	450	480	250	250	250	400	210	250
M_5	160	560	150	350	0	450	250	420	250	560	450	160	240	510	310	250
M_6	150	360	230	520	420	0	190	160	320	350	320	152	410	280	330	350
M_7	150	325	250	190	140	640	0	501	520	350	251	350	350	750	260	169
M_8	410	210	180	250	150	280	470	0	710	200	520	210	350	300	250	400
M_9	290	265	500	198	450	500	198	340	0	120	215	520	450	250	650	120
M_{10}	160	399	250	250	301	150	520	250	450	0	330	220	150	200	230	250
N_1	320	240	180	260	420	200	530	150	290	190	0	260	650	105	450	250
N_2	150	560	250	150	210	410	110	280	320	550	400	0	560	100	250	520
N_3	200	420	380	200	360	450	140	360	250	150	450	370	0	260	720	500
N_4	241	450	165	290	210	360	380	480	260	250	250	360	510	0	650	150
N_5	510	200	460	370	150	98	150	250	285	250	380	410	830	230	0	250
N_6	150	325	250	210	110	220	140	460	310	69	160	250	690	360	150	0

对于以上地铁线网，主要可以采用 $M_1 \leftrightarrow M_6$、$M_1 \leftrightarrow M_{10}$、$M_1 \leftrightarrow N_6$、$M_6 \leftrightarrow N_6$ 和 $M_6 \leftrightarrow M_{10}$ 五条运营线路。这五条运营线路可以组合成以下四种运营方案。其中，方案 1 采用全线贯通运营方案，方案 2、方案 3 采用全线贯通和支线独立运营相结合方案，方案 4 采用干线和支线独立运营方案。

方案 1：$M_1 \leftrightarrow M_{10}$，$M_1 \leftrightarrow N_6$；

方案 2：$M_1 \leftrightarrow M_{10}$，$M_6 \leftrightarrow N_6$；

方案 3：$M_1 \leftrightarrow N_6$，$M_6 \leftrightarrow M_{10}$；

方案 4：$M_1 \leftrightarrow M_6$，$M_6 \leftrightarrow M_{10}$，$M_6 \leftrightarrow N_6$。

根据地铁的实际运营情况，地铁线路运营需达到一定的服务水平，并考虑列车运行的安全。假设列车的最大发车间隔为 15min，最小发车间隔为 2min，运营线路途经车站最少为 5 站；线路的平均站间距为 1.5km。系统的总列车数为 25 列，列车的备用系数为 1.2。

其他参数设定如下：列车的平均定员为 1860 人/列，平均运行速度为 50km/h；列车终点折返时间、非换乘站停站时间、换乘站停站时间分别为 5min、25s、40s；单位运营成本为 27 元/列·km；换乘成本为 0.26 元/次，乘客时间价值为 0.053 元/min。

2. 优化结论及分析

利用 Matlab 依据图 9-12 的流程编程求解，得到运营方案的优化结果如表 9-2 所示。优化结论表明，方案 1 采用并线贯通运营方案，虽然该方案的运营成本最高，但该方案可以大幅减少乘客的换乘和候车时间成本，使得系统总成本在所有方案中最低。例如，该方案的总换乘次数为 14129 人次，仅占总出行人数的 17%。方案 4 采用支线独立运营方案，总换乘次数为 51118 人次，占总出行人数的 64%，大多数出行都不能采用直达方式，乘客换乘和候车成本迅速增加，使得系统的总成本在所有方案中最高。但在所有方案中，方案 4 的运营成本最低，对运营者最有利。

方案 2 和方案 3 属于折中方案，采用并线贯通运营和支线独立运营相结合的混合运营方案，系统的总成本界于方案 1 和方案 4 之间。方案 2 线路 $M_1 \leftrightarrow M_{10}$ 中，$M_1 \leftrightarrow M_6$ 区段和 $M_6 \leftrightarrow M_{10}$ 区段客流量相差较大，采用合线贯穿运营，造成运量较小区段运力的浪费，系统运营成本增加。而方案 3 中的支线 $M_6 \leftrightarrow M_{10}$，采用独立运营方案，提高了系统的载运率，降低了运营成本，使得方案 3 系统总成本低于方案 2。

表 9-2　运营方案的优化结果

方案	线路组合	区间最大旅客流量/(人/h)	该路线小时班次/次	最小/最大发车时间间隔/min	是否满足约束条件1、2、3	线路所需列车数列/列	总列车数需求量/列	是否满足约束条件4	换乘成本/元	候车成本/元	运营成本/元	系统总成本/元
1	$M_1 \leftrightarrow N_6$	19256	10.35	3.07/5.75	满足	12	24	满足	3747	10177	19932	33856
	$M_1 \leftrightarrow M_{10}$	17087	9.19			9						
2	$M_1 \leftrightarrow M_{10}$	19400	10.43	5.75/5.80	满足	12	22	满足	8496	12135	15565	36189
	$M_6 \leftrightarrow N_6$	19256	10.35			7						
3	$M_1 \leftrightarrow N_6$	19400	10.43	5.75/6.53	满足	12	20	满足	7071	12591	15115	34777
	$M_6 \leftrightarrow M_{10}$	17087	9.19			5						
4	$M_1 \leftrightarrow M_6$	19400	10.43	5.75/6.53	满足	12	27	不满足	13443	12624	15073	41139
	$M_6 \leftrightarrow M_{10}$	17087	9.19			5						
	$M_6 \leftrightarrow N_6$	19256	10.35			7						

9.4.4　敏感性分析

1. 支线流量敏感性分析

干线和支线客流量的不平衡,往往会影响"Y"形地铁线路组合方案的选择,以下通过变化支线 $M_6 \leftrightarrow M_{10}$ 的客流量,分析支线客流量对运营方案的影响。由于方案 2 和方案 4 在敏感性分析时,都没能成为最优或次优方案,限于篇幅原因,其结果没有列出。方案 1 和方案 3 敏感性分析结果如表 9-3 所示。

表 9-3　支线流量敏感性分析结论　　　　　　　　（单位:元）

变化方案	方案	系统总成本	总运营成本	换乘成本	候车成本	评估结果
−20%	方案 1	32059	19142	2998	9919	次优方案
	方案 3	32040	13887	5657	12496	最优方案
−10%	方案 1	32962	19537	3372	10053	最优方案
	方案 3	33412	14501	6364	12548	次优方案
0	方案 1	33856	19932	3747	10177	最优方案
	方案 3	34777	15115	7071	12591	次优方案
10%	方案 1	34742	20327	4122	10293	最优方案
	方案 3	36136	15729	7778	12629	次优方案
20%	方案 1	35620	20722	4497	10401	最优方案
	方案 3	37489	16343	8485	12661	次优方案

从表 9-3 结论可看出,由于支线 $M_6 \leftrightarrow M_{10}$ 的客流量比干线 $M_1 \leftrightarrow M_6$ 的客流量小,当支线客流量逐渐减少时,干线和支线客流量不平衡性增大,采用支线独立运营提高了 $M_6 \leftrightarrow M_{10}$ 的客座率,有利于降低运营成本,当支线客流量减少 20％时,方案 3 成为最优方案;当支线 $M_6 \leftrightarrow M_{10}$ 客流量逐渐增大,干线和支线的客流量趋于平衡时,采用方案 1 的全线贯穿运营,可以减少列车折返时间,有利于提高运营效率。

2. 其他控制参数的敏感性分析

1） 列车发车间隔

列车发车间隔直接关系到地铁的运营成本,对发车间隔进行敏感性分析结论表明,当表 9-2 中方案 1 和方案 3 的列车发车间隔减少 15％时,方案 3 取代方案 1 成为最优方案。当列车的发车间隔逐渐增大,并线贯通运营方案营运成本减少幅度大于支线独立运营方案,方案 1 仍是最优方案。

2）单位运营成本

对地铁单位运营成本进行敏感性分析结论表明，单位运营成本变化时，乘客总换乘成本和总候车成本保持不变。当单位运营成本增加 20％时，采用全线贯通运营的方案 1 运营成本增加幅度大于方案 3，方案 3 替代方案 1，成为运营方案中最优方案。相反，当单位运营成本逐渐减少，方案 1 运营成本减少幅度大于方案 3，方案 1 仍是最优方案。

以上的分析表明，列车发车间隔、单位运营成本是影响运营方案评估的重要因素，对系统的总成本有较强的敏感性。

9.5　巴黎区域快线共线运营分析

通过上面的分析，我们明确了几种支线运营类型的适用条件。而在世界范围内，通过支线运营的方法解决城市轨道交通的主要矛盾也屡见不鲜。如日本的丸之线、法国巴黎的区域快线等，我国上海的地铁 3、4 号线也同样采取了共线运营的轨道交通运营方式。这些实例也充分证明了支线运营的技术相对已经比较成熟，适合推广到大范围使用，是解决矛盾的一个很重要的方法，为我们以后的研究提供了充分的实践基础。在这些实例中，巴黎的区域快线（即 RER 线）在支线运营方面运用最早，范围最大，也是最成熟的，非常具有代表性。下面以法国巴黎城市轨道中的 RER 线为例，具体分析在法国巴黎轨道运输大环境下，对于几种共线（支线）运营模式的选择。

9.5.1　案例背景

巴黎大区拥有 14 条地铁及全区快速铁路网，共长约 790km，以及 7400 多辆公交车，1254 条公交线路，运营长度约 18200km。巴黎市中心，60％以上的居民出行依靠公共交通，2002 年公共交通平均每天出行人次达到 800 万以上。

从建造第一条区域铁路线至今，巴黎区域铁路线的发展已经经历了 166 年，其主要功能是连接巴黎市中心与其近郊区。因此，区域线是巴黎城市轨道交通最原始的骨架，是城市综合交通的主要轴线，随着技术的不断更新，区域轨道交通线已经成为巴黎城市和城际之间的交通大动脉。

现在的巴黎 RER 线（市域快速线）是以 SNCF（法国国营铁路公司）的既有铁路为基础，在中心城区建设地下铁路新线连接两端既有铁路线的方式形成的。RER 以建立郊区与市中心之间的快速通道为其主要目的，每条线路长度基本在 100km 左右，且两端都规划了若干条直线，以扩大在市郊的辐射范围。其 5 条规划线路的郊外终点站共有 30 座，其中已建成的有 22 座，服务范围达到约 8400km，5 条线路总长度为 550km；共设有 240 座车站，平均站间距为 2.3km。以巴黎

RER-A 线为例,线路长度为 108km,中心城区段线路(从 La Defense 到 Vincenne)的平均站间距为 2.9km,中心城区以外两端区段的平均站间距为 2.3km,中心城区段线路的平均站间距大于中心城区以外两端区段的平均站间距(图 9-13)。

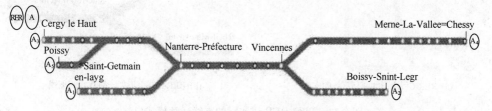

图 9-13　巴黎 RER-A 运营线路图

综上所述,RER 线的支线运营主要有以下几个特点。

1) 分段建设

RER 线网是系统规划、分段建设、逐步发展形成的。

2) 利用既有铁路线

RER 线路大部分利用了既有铁路线,并在中心城区新建地下线将两端的地面线连接起来。RER 线以地下线形式穿过市中心,与多条辐射式郊区铁路连成了一个功能完备的市郊铁路网;郊区铁路一般终止于城市近郊的铁路客站,不穿过市中心区。两者互相补充,共同运送大量而密集的上下班乘客,大大缓解了巴黎地面公共交通和老式地铁线路的压力。

3) 供电制式

RER 线采用标准制式和架空线电力牵引,RER 线路上运行的列车也能在现有的地铁线路上运行,与其他轨道交通系统可以十分方便地进行衔接和换乘。

4) 国有经营

RER 线由巴黎交通局和法国国营铁路公司共同经营管理。其线路支线多,覆盖区域广,为适应 RER 线路各区段客流不均衡而采取灵活的运营组织方式。

9.5.2　案例分析

巴黎目前长度为 550km 的 RER 线路的全日总客流量为 400 万人次,客流强度为 0.73 万人次/km。相对来说 RER 线的客流强度并不算大,而且 RER 线在中心城区段存在与之平行的地铁线路,从而使位于中心城区段的 RER 线路主要承担贯通郊外铁路线的作用。从客流需求方面看,对 RER 线在城市中心区段运输能力的要求不高,而属于支线方向的站点有客流量的需求,同时干线 AB 两点的运输能力仍能满足 AB 间的客流需求。因此应该使用如两岛三线式或一岛双线式,而在 RER 线的实际建设情况中,使用的也正是这两种支线运营模式,如图 9-14 所示。其中,图 9-14(a)为 RER-C 运营线的一部分,图 9-14(b)为 RER-A 运营线的一部分。

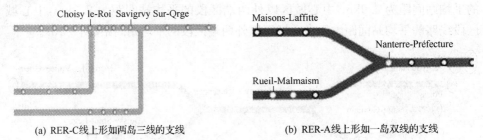

(a) RER-C线上形如两岛三线的支线   (b) RER-A线上形如一岛双线的支线

图 9-14   巴黎 RER 线实际的支线运营模式(1)

　　如前所述,RER 线主要承担的是贯通郊外的作用。早在 1965 年,为给卫星城提供交通服务,在巴黎市长的直接领导下,大巴黎地区城市总体规划设计了 3 条 RER 线。因此,RER 线的大部分线路如 A、B、D、E 线,都是在市郊进行支线的分岔。而 RER-C 线除承担联系市中心和郊区的任务之外,还承担把城市中心区更多的站点联入路网以方便乘客换乘的任务。所以 RER-C 线有部分支线分岔点在城市中心区,因此,根据前述分析,若支线分岔点在市中心区,则应采用两岛三线式和两岛四线式运营类型,而当支线分岔点在市郊且客流同时分为多个方向时,应采取一岛双线式运营类型。在 RER 的实际建设中,相对于支线分岔点的两种地理位置,分别采取了两岛三线式和一岛双线式运营类型,如图 9-15 所示。其中,图 9-15(a)为 RER-B 线在郊区分岔,图 9-15(b)为 RER-C 线在市区分出支线。

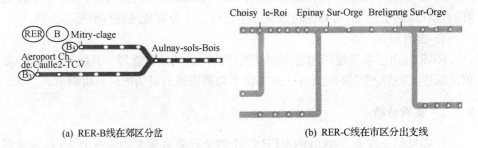

(a) RER-B线在郊区分岔   (b) RER-C线在市区分出支线

图 9-15   巴黎 RER 线实际的支线运营模式(2)

9.5.3 典型站线路布置形式

1. 多条线路衔接站

　　随着城市轨道交通线网的进一步完善,将会出现不同线路的共线、共站情况,这也是城市轨道交通实现网络化运营的必要条件。实现多条线路衔接,对线路和车站的设置有一定要求。合理设置侧线、存车线和相应的联络线是十分必要的。RER-B 线沙特莱站(图 9-16)是一个很有代表性的线路衔接站,多组交叉渡线和配线的合理布置使列车运行非常灵活,转线方便。

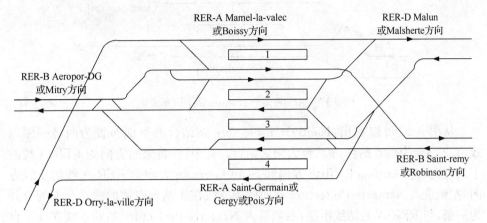

图 9-16　沙特莱车站平面布置图

　　沙特莱站位于巴黎的市中心地区,RER-A、RER-B、RER-D 三条线路均从此通过,是 RER 线上一个很大且很重要的多条线路衔接及换乘站。从图 9-16 可以看出,沙特莱站站台的平面布置为 4 岛 7 线,4 个换乘站台全部为岛式站台,岛式站台的设计使乘客在同一个站台上就可以上下车且能够分别乘坐站台两边的列车,大大方便了乘客的换乘。如图所示,左侧进站列车中,RER-B 与 RER-D 及 RER-A 方向的右侧出站列车在 1 站台换乘;同时,RER-B 线在站内分出一条支线,通过 2 站台后与干线合并,这条线的存在使乘客在乘坐 RER-B 线进入沙特莱站后,在 2 站台处同样可以换乘去往 RER-A、RER-D 方向的列车。右侧进站列车中,RER-B 与 RER-D 及 RER-A 方向的左侧出站列车在 4 站台换乘;同时,RER-D 在车站内分岔,分为 4 以下、3 和 4 之间、2 和 3 之间这 3 条线路,这种设计在保证 RER-D 可以在 4 站台换乘 RER-A 和 RER-B 之外,乘客可以在 3 站台乘坐去往 RER-B 方向的列车。RER 线的这种布线模式使列车的运行线路灵活多样,可以根据乘客的需要灵活发车,很好地满足了巴黎市区居民的出行要求。

　　2. 分岔站

　　RER 线的支线较多,因此对分岔车站的设置有一定的特殊要求。分岔站的布置要解决的主要问题就是避免干线和支线之间的行车干扰以及方便乘客的换乘。RER-A 线上的 Nanterre-Préfecture 站位于巴黎市中心与市郊的分界点,是 RER-A 干线与支线连接处的一个车站,是分岔站的一个典型代表,其站台的平面布置图如图 9-17 所示。

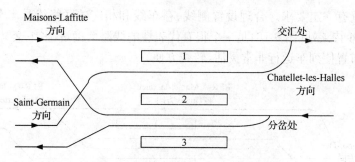

图 9-17 Nanterre-Préfecture 站平面布置图

从图 9-17 可以看出，Nanterre-Préfecture 站站台的平面布置为两岛一侧四线，1、2 站台为岛式站台，3 站台为侧式站台。其中，沙特莱站方向为 RER-A 线的干线方向，而 Maisons-Laffitte 方向和 Saint-Germain 方向为 RER-A 线的支线方向，左侧进入 Nanterre-Préfecture 站的两条支线在 1 站台右侧的轨道交汇处合并为一条，与 RER-A 的站线衔接；右侧进入 Nanterre-Préfecture 站的干线在 3 站台右侧的轨道分岔处分为两条支线，分别通向 Maisons-Laffitte 方向和 Saint-Germain 方向。如图所示的布置形式干支线之间的行车干扰很小，而且支线上 Saint-Germain 方向来的乘客可以非常方便在同站台换乘干线上的列车。

为了更好地利用现有资源，最大限度地满足客流的需求，RER 线的列车开行模式灵活，而在 Nanterre-Préfecture 站上，这一灵活的开行方案体现得更为典型，在 RER-A 线的列车时刻表中可以看出，在不同时间段里，Nanterre-Préfecture 站相对方向的发车频率是不一样的。以 5：00～7：00 为例，巴黎 RER-A 线列车运营情况如表 9-4 所示。

表 9-4　巴黎 RER-A 线列车运营情况(5：00～7：00)

方向	时段	行车密度/(列/h)	平均发车间隔/min	首车时间
市区→郊区	5：00～6：00	3	7	5：44
	6：00～7：00	10	6	
郊区→市区	5：00～6：00	8	7	5：07
	6：00～7：00	11	4	

从表 9-4 中可以很清晰地看到，往市区方向首车时间为 5：07，而往郊区方向首车时间为 5：44，相差了近 40min；而 5：00～6：00 的时间段，进入巴黎市区的列车有 8 辆，而进入郊区的只有 3 辆。这些都说明 RER-A 线列车的开行考虑到了乘客的需求，早上的客流大多数都是因为上班而往市区流动，因此开往市区的线路开行较早，且车次也多。

同样,对于两个方向列车在 23:00～1:00 时间段的比较如表 9-5 所示。

表 9-5　巴黎 RER-A 线列车运营情况(23:00～1:00)

方向	时段	行车密度/(列/h)	平均发车间隔/min	末车时间
市区→郊区	23:00～24:00	8	7	01:13
	24:00～1:00	9	7	
郊区→市区	23:00～24:00	8	7	00:38
	24:00～1:00	5	9	

从表 9-5 可以看出,开往巴黎市区的列车最后一班是 00:38,而开往郊区的最后一趟列车达到了 01:13,且 23:00 之后,开往巴黎市区的列车共有 13 辆,而开往郊区的列车则多达 19 辆。其原因是晚上的回家客流主要面向郊区,体现了 RER-A 线开行方案人性化的特点。

综上所述,共线运营对于提高线网通达性具有显著优势,并且在巴黎区域快线的轨道交通线网中得到了成功的应用。值得指出的是,不同制式线路之间的不兼容性,可能是实现共线运营的主要障碍。

第10章　多交路列车运营组织技术

10.1　概　述

多交路运营,是指针对较长线路上客流分布的区段差异性,某一运营商在同一线路上开行两种或两种以上交路形式列车的运输组织方法。从功能上看,多交路运营主要服务于中心城和市郊之间的长、短距离出行并存的线路。

多交路的行车组织方式,一方面可以促进运力与需求的更好匹配,另一方面还可以节约列车资源,确保全线各客流区段内列车的合理负荷与服务水平。显然,多交路运营对于满足长线路的运输需求、提高服务水平和运营效益、有效利用运输能力具有十分明显的作用。

一般而言,在穿行于城市中心区、边缘区与郊区的长线路上设置多交路,与城市空间布局存在相互适应的关系,如图 10-1 所示。

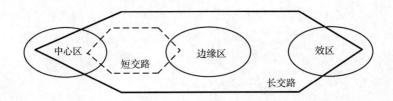

图 10-1　长短交路适应城市空间布局的示意图

与全线采用单一交路相比,采用多交路运营组织方式主要有以下 4 个特点。

1) 适应客流需求

多交路运营基本要求和目的就是根据客流特征设定交路组合,以在最大程度上适应客流发生规律,缩短乘客候车时间。

2) 提高运营效率

通过多交路运营组织,可以有效提高各个交路的列车装载率,能加快短交路列车的周转,从而降低运营成本,提高运营效率和收益。

3) 折返站等设施设备要求

对折返站相关地面信号的设置要求较高。无论是单向还是双向折返,都需要较为复杂的折返作业。

4) 列车的直达性

在全线由短交路衔接的组织方式下,运行在区段的车流需在折返站清客,所有列车需在站或站折返换端,列车运行间隔时间较长。同时,在折返站(换乘站)容易形成相对大客流,站台客流的压力较大。

10.2　多交路运营组织方式划分

10.2.1　按交路组合方式

多交路运营根据组合方式不同,可以分为嵌套交路和衔接交路两种。

1) 嵌套交路

又称长短交路套跑、大小交路套跑。长短交路列车在线路的部分区段组合运行,长交路列车到达线路终点站后折返、短交路列车在指定的中间站单向折返。根据嵌套的短交路的折返位置,还可以进一步分为两种类型,如图 10-2 所示。

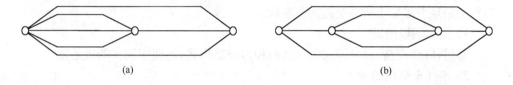

(a)　　　　　　　　　　　　　　　　　　(b)

图 10-2　嵌套交路示意图

其中,嵌套交路(a)是最基本的多交路组织形式,法国巴黎 RER-B 线北段高峰时段的列车交路即采用了这种交路形式。嵌套交路(b)往往出现于某个时段,如日本东京营团地铁丸之内线,在早高峰即采用了这种交路形式,嵌套层数甚至达到了 3 层。

采用嵌套交路可以有效提高各交路的列车装载率,并加快短交路列车的周转。

2) 衔接交路

衔接交路是若干长短交路的组合衔接(或交错)。列车只在线路的某一区段内运行、在指定的中间站折返。采用衔接交路可以灵活制定各交路的列车时刻表,从而提高各交路的列车装载率,并加快列车的周转。

根据衔接的交路是否同站折返,还可以进一步分为同站衔接和交错衔接两种类型,如图 10-3 所示。同站衔接是长短交路在同一个车站衔接并折返,交错衔接是长短交路在某一区段重叠设置,并在对方的交路内折返。

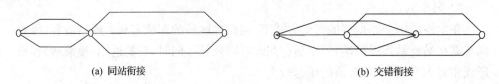

（a）同站衔接　　　　　　　　　　　　　　　　　（b）交错衔接

图 10-3　衔接交路示意图

目前轨道交通运营组织中同站衔接的形式较为常见，法国巴黎 RER-B 线南段、北段的交路即采用了这种形式，从而使南北段衔接为一个整体。但同站衔接对折返站的折返能力要求较高，同时，若同站衔接交路的中间折返站为断面客流出现明显落差的车站，则可能出现站台负荷过饱和的问题，此时适宜采用交错衔接交路，使不同列车交路的中间折返站错开设置。

10.2.2　按交路是否同车辆段始发

交路的设置必须适应线路的车辆段和折返站的设置情况。对于上述 4 种多交路组织形式，有一个很明显的异同点，即短交路是否和长交路在同车辆段折返，亦即短交路是否起始于所在交路的车辆段。

1）同车辆段始发

显然，嵌套交路（a）与同站衔接这两种多交路形式，均属于同车辆段始发。

2）不同车辆段始发

嵌套交路（b）与交错衔接这两种多交路形式，均属于不同车辆段始发。

嵌套交路（b）的列车从车辆段牵出后，在短交路两端的折返站之间运行。交错衔接交路的列车，分别从线路两端的车辆段出发。这种多交路形式要求较长的线路两端均设有车辆段，其中一个规模较小，仅需配备停车和列检设施即可。如日本东京营团地铁有乐町线，全长 28.3km，配备了和光车辆段和新木场车辆段，其中前者仅为检修段，后者为 CR 工厂（car renewal，具体概念详见 5.5.2 节）。

日本东京营团地铁的 4 号线丸之内线的"池袋—荻洼"区段在高峰平峰采用了不同的交路形式，其中早高峰的交路是典型的不同车辆段始发的多交路形式。该线高峰时段的列车交路如图 10-4 所示。

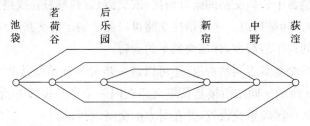

图 10-4　东京丸之内线（4 号线）高峰时段列车交路示意图

比较嵌套交路(b)与交错衔接交路在长短交路上直通和换乘上的比例。显然,后者在双交路区间上的效果与前者相似,但消除了单双交路之间的换乘,即单双交路之间的通达性较好。

综上所述,根据短交路折返点的设置,可以分为单向折返和双向折返,进一步考虑折返站的站台设置,有单站台双向折返和双站台双向折返。一般的,从有利于列车开行方案的角度看,双站台双向折返优于单站台双向折返,双向折返优于单向折返。

10.3　多交路运营适用性分析

10.3.1　客流空间分布特征

符合轨道交通沿线客流的空间分布特征是列车运行交路设置的基本要求。多交路运营组织只有在轨道交通线路各区段断面客流分布不均衡程度较大时,才有必要研究设置;否则,采用单交路即可。

一般而言,当线路断面客流分布呈单向递减趋势时,可选用嵌套交路(a)或衔接交路(a);当线路断面客流分布呈先增后减趋势(凸形)时,可选用嵌套交路(b)或衔接交路(b)。

当然,线路各区段断面客流分布不均衡,仅仅是多交路运营组织的必要条件而非充分条件,除此以外,还需从乘客服务水平和运营经济性两个主要方面,进一步确定交路组合方案的适用性。

下面以东京地铁 3 号线银座线为例,简单阐述交路设置与客流空间分布特征的关系。

银座线全长 14.3km,全线位于东京都内,连接台东区的浅草站和涩谷区的涩谷站。从走向上看,银座线在东京都内南北贯穿中心城区后分别南端向西、北段向东延伸;从地理位置上看,线路可分为中心区段(涩谷—上野)和近郊区段(上野—浅草)。在中心区,银座线途经日本桥、银座、新桥、赤坂、青山、涩谷等商业街,客运需求大,2008 年全线日均客运量 107.3 万人次。银座线早高峰的多交路运营组织形式如图 10-5 所示。

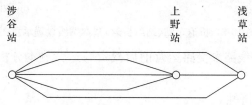

图 10-5　东京银座线(3 号线)的早高峰交路示意图

根据线路客流统计数据,涉谷—上野段,平均高峰小时断面客流量超过 2 万人次,其中,赤坂见附—溜池山王区间的断面流量达到 30682 人次,上野—浅草段平均高峰小时断面流量为 1.2 万~1.4 万人次。

相应的,早高峰时段,涉谷—上野区段开行短交路,发车间隔 6min,高峰小时发车 10 对;全线开行长交路,平均发车间隔 3min,高峰小时发车 20 对。从而,短交路的高峰小时列车开行对数达到 30 对,平均追踪间隔 2min,小时断面运输能力为 18240 人次;上野—浅草段高峰小时列车开行对数达到 20 对,平均追踪间隔 3min,小时断面运输能力为 12160 人次。

银座线的运营数据表明,对于跨越市郊边缘区的长线路,全线断面客流分布不均衡,当高峰小时市区段断面客流超过 2 万人次,而郊区段的客流低于 1.5 万人次时,可考虑在该段独立设置短交路,与全线的长交路结合运营。短交路折返站的设置区段,通常位于城市边缘区。一般而言,该区域内的车站增设折返线的施工条件较为宽松,提高了运营组织的可控性。

10.3.2　经济性

与多交路运营的经济效益相关的要素主要包括以下 3 个方面。

1) 投资、运营成本经济性

一方面,与单一交路相比,采用多交路运营组织能提高列车装载率、加快列车周转、减少运用车数,从而提高车辆运用经济性,降低运营成本。

另一方面,采用短交路的线路,必须在相应中间站铺设折返线、道岔,安装信号设备、换乘设施,从而增加了建设投资和设备购置费用以及日常运营管理和维护费用,其中折返站台的设置是主要的投资成本。

站后折返是最常见的折返车站设置方式,如图 10-6 所示。其中,图 10-6(a)为单向折返,图 10-6(b)为双向折返。一般而言,增加折返线是设置折返车站的主要追加成本,其中,单向折返站约为 300 万元(地下)或 200 万元(高架),双向折返站约为 600 万元(地下)或 300 万元(高架)。

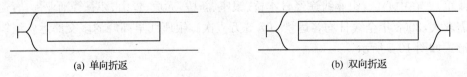

　　　(a) 单向折返　　　　　　　　　　　　　　(b) 双向折返

图 10-6　折返车站(站后折返)基本站线设置示意图

因此,必须做好线路多交路运营前后投资与运营成本分析,使其满足经济性要求。

2) 交路作业经济性

一般的,列车运行时间由 3 部分组成,分别是区间运行时间、停站时间和折返时间。其中,区间运行时间通过线路情况和牵引计算总结的经验公式得出。

折返时间定义为,从列车停站下客开始,折返到另外一个方向的线路上停站上客的时间。其中,最为常见的是站后折返方式。

与普通交路相比,嵌套交路需要设置中间折返站。在单向折返时,短交路列车的折返作业与长交路列车的到发作业有可能产生进路干扰。

与嵌套交路相比,同站衔接交路需要设置的中间折返站是双向折返,折返作业复杂性更高。在双向折返时,两个方向的短交路列车的折返作业有可能产生进路干扰。

在干扰条件下,线路折返能力、最终通过能力均有不同程度的降低。因此,必须计算多交路运营造成的线路通过能力损失,确定因此可能导致的区段运能不足而造成的运营效益损失。

3) 运营组织经济性

采用多交路的运营组织方案的复杂性,集中体现在短交路中间折返站的选择上。一般而言,中间折返站应选择在断面客流出现明显落差的车站。其计算公式如下:

$$D = [(100\% - P_1) + (200\% - P_2)]/2 \tag{10-1}$$

式中,P_1 为车站下行方向两端区间断面客流比(单位:%);P_2 为车站上行方向两端区间断面客流比(单位:%)。

D 与 P_1、P_2 的函数关系如图 10-7 所示。显然,D 值越大,对应车站的断面客

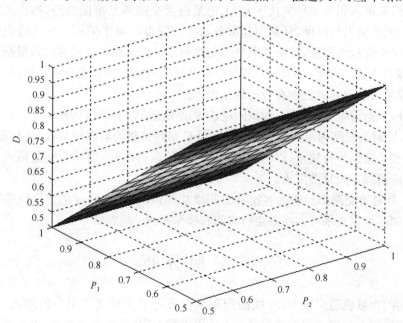

图 10-7　断面客流落差函数关系图

流落差也越大。根据东京地铁银座线的经验数据,当 $D \geqslant 75\%$ 时,可考虑以该站为中间折返站设置短交路,从而提高短交路的运能和车底运用,提高经济效益。

然而,D 值的增大往往伴随着该站乘降客流量的增大。这类车站往往是沿线最主要的乘客集散点,到发客流量巨大(远超过上游和下游的各站),设为中间折返站将加剧该站的负荷,容易造成乘客上下车、进出站的延误,进而与列车站停时间互为影响,甚至导致到发晚点,降低了运营效益和社会经济效益。因此,当 D 值超过 100% 时,可以考虑将折返站设于该站的下游车站。

此外,列车进入折返线作业是不允许带客的,因此,在选择中间折返站的位置时,必须考虑站停清客时间对列车开行方案的影响。一般的,可以考虑将其选择在断面客流出现明显落差的前方车站,以降低车站的负荷程度,同时缩短站停清客时间和折返出发时间间隔。

10.3.3　乘客服务水平

与普通交路相比,采用嵌套交路由于短交路占用的列车数和运行区间,在开行列车对数总量不变(列车追踪时间固定)的情况下,部分乘坐长交路列车的乘客的候车时间将增加。

与嵌套交路相比,采用衔接交路,则跨交路(区段)出行的乘客需要换乘,由此增加全程的旅行时间。

总之,从乘客服务水平的角度看,无论是嵌套交路还是衔接交路,都会从不同方面增加乘客的出行时间,从而引起服务水平的降低。对于采用短交路的线路而言,服务水平降低的程度,取决于乘坐长交路列车或跨区段出行乘客的数量及其占全线乘客的比例。因此,必须做好开行全线各区间分断点的客流分析与预测,确保长交路或跨区段乘客的比例在合理的范围内。

此外,从运营组织的角度,对该问题的辅助解决方法有以下两种。

(1)针对长交路列车的乘客候车时间延长和跨交路的乘客增加换乘时间的情况,往往在长交路开行快车,以缩短长距离区间的运行时间;而在短交路则仍开行慢车,适应沿线客流集散需求。

(2)针对跨交路出行的乘客换乘时间增加的情况,往往通过优化设计换乘组织,最大幅度地缩短乘客的换乘走行时间和候车时间。

10.4　案 例 分 析

巴黎的市域轨道交通 RER 线的列车运行采用了多种交路组合的形式,并在实际运营组织中获得了很好的效果。下面以巴黎 RER-B 线北段为例,进一步探讨多交路运营组织方案的应用。

10.4.1　线路概况

RER-B 线是贯穿大巴黎区南北主轴、两端向东西延伸的市域线,于 1977 年建成通车,并于 1994 年建成延长支线。目前,线路由 1 条干线和 2 条支线构成,全长 80.0km,设站 47 座。RER-B 线以 Gare du Nord 站为中间折返站,其中,Gare du Nord—Aulnay—Mitry-Claye/Aeroport-CDG 为 RER-B 线北段,有 2 个支线,一线去往卫星城 Mitry-Claye,另一线去往 CDG 机场。RER-B 线北段的站点设置如图 10-8 所示。

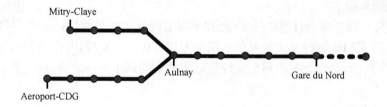

图 10-8　巴黎 RER-B 线北段主要站点示意图

10.4.2　交路组织

RER-B 线沿线具有多个客流显著变化点。2008 年,根据客流特征,高、低峰列车的开行采取了不同的交路运营形式,北段高峰时段和非高峰时段的列车交路组织如图 10-9 所示。

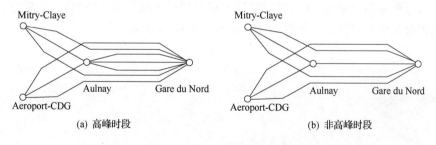

(a) 高峰时段　　　　　　　　　　(b) 非高峰时段

图 10-9　巴黎 RER-B 线北段的列车交路组织示意图

在 RER-B 线北段高峰时段运行的城市轨道交通列车采用了 3 个交路,其组织形式包括了 10.2.1 节介绍的两种[嵌套交路(a)、衔接交路(b)];而在非高峰时段采用了 2 个交路。

各时段均以 Gare du Nord 站为始发站。高峰时段的列车开行数量为 20 对/h,其中,以 Aeroport-CDG 为终点站的 8 对,以 Mitry-Claye 为终点站的 8 对,以 Aulnay 为终点站的 4 对;非高峰时段的列车开行数量为 12 对/h,其中,以 Aero-

port-CDG 为终点站的直达列车和站站停列车各 4 对,以 Mitry-Claye 为终点站的
4 对。

10.4.3　乘客引导系统

在存在多交路的线路上,对于乘客出行来说,即时、准确地获取列车运行信息
至关重要。根据列车时刻表,对应于多交路的运营组织形式,RER-B 线全线全日
共有 20 余种列车运行组织方式。RER-B 线路主要通过以下方式提供指引向导信
息,组织与引导客流乘坐相应的列车。这些方式行之有效,值得借鉴。

1) 列车指示

RER-B 线全线全日组织的 20 余种列车运行方式的名称均以 4 个字母的缩写
形式表示;采用该运行方式的列车标识与方式名称一一对应,并作为列车车头标识
的前缀。从而,站台公布的列车运行信息与进站的列车一一对应,避免乘客误乘或
错过列车。

2) 候车指示

通过站台屏幕显示未来 5 班列车的到站时间、列车标识和终点。

3) 车内指示

车内指示系统主要有车载指示牌和广播两种。

车载指示牌:车厢内的停靠指示牌,罗列该车全程的车站,以亮灯、闪烁等方式
表示前方停靠站。

广播:车内广播,即时通知到站、终点、换乘、甩站等信息。

通过乘客引导系统,使乘客清楚地了解各列车途经车站和终到地点,避免了乘
客因错乘车辆而导致出行延误,同时,也避免了列车资源的浪费。

第 11 章　快慢列车结合运行组织方法

11.1　概　　述

快慢列车结合,是从运输组织适应客流特征的角度出发,根据线路的长、短途客流特点和通过能力利用状况,在开行站站停慢车(以下简称"慢车")的基础上,同时开行越站、直达快车(以下简称"快车")的列车开行方案。快车停靠车站选择是确定城市轨道交通快慢车结合开行方案时需解决的首要问题之一。

从轨道交通线路适应运输需求特征的角度出发,位于市区范围内的轨道交通线路,各站的乘客乘降量大且分布较为均衡,通常采用站站停的开行方案;而在市域快轨一类的长线路上,各区段断面客流分布常为阶梯形或凸字形,断面客流不均衡程度较大,单一的站站停的开行方案难以满足乘客的出行需求。

从提高轨道交通线路的运输供给能力角度出发,一方面,为了充分发挥轨道交通的作用,要求设置足够数量的车站,一般城市轨道交通的站间距为 1km 左右(巴黎、东京市区最小站间距甚至不足 0.5km);另一方面,列车频繁的停站降低了旅行速度,也延长了乘客出行时间,同时其运行效率以及对线路的客流吸引力降低。因此,增设车站与缩短旅行时间是一对矛盾,这种矛盾随着线路增长而加剧。

开行快慢车可以有效减小轨道交通线路不同区间客流特征及列车频繁停站对线路运输的影响。

此外,长短交路的组合会带来部分乘客旅行时间的延长:长交路列车部分乘客的候车时间延长,跨交路出行的乘客需要换乘。针对这一情况,存在多交路运营的线路,往往配合开行快慢车的运营组织形式,在高峰时段和非高峰时段编制不同的列车时刻表,在一条线路上开行快车和慢车:在长交路开行快车,以缩短长距离区间的乘客旅行时间;而在短交路则仍开行慢车,适应沿线客流集散需求。

多交路运营和快慢车结合的网络化运营的一般形式如图 11-1 所示。

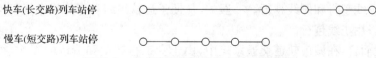

图 11-1　多交路运营和快慢车结合示意图

市域轨道交通线开行快车后,能提高列车的旅行速度,缩短旅行时间,为长距离乘客提供更高水平的服务;同时可提高列车的运营效率,减少运营车辆数。但也会带来一定的负面影响,如由于列车越站运行,被越行车站的客运服务水平将有所下降,平均候车时间增加;在列车密度较高的情况下,快慢列车间将发生越行,降低了线路的通过能力。此外,过多的越行站会导致工程难度与工程造价的增加;而过少的越行站必然会影响线路的通过能力及列车的始发均衡性。因此,需要研究在满足一定的通过能力条件下,快慢列车的开行方案、合理的发车间隔组合、越行站的数量以及越行地点选择等相关问题。

11.2　快慢车结合运营类型

快慢车结合的运营组织,根据快车越行方式的不同,可以分为站间越行和车站越行两种。

11.2.1　站间越行

此类越行方式,一般要求越行区段为 3 线(双向共用越行线)或 4 线,快慢列车在线路的部分区段追踪运行,快车通过越行线越行慢车。

RER-B 线北段的 Aulnay 至 Gare du Nord 是 4 线区段,即是采用站间越行的方式;且快慢车在该区段停靠不同站台,从而实现快慢车之间的越行。

11.2.2　车站越行

此类越行方式,要求越行车站配备侧线。越行车站股道的一般设置方式如图 11-2 所示,包含 2 条正线(股道Ⅰ、Ⅱ)和 2 条侧线(股道 3、4)。

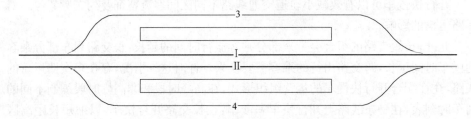

图 11-2　越行车站基本站线设置示意图

根据快车是否通过侧向道岔进入侧线(股道 3、4)越行,还可以进一步分为两种类型:正线越行和侧线越行。一般的,从便于运营组织和保障快车运行速度的角度考虑,采用正线越行。

一般而言,在城市轨道交通系统中,由于受工程难度和造价的影响,很难做到在每一个可能发生越行的车站设置越行线。因此,可以通过调整列车在始发站的间隔来改变列车的越行地点。这种方法可以在既保证通过能力的同时,又能保证列车在合适的车站越行。另外,列车在上下行区间需要设置的越行站不一定是同一车站,可以根据需要考虑在某些车站设置单方向的越行线。

11.3　运营适用性分析

11.3.1　客流空间分布特征

符合客流的空间分布特征是快慢车开行方案适应性的基本依据。越站、直通快车只有在线路较长、存在长距离出行需求(如远郊通勤、跨城出行等)时,才有必要研究设置。

以东京地铁 5 号线东西线为例,阐述快车越行站与客流空间分布特征的关系。东西线路线自东京都中野区的中野站至千叶县船桥市的西船桥站。东西线的快慢车站停方案如图 11-3 所示。

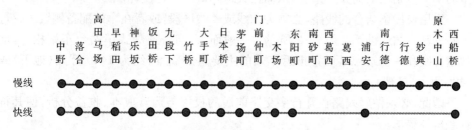

图 11-3　东京地铁东西线(5 号线)的站停方案

2008 年,东西线各个车站的乘客乘降量如表 11-1 所示。

表 11-1　2008 年东京地铁东西线(5 号线)各站日均乘客乘降量

车站	中野	落合	高田马场	早稻田	神乐坂	饭田桥	九段下
乘降量/人	—	21380	187458	70524	39209	166617	147422
车站	竹桥	大手町	日本桥	茅场町	门前仲町	木场	东阳町
乘降量/人	51633	294236	174483	125004	106733	69830	126542
车站	南砂町	西葛西	葛西	浦安	南行德	行德	妙典
乘降量/人	52660	99629	96422	75414	50652	54919	44666
车站	原木中山	西船桥					
乘降量/人	22613	—					

可以看出,位于东京都中心区的东阳町站(含)以西的区段,无论快慢车,均全程站站停开行,以满足城市地铁的运营需求;快车在东阳町站以东的车站越行,以满足郊区快速出行的需求。

其中,东阳町站与南砂町站的乘降量变化急剧,从日均 126542 人骤降到52660 人,作为越行站上游的经停站;越行车站的乘降人数明显较少,特别是浦安与西船桥之间的车站,日均乘降量均仅为5万人左右。

综上所述,对于跨越市郊边缘区的长线路,全线各站乘降量分布不均衡,可设置快慢车结合开行;从乘客乘降量上看,日均乘降量10万以上的车站一般设为快车经停站,日均乘降量5万及以下的车站设为快车越行站,经停慢车。

11.3.2 经济性

快慢车结合的运营组织模式下,运营公司的经济效益主要体现为运营成本的降低,主要包括两个方面:一方面可以优化车底运用,与一般开行方案相比,采用快慢车结合的运营组织方式提高了列车装载率,从而提高车辆运用经济性,降低运营成本;同时,随着地铁列车性能的提高,开行快车更能充分发挥列车的技术速度优势,经济效益更加明显。另一方面,就运营成本中的能耗而言,与慢车相比,由于快车的牵引与制动工况大大减少,从而极大地降低了运行能耗。

采用快慢车结合的线路,必须为3线或4线区段,或者在车站配备侧线。越行车站的基本站线设置如图11-2所示。一般而言,与普通岛式单站台车站相比,增加越行线和一个站台是设置折返车站的主要追加成本,约为1400万元(地下)或1100万元(高架)。

因此,必须做好线路在开行多交路前后的投资与运营成本、收益分析,使其符合经济性要求。

11.4　开行快车的运营经济效益分析

开行快车的运营经济效益主要体现在降低运营公司的运营成本与乘客出行的广义费用两个方面。

11.4.1 运营成本降低

越站列车是针对列车的运营组织,而城市轨道交通在列车方面的运营成本,主要是车底使用与列车能耗。

对于前者,与慢车相比,开行快车能加快车底周转,从而提高车辆运用经济性,降低运营成本。随着地铁列车性能的提高,开行快车更能充分发挥列车的技术速度优势,经济效益更加明显。

对于后者,分析列车运行中电能实际消耗的决定因素主要有线路与车站类型、目标运行速度、列车牵引重量、机车性能、停靠站情况、操纵策略等。就这些因素而言,在同一线路上,与慢车相比,快车的差异性主要为停靠站情况及其相应的操纵策略的变化,具体表现为运行过程中快车的牵引与制动工况较慢车大大减少,从而极大地降低了运行能耗。

以下基于某城市的实际轨道交通线路,分别模拟站站停和中途不停站的直达(以下简称直达)这两种开行方案,比较其能耗的差异并作分析。

设定如下的列车牵引计算模拟运行基本信息。

(1) 线路全长 5.1km,设 4 个车站,记为 A、B、C、D 四站,站间距分别为 1.45km、2.15km 和 1.50km。

(2) 区间限速:80km/h。

(3) 列车:扬子江 WG6100E 型地铁列车,列车牵引重量为核定载重。

计算能耗结果如表 11-2 所示。

表 11-2　两种开行方案下的能耗对比

开行方案	区间	牵引能耗 /(kW·h)	惰性能耗 /(kW·h)	制动能耗 /(kW·h)	区间能耗 /(kW·h)	全线总能耗 /(kW·h)	节能百分比 /%
站站停	A—B	29.272	29.030	0.693	58.995	207.672	
	B—C	29.272	57.609	0.634	87.515		
	C—D	29.276	31.201	0.685	61.162		11.7
直通	A—B	29.272	34.953	0.000	64.225	183.389	
	B—C	11.957	61.452	0.000	73.409		
	C—D	5.983	39.022	0.750	45.755		

注:模拟软件采用"城市列车运行计算系统(V2.0)"(刘剑锋,毛保华等,2005),下同。

可以看出,采用跨 2 站的越行方案比站站停的运行方案节约能耗 11.7%。

比较两种方案的各种工况的能耗,直通方案较之于站站停方案,在各区间均有牵引与制动能耗低而惰性能耗高的情况;比较直通方案下的三个区间的能耗,有牵引能耗递减的现象。由此可见,越行方案通过采用更多的惰性工况,减少了牵引和制动的能耗,从而降低了总能耗。

对比两种开行方案下的各区间的能耗,如图 11-4 所示。直通方案较之于站站

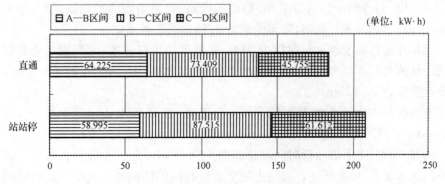

图 11-4　两种开行方案下的区间能耗对比

停方案,在 A—B 区间的能耗略大,而在 B—C、C—D 区间的能耗均明显较小,且缩小幅度有所增大:B—C 区间节能 16.1%,C—D 区间节能 25.2%。因此,从这一趋势来看,随着越行车站站数的增加,快车的节能比例提高。

11.4.2　旅行时间缩短

旅行时间,是决定乘客出行广义费用的主要因素;开行快车,即是通过缩短旅行时间,以降低乘客出行广义费用。

在一条线路上,快车与慢车的旅行时间差,决定了快车的乘客获得的时间效益,是衡量快车开行方案的重要指标。该时间差一般直观地理解为慢车在被越行车站的站停时间;事实上,它还应包括慢车因进出站而加减速导致的区间运行时间较快车的延长值。

假设一条开行快车的线路,由 m 个越行区间(单个越行站或多个连续越行站的相邻上下游车站之间的线路区间)组成,每个越行区间包含 k 个越行站,则该线路上快车与慢车的旅行时间差为

$$\Delta t = \sum_{j=1}^{m}\Big[\sum_{i=0}^{k}(t_{sji}-t_{qji})+\sum_{i=1}^{k}t_{pji}\Big], \quad i=0,1,\cdots,k, j=1,2,\cdots,m$$

(11-1)

式中,Δt 为一条线路上的快车与慢车的旅行时间差(单位:s);t_{qji} 为快车在越行区间 j 从车站 i 到车站 $i+1$ 的旅行时间(单位:s);t_{sji} 为慢车在越行区间 j 从车站 i 到车站 $i+1$ 的旅行时间(单位:s);t_{pji} 为慢车在越行区间 j 的车站 i 的站停时间(单位:s)。

采用和上例相同仿真软件和技术参数,比较站站停和直达这两种方案下的旅行速度的差异并作分析。

为强调单纯由于进出站的因素导致工况变化对全程运行时间的影响,此处简化站站停方案的时间曲线为不含站停时间。两方案的列车运行速度与时间曲线如图 11-5 和图 11-6 所示。可以看出,相同的线路上,采用同样的地铁列车,分别采用站站停和直达的开行方案,列车的速度-时间曲线差异明显。

站站停运行的全程运行时间为 314s,站间平均运行速度(总里程与全程运行时间的比值)为 58.08km/h;假设两站均站停时间 90s,则全程旅行时间为 496s,平均旅行速度为 37.02km/h。

直达的平均旅行速度(即站间平均运行速度)为 65.85km/h,比站站停提高了 28.83km/h(77.8%)。

两种开行方案下的运行时间对比如表 11-3 所示。进一步分析在运行区间长度不同的情况下,缩短的运行时间占慢车运行时间的比例和单位公里运行时间缩短值。

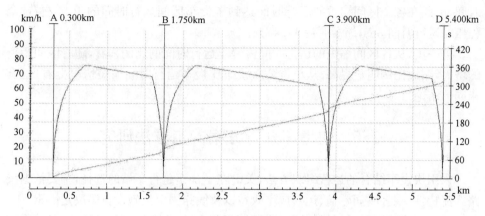

图 11-5　站站停的速度-时间曲线

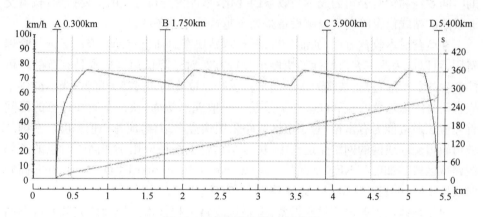

图 11-6　直达的速度-时间曲线

表 11-3　两种开行方案下的时耗对比

开行方案	区间	距离/km	运行时间/s	时耗缩短比例/%	单位公里缩短时耗/s
站站停	A—B	1450	91	—	—
	B—C	2150	129	—	—
	C—D	1500	94	—	—
	总计	5100	314		
直通	A—B	1450	83	8.79	5.52
	B—C	2150	110	14.73	8.84
	C—D	1500	85	9.57	6.00
	总计	5100	278	11.47	7.06

可以看出,开行快车由于避免了在中间站进站时的制动时间和出站时的提速

时间,由此在各个区间缩短的运行时间达到了慢车区间运行时间的 10% 左右;全程压缩运行时间 36s,缩短时耗 11.47%。

进一步,从各区间缩短的运行时间占慢车运行时间的比例来看,随着区间距离的增大,缩短比例明显提高;从单位公里快车比慢车运行时间缩短情况上看,也有相同的结论。

11.5　快慢车开行方案确定方法研究

采用快慢车结合的运营组织方法,关键在于快车越行车站的选择,主要依据线路客流特性、乘客时间效益、运营成本收益以及线路固定设施设备等决定因素。

适应客流特性是采用任何网络化运营组织方法的基本前提;开行快车后乘客的时间效益和运营公司的成本与收益的变化,是评价开行方案的主要指标;轨道交通线路的站线设置等固定设施设备是列车越行的基础条件。

在运营成本收益方面,如前分析,开行越站快车总体上有助于降低运营与管理费用,可以认为适应客流特性的快慢车开行方案对于降低运营成本是有益的。可能产生的负面效益是:快慢列车的非平行运行导致线路通过能力降低,当运能供不应求时将降低运营收益和社会经济效益。一般观点认为,快慢车同线运行的区间首先应该通过能力有富裕,对于市区线路采用快慢车结合,应持谨慎态度。在国外城市轨道交通线网的网络化运营中,快慢车结合也往往应用于非高峰时段的市郊线路或区段。如巴黎 RER-B 线的 Gare du Nord 至 Aeroport-CDG 区间,在非高峰时段以 1∶1 的发车比例开行站站停慢车和直达快车。

对于站线设置等固定设施设备,需要从线路工程技术的层面研究区间或车站是否具备越行条件。本章以提高乘客总体时间效益为目的研究快慢车开行方案,默认线路或区间的通过能力富裕,且线路各站均有充分的越行条件。

从客流特性和乘客时间效益的角度,探讨快车越行车站的确定方法,主要考虑以下两个方面。

1. 适应客流特性、提高时间效益

依据线路的断面客流与车站的乘客乘降量,快车越行车站应选择线路中集散人数较少的车站。开行方案的首要目标是服务快车客流,提高快车乘客的旅行速度,缩短旅行时间;其次还要考虑慢车的乘客由此受到的候车时间的延长。因此,越行车站的选择应保证两者达到均衡,即全线乘客总体时间效益的最大化。

2. 快车越行慢车对铺画运行图的要求

原则上,越行车站只是快车直接通过而不停靠的车站,与快车是否越行慢车无

关。然而,由于快慢车在同一条线路上追踪运行,尤其是该方法主要应用于较长线路上,往往存在快车越行慢车的需要,因此,铺画运行图时必须满足快车在越行站越行慢车的要求。

目前对快车越站方案研究,主要集中在列车开行方案的层面,以建成后的轨道交通线路为研究(假想)背景,更多地着眼于快车服务客流的特征,设计快车越站方案以适应快车客流需求。在这种情况下,越行车站在线路中位置确定,通过分析列车追踪特性,调整快慢车组合方式和发车间隔以铺画运行图,实现快车在目标车站通过车站和越行慢车。

本章尝试从整条线路全体乘客的角度,提出实现总体时间效益最大化的快车停站与越站的选择模型,并给出相应的列车开行方案,从而从线路规划的层面提出线路越行站的设置位置,以期从根本上保障快慢车结合的开行方案得以实施。

11.5.1　快车越站选择模型

1. 全线出行时间效益优化目标和约束条件

基于全线出行时间效益最大化的快车越站选择模型,必须包含两个方面的优化目标。

首要目标,是乘坐快车的乘客的出行时间节约最大化,这是开行快车的初衷。

第二目标,是慢车乘客的出行时间增值最小化。在线路通过能力不变的情况下,由于在越行站乘降的慢车乘客可选择的列车减少,导致候车时间延长,从而产生出行时间增值。

越行站数量是模型的约束条件,包括两个方面的内容。

其一,对于一条线路,快车选择停靠日均乘降量较大的车站。据北京地铁运营公司设计研究所研究表明,一般而言,日均乘降量 10 万人(或高峰小时乘降量 1.5 万人)以上的车站快车应停靠。

其二,由于乘客集散相对集中于慢车,使站台的最高聚集人数增大,加剧该站的负荷,容易造成乘客上下车、进出站的延误;同时,列车停站时间的延长也容易造成列车晚点。因此,在线路仅仅采用一种越站方案的快车结合站站停慢车(以下简称"一组快慢车")的情况下,一般不宜设置连续越行 2 站以上的快车。

2. 模型构建

对于一条规划线路,已知设站 n 个,以 $i = 1, 2, \cdots, n$ 表示站点序列,根据优化目标和约束条件,建立快车越站选择模型如下:

$$\max f_1(x) = \sum_{i=2}^{n-1} a_i t_i x_i \tag{11-2}$$

$$\min f_2(x) = \frac{1}{2}\sum_{i=2}^{n-1} t_{oi}b_i x_i \qquad (11\text{-}3)$$

$$\text{s. t.} \begin{cases} 1 \leqslant \sum_{i=2}^{n-1} x_i \leqslant u, & i = 2,3,\cdots,n-1 \\ x_i + x_{i+1} + x_{i+2} \leqslant 2, & i = 2,3,\cdots,n-3 \end{cases} \qquad (11\text{-}4)$$

式中，x_i 为自变量，$x_i = \begin{cases} 0, & \text{车站 } i \text{ 为快车停靠站} \\ 1, & \text{车站 } i \text{ 为快车越行站} \end{cases}$；$a_i$ 为常数项，表示车站 i 上下游区间的 OD 组团之间的客流交换量（单位：人）；b_i 为常数项，表示车站 i 的乘客乘降人数（单位：人）；u 为常数项，表示线路上日均乘降量 10 万人以下的车站数量（单位：个）；t_{oi} 为常数项，表示在车站 i 乘降的乘客由于被越行而延长的最大候车时间（单位：s）；t_i 为因变量，表示越行车站 i 引起的快车与慢车的旅行时间差（单位：s）。

1）参数分析

以下针对 t_{oi} 和 t_i 的取值作进一步的探讨。

（1）t_{oi}。

从本质上看，t_{oi} 的产生是由于快车占用了原有平行运行图中的部分通过能力，导致慢车的发车频率降低。如图 11-7 所示。

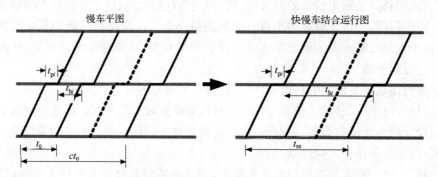

图 11-7　快车对慢车发车间隔影响示意图

图中 t_o 表示平行运行图中慢车的发车时间间隔（单位：s）；t_{pi} 表示慢车在车站 i 的站停时间（单位：s）；t_{hi} 表示慢车乘客在车站 i 的最大候车时间，即慢车在车站 i 的发到时间（单位：s）；t_{ss} 表示快慢车结合运行图中相邻慢车的发车间隔（单位：s）。

由图 11-7 可以看出，在开行快车不改变其他慢车之间的发车时间间隔和慢车在车站 i 站停时间的情况下，快慢车结合运行图中的慢车发车间隔为平行运行图中的整数倍（不妨记为 c 倍），则 t_{oi} 可以由慢车平行运行图的始发时间间隔决定。

即当 $t_{ss} = ct_o(c \in \mathbf{N})$ 且 t_{pi} 不变时，有

$$t_{oi} = \Delta t_{hi} = (ct_o - t_{pi}) - (t_o - t_{pi})$$
$$= (c-1)t_o \tag{11-5}$$

(2) t_i。

根据式(11-1)对旅行时间差的定义,对于连续越行不超过 2 站的情形,可得

$$t_i = \begin{cases} 0, & x_i = 0, i = 2,3,\cdots,n-1 \\ t_{s(i-1)} + t_{si} - t_{q(i-1)} - t_{qi} + t_{pi}, & x_i = 1, x_{i-1} = x_{i+1} = 0, i = 2,3,\cdots,n-1 \\ (t_{s(i-1)} + t_{si} + t_{s(i+1)} - t_{q(i-1)} - t_{qi} - t_{q(i+1)})/2 + t_{pi}, & x_i = x_{i+1} = 1, i = 2,3,\cdots,n-2 \\ (t_{s(i-2)} + t_{s(i-1)} + t_{si} - t_{q(i-2)} - t_{q(i-1)} - t_{qi})/2 + t_{pi}, & x_i = x_{i-1} = 1, i = 3,4,\cdots,n-1 \end{cases}$$
$$\tag{11-6}$$

式中,t_{si}、t_{qi} 分别为慢车和快车在从车站 i 到车站 $i+1$ 的区间内的运行时间(单位:s);$t_{s(i-2)}$、$t_{q(i-2)}$、$t_{s(i-1)}$、$t_{q(i-1)}$、$t_{s(i+1)}$、$t_{q(i+1)}$ 依次类推。

由式(11-6)可以看出,t_i 是 x_i 的函数。为简化两者的函数关系,定义全程快慢车的平均站间运行时间差值 T,即

$$T = (L/v_q - L/v_s)/(n-1) \tag{11-7}$$

式中,L 为线路长度(单位:m);v_q 为全程直达方式下的站间平均运行速度(单位:m/s);v_s 为全程站站停方式下的站间平均运行速度(单位:m/s)。

则 t_i 可近似表示为

$$t_i \approx \bar{t}_i = \begin{cases} 0, & x_i = 0 \\ 2T + t_{pi}, & x_i = 1 \end{cases} \quad i = 2,3,\cdots,n-1 \tag{11-8}$$

由式(11-2)可知,t_i 与 x_i 是乘积关系。因此,对于 $x_i = 0$ 时,可进一步简化式(11-8)为

$$t_i \approx \bar{t}_i = 2T + t_{pi} \tag{11-9}$$

11.5.2　算法分析

模型(11-2)～(11-4)是一个多目标的线性 0-1 规划问题。根据最优化理论与方法,可以采用将其转化为一个单目标或者多个单目标问题的方法来设计算法。

两个目标函数在不同时段具有不同的重要程度,适宜采用如下的算法思路。

在高峰时段,快车主要服务于通勤运输,这也是线路在这个时段的主要服务对象,目标函数的重要性应倾向于长距离的出行。此时,应采用分层序列法,将多目标问题转化为多个有优先级的单目标问题。其中,式(11-2)为第一优化目标,式(11-3)为第二优化目标。

在非高峰时段,从均衡提高线路全体乘客总体时间效益的角度看,快车乘客出行时间的总体效益应不低于越行站乘客出行时间的总体"牺牲",两者的差值应实现最大化。此时,应采用统一目标法,将多目标问题转化为一个加权组合的单目标问题。由于全线乘客的时间价值是一致的,两个目标函数的权重都取 1。

必须指出的是,根据第二种情形的算法构造概念,如果得到的目标函数值为非正数,则说明无可行解。即在这条线路上,不存在任何一个站被越行后,可以使全线乘客的总体出行时间有所下降,该线不应采用快慢车结合的开行方案。

11.5.3 快慢车开行方案验证

根据快车越站模型确定的快车越站方案铺画运行图,验证该站停方案的可实施性。研究表明,在确定快车越站方案的情况下,铺画运行图可以采用"柔性"的始发均衡开行策略,通过在始发站调整慢车之间的发车间隔 t_{ss} 和慢车在越行站站停时间 t_{pi},实现快车在目标车站越行慢车。

以下分析模型参数,推导由于采用"柔性"的始发均衡开行策略铺画运行图而导致优化结果的可能变化。由式(11-2)、式(11-3)、式(11-5)和式(11-9),t_{ss} 和 t_{pi} 这两个参数对于优化结果的影响,有

$$\forall\, t_{pi} \in \mathbf{R}^+, t_\circ \in \mathbf{R}^+$$

$$\left.\begin{array}{l} t_{pi}增大 \Rightarrow t_i 增大 \\ t_{ss} = ct_\circ \,\&\, t_{pi}增大 \Rightarrow t_{oi}减小 \end{array}\right\} \Rightarrow f(x)\ 增大$$

可见,单纯延长慢车在越行站的站停时间间隔(保持其他慢车之间的发车时间间隔不变),将进一步优化模型目标函数值的最优化结果,即不影响模型对快车越行车站的选定结果。

因此,对模型确定的快慢车站停方案,可以借鉴"柔性"始发均衡开行策略,适当延长慢车在越行站的到发时间(站停时间)来实现快车在越行站越行慢车,从而铺画运行图。

根据铺画的运行图,如果加开快车前后其他慢车的发车时间间隔不变,则证明模型所得的快车越站方案仍为最优方案。否则,需要重新计算 t_{oi},并计算目标函数,如果 $f(x^*) > 0$,则 x^* 为最优解,验证模型所得的快车越站方案仍为最优方案;如果 $f(x^*) \leqslant 0$,无解,证明本线不应采用快慢车结合的开行方案。

11.5.4 算例研究

1. 基本设定

1) 线路与客流数据

假设一条线路,由 5 个车站组成,站间距相等,预测平均每小时各车站的乘降人数和车站上下游区间的 OD 组团之间的客流交换量,如图 11-8 所示。

可得

$$n = 5, \quad u = 3$$

$$[a_i] = [2900, 2650, 2000](人), \quad i = 2, 3, 4$$

$$[b_i] = [1200, 1500, 1750](人), \quad i = 2, 3, 4$$

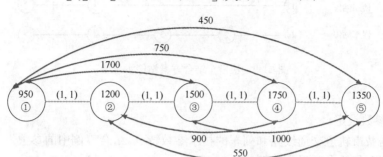

图 11-8　假设线路客流数据图

2) 运行基础数据

设定始发站发车间隔：$t_o = 150\text{s}$。

设定慢车在各中间站的站停时间：$[t_{pi}] = [30, 30, 30](\text{s}), i = 2, 3, 4$。

设定快慢车的平均站间运行时间差值：$T = 10\text{s}$。

从而可得

$$[t_i] \approx [\overline{t_i}] = [50, 50, 50](\text{s})$$
$$[t_{oi}] = [t_o] = [150, 150, 150](\text{s})$$

2. 算例计算及快车越站方案

本例中，以均衡提高线路总体时间效益为目标，通过开行快车，使全线乘客节省的出行时间值达到最大。因此，将两个目标函数（11-2）和（11-3）转化为一个单目标函数，即

$$\max f(x) = \sum_{i=2}^{n-1} [a_i t_i - (t_o/2) b_i] x_i \tag{11-10}$$

根据已知的参数，得到本例的数学模型为

$$\max f(x) = 55000 x_2 + 20000 x_3 - 31250 x_4 \tag{11-11}$$

$$\text{s. t.} \begin{cases} 1 \leqslant x_2 + x_3 + x_4 \leqslant 3 \\ x_2 + x_3 \leqslant 2 \\ x_3 + x_4 \leqslant 2 \\ x_1, x_2, x_3 \in \{0, 1\} \end{cases} \tag{11-12}$$

采用穷举法，解得：$x^* = [1, 1, 0], f(x^*) = 75000\text{s}$。

确定快车站停方案为：越行车站 2、3，停靠车站 1、4、5。如图 11-9 所示。

3. 仿真铺画运行图验证快车越站方案

对于模型确定的列车站停方案，进行运行图的铺画，验证快车站停方案的可实

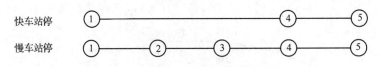

图 11-9　快慢车结合方案站停示意图

施性。

1) 参数设定

根据城市轨道交通线路和列车的技术参数特点,结合算例中的参数设定,对运行图的基本相关参数设定如下。

(1) 线路与车站:区间双线,各站间距 1.5km;越行车站 2、3 配备 4 线(1 正线 2 侧线),其他车站双线。

(2) 慢车平行运行图的发车时间间隔:150s。

(3) 区间列车运行时分:慢车,120s;快车,110s。

(4) 全线列车追踪间隔时间:90s。

(5) 慢车无快车越行时的站停时间:30s。

2) 运行图与站停方案验证结果

根据模型确定的列车站停方案和设定的参数,仿真铺画 6:00～7:00 时段的单向(上行)运行图,如图 11-10 所示。

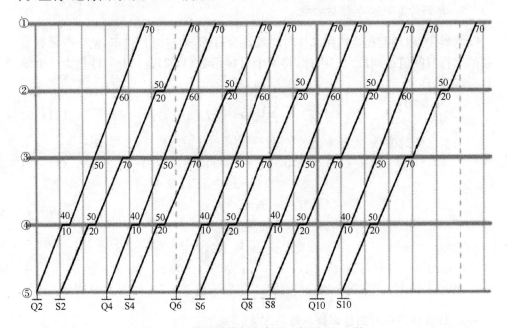

图 11-10　快慢车算例方案的运行图(100s/格)

由图 11-10 可以看出,本例中,快车全线运行不需要越行慢车,因此慢车在各站的站停时间 t_{pi} 不变。

以 t 表示发车间隔,q 表示快车,s 表示慢车,两者在下标的前后位置表示发车先后关系,有

$$\begin{bmatrix} t_{qq} & t_{qs} \\ t_{sq} & t_{ss} \end{bmatrix} = \begin{bmatrix} 300 & 100 \\ 200 & 300 \end{bmatrix}(s)$$

其中,$t_{ss} = 300 = 2t_o$。

据上分析,铺画运行图前后,有

$$\left. \begin{array}{l} t_{pi}不变 \Rightarrow t_i不变 \\ t_{ss} = 2t_o \Rightarrow t_{oi} = t_o \Rightarrow t_{oi} 不变 \end{array} \right\} \Rightarrow f(x^*) 不变$$

$\Rightarrow$ 快车站停方案 $x^* = [1,1,0]$ 是可行的最优解

表 11-4　运行图中各站发车时间间隔　　　　　　(单位:s)

车站	最小发车间隔	最大发车间隔	平均发车间隔
①	100	200	150
②	110	190	150
③	120	180	150
④	110	190	150
⑤	100	200	150

由该运行图,可以进一步得到各站的发车时间间隔,如表 11-4 所示。可以看出,各站的平均发车间隔均为 2.5min,达到城市轨道交通日常运营中发车间隔的需求。由于采用不均衡的发车策略,最大发车间隔均在 3min(含)以上,在高峰时段,可能造成各站聚集人数的不均衡,必须根据各站实际的乘降量确定该发车间隔是否适应这一需求。

11.6　运营实例分析

如第 10 章所述,快慢车结合运营往往是配合多交路运营的组织形式。本节仍以巴黎的市域轨道交通 RER-B 线为例,结合列车时刻表,深入探讨其多交路运营组织形势下对应的快慢车开行方案。

11.6.1　线路概况

RER-B 线在巴黎市区内并没有越站运行;而是在市郊根据客流情况的大小,开行越站列车、直达列车等方便郊区居民的通勤。即短交路列车以站站停的方式运行,而长交路列车存在越站运行和直达运行。下面针对 RER-B 线北段,进一步研究该区段的快慢车运行组织。

11.6.2 站停方案

高峰、非高峰时段开行的列车时刻表参见表 11-5 和表 11-6。高峰时段的发车间隔达到 3min,非高峰时段发车间隔达到 5min。

1. 高峰时段

如表 11-5 所示,RER-B 线北段在该高峰时段有 5 种列车运行组织方式(即实线框内,ULLE、PLAN、KJAR、UBAN 和 SVIC),即对应开行 5 种列车。其中,2 种(ULLE、UBAN)从 Mitry-Claye 出发,2 种(PLAN、KJAR)从 CDG 出发,1 种(SVIC)从两个支线的汇总站 Aulnay 出发。

表 11-5 所示时段内,两条支线上均不存在越站运行;支线汇总后的区段(Aulnay—Gare du Nord)出现越站运行。该区段是 4 线,且两个支线方向的列车在该区段停靠不同站台,从而实现不同支线方向的列车之间的越行。

表 11-5　巴黎 RER-B 线北段高峰时段的列车时刻表

车站	ULLE	PLAN	KJAR	UBAN	SVIC	ULLE
Mitry-Claye	8:24			8:32		
Villeparisis	8:27			8:36		
Vert-Galant	8:31			8:39		
Sevran-Livry	8:33			8:43		
Aeroport-CDG2		8:18	8:25			
Aeroport-CDG1		8:20	8:27			
Parc Des Expositions		8:26	8:33			
Villepinte		8:29	8:35			
Sevran-Beaudottes		8:32	8:39			
Aulnay	8:38	8:37	8:43	8:46	8:46	
Blanc					8:48	
Drancy					8:50	
Bourget		8:41			8:53	
Coumeuve-Aubervilliers		8:44	8:49			
Plaine		8:47		8:53		
Gare du Nord	8:50	8:53	8:56	8:59	9:02	
⋮	⋮	⋮	⋮	⋮	⋮	⋮

以表 11-5 的第 1、2 列(虚线框内)为例。第 1 列的 ULLE 于 8:38 到达 Aulnay,第 2 列的 PLAN 于 8:37 到达 Aulnay。之后在 Aulnay—Gare du Nord 区段,ULLE 全程越站运行,于 8:50 直达 Gare du Nord;而 PLAN 跨 2 站后站站停,于 8:53 到达 Gare du Nord,在最后两站之间的区段被 ULLE 越行。

从横向来看,5 种运行组织方式下,在越行区段,除了始发终到站 Aulnay 和 Gare du Nord 站为必停车站之外,其他各站均被一种或几种列车越行。其中,Aulnay 和 Gare du Nord 站平均发车间隔为 3min;Bourget、Coumeuve-Aubervilli-ers 和 Plaine 站均可与市区内的地面交通进行换乘,Plaine 站可与 RER-D 线实现站外换乘,这 3 个站均有 2 列列车停靠,平均发车间隔为 7.5min;Blanc 和 Drancy 站是巴黎近郊的居民区和商业区,仅有 SVIC 列车停靠,平均发车间隔为 15min。

2. 非高峰时段

如表 11-6 所示,RER-B 线北段在该非高峰时段有 3 种列车运行组织方式(即实线框内,KROL、SPAC 和 PEPE),即对应开行 3 种列车。其中,1 种(SPAC)从 Mitry-Claye 出发,2 种(KROL、PEPE)从 CDG 出发。

以表 11-6 的第 1、2、3 列(虚线框内)为例。KROL 是机场直达列车(全程 31min),PEPE 是站站停列车(全程 35min),但由于是同支线列车无越行条件,前者仅比后者快 4min。SPAC 在 Aulnay—Gare du Nord 区段跨小站运行(区间 17min),在该区段比 PEPE(区间 19min)快 2min。

表 11-6　巴黎 RER-B 线北段非高峰时段的列车时刻表

MISSON	KROL	SPAC	PEPE	KROL
Mitry-Claye		9:32		
Villeparisis		9:35		
Vert-Galant		9:39		
Sevran-Livry		9:41		
Aeroport-CDG2	9:25		9:33	
Aeroport-CDG1	9:28		9:35	
Parc Des Expositions			9:41	
Villepinte			9:43	
Sevran-Beaudottes			9:45	
Aulnay		9:45	9:49	
Blanc			9:51	
Drancy			9:55	
Bourget		9:51	9:56	
Coumeuve-Aubervilliers			9:59	
Plaine		9:55	10:02	
Gare du Nord	9:56	10:02	10:08	
⋮	⋮	⋮	⋮	⋮

　　从横向来看,3 种运行组织方式下,干线区段内,除了大型枢纽站 Gare du Nord(与 RER-D、RER-E 和国铁站内换乘)为必停车站之外,其他各站均只停靠 1~2 种列车。其中,Gare du Nord 站平均发车间隔为 5min;Aulnay、Bourget 和 Plaine 站均有 2 列列车停靠,平均发车间隔为 7.5min;Blanc、Drancy 和 Coumeuve-Aubervilliers 站仅有 PEPE 列车停靠,平均发车间隔为 15min。

第12章 可变编组与多编组技术

12.1 概　　述

可变编组是指针对城市轨道交通线路在不同区段所具有的客流差异性,在运行过程中改变编组形式的运行组织技术。当列车运行到设定的改变编组站点时,需要将一列车拆分为多列车或将多列车合并成一列车,并继续运行到目标站。

多编组是指针对轨道交通线路客流在不同时段或不同区段的差异,由车辆基地事先设计并发出的具有不同编组长度的列车的运营组织技术。

从城市轨道交通形式出现到现在,国内外就城市轨道交通运输组织进行了大量的研究,在城市轨道交通运输组织方面也得到了实际应用:如巴黎地铁14号线采用小编组、高密度的行车方式;维也纳2号线列车采用6节编组(4动2拖),但可根据需要进行解编,通过改变列车编组,加上调节行车密度可以适应不同时期和不同时段客流量变化的需要。

12.2　编组类型分析

根据可变编组的基本概念,下面从可变编组和多编组两方面进一步分析。

12.2.1　可变编组技术

可变编组,即针对较长线路在不同区段具有的客流特征,将列车在某一车站或是在其运行线路上进行拆分改编,形成两列或者两列以上的列车进入不同的运行线路或者到达不同的车站。

按照拆分地点的不同,可变编组分为以下两种情况:在站台的拆改和在线路上的拆改。

1) 在站台的可变编组

当拆改作业发生在某车站时,该过程称为在站台的可变编组,比如日本的JR线在大月站的拆改情况。在站台的拆改要求该站台具有一定的作业能力,拆改后的车辆根据实际要求有两种去向:拆分的一部分车辆在该站的车辆段进行检修或驶入其他车站进行车辆检修,剩余车辆部分编入其他列车运行或直接驶入其他线路,如JR线在大月站拆分后部分车辆继续前往河口湖站进行车辆检修或集结,另一部分则直接驶入富士急行线。

2) 在线路上的可变编组

当拆改作业发生在某条线路上时,该过程称为在线路上的可变编组。线路上的拆分作业应该在不影响整体铁路运营的前提下,在支线上完成,并且整个拆分作业应具有可操作性,若整个过程时间过长或是对支线的正常运营造成影响则不易操作。

从客流组织的角度,可变编组又可分为带客拆改和不带客拆改。

1) 带客拆改

带客拆改是指,在整个拆改的过程中乘客不需要离开车厢,拆改作业完成后,乘客随新编列车去往相应的线路。该过程可以发生在有技术条件的某个车站,也可发生在某特殊线路(如"T"形线路)有客流分叉的点。并且在拆分前的客流组织工作中,列车工作人员应将详细的列车拆分去向通知乘客避免因坐错车厢而导致乘客不能到达原定地点。

带客拆改的发生有以下两个条件:客流量的大小和拆改需要的时间。其中,客流是拆改的依据,客流量应有一个上限(有待量化)不能过大,过大则客流组织复杂,乘客延误的时间长,时间成本过高失去了可变编组的意义。拆改时间也是带客拆改应该考虑的重点问题,整个过程应用时在5~10min,不能过短亦不能过长(有待量化)。

2) 不带客拆改

不带客拆改与带客拆改相反,是指拆分的车厢内没有乘客,拆分过程根据客流的需要进行,拆分后的车厢可编入其他列车去往相应客流密集线路或是在车站等待重新编组。

12. 2. 2　多编组技术

多编组,是指对于某些线路在不同时期具有的不同客流特征,按照大编组、小编组或是大小编组混跑的方式来组织运营的一种编组方法。

列车编组方案的影响因素有:客流规模、车辆的电气参数、车辆的动力参数、载客参数、控制类型和车辆连挂方式。其中,客流是编组方案的基础和依据,随着轨道线网规划的不断完善,线路的网络化使得客流在具有一定规律的同时也呈现出较大的波动和变化,并且在每天的不同阶段客流的变化也很显著,所以,根据当前的实际问题提出以下两种多编组形式。

1) 基于全天不同时段客流变化的多编组——日常多编组(微观)

对于北京、上海、广州等大城市来说,每天的客流量在不同时段有很大不同,超低峰、低峰、平峰、次高峰、高峰各时段每小时客流量比大约为 1(0.5)：3：5：

10∶14,相差很大。其中,高峰小时担负了全天客流总量的近 14%;平峰时段最长,但小时客流量只有高峰时段的约 1/3,既要采用比较短的列车运行间隔,保证一定的服务水准,还要保证较高的载客率,达到降低运营成本的目的;低峰、超低峰时段乘客稀少,应采用比较长的列车运行间隔来保持较高的载客率,亦可采用特小列车编组,以减小列车运行间隔。

所以,基于全天不同时段客流变化的多编组形式就是,针对全天的高、低峰客流情况,在满足乘客乘车需要的同时达到降低运营成本的可变编组形式。例如法兰克福地铁,根据客流情况同一线路在不同时间,有长列(9 节)、中列(6 节)和短列(3 节)不同长度的列车运行,既满足乘客需求,也保证了一定的车辆利用率。

2) 基于不同时期客流量变化的多编组——节假日多编组(宏观)

不同时期客流量是指,在节假日或者客流有大幅波动的时期,区别于一天内的客流高峰与低峰。

根据客流预测,目前我国的地铁编组形式固定是统一的 6 辆编组(4 动 2 拖 2 单元),但是受城市经济发展、城市人口增长等诸多因素的影响,客流量在节假日期间会有大的波动,探亲访友、旅游等高峰期客流大幅增长。所以,基于不同时期客流量变化的多编组,就是采用扩编、解体插编等方法灵活改变车辆编组大小的一种编组形式。

12.3　编组技术适用性分析

列车编组方法应根据不同线路或者车站的具体情况,并且在应用的同时要考虑是否具备一定的条件,编组本身也应该考虑以下几个方面的问题。

12.3.1　客流需求

列车的编组是以客流为基础和依据,客流量的变化在一天的不同时段和不同时期都会呈现不同的特征,不论是可变编组还是多编组,都应该在满足客流需求的前提下进一步规划。也就是说,若某线路的车辆编组能够满足客流需求则不必采用可变编组形式,倘若某线的运力虚糜,则考虑是否将大编组形式改为小编组形式,相反,若该线运力严重不足,则应考虑扩编情况。

12.3.2　经济成本

不论是可变编组还是多编组,都会有一定的经济成本,若改编成本过大则没有可操作性。两者的成本从不同的角度考虑。

对于可变编组,由于拆分形式发生在某车站或是某条线路上,所以它的费用和成本主要在于乘客的时间价值费用和车站、线路作业费用。

对于多编组而言,其费用情况比较复杂:①要考虑车辆本身的购置费用。②大、小编组的组合形式在经济费用方面也有所不同。一次性采用大编组形式;近期采用小编组,远期采用大编组形式;还是,大、小编组混跑,在费用方面都有可比性,应根据具体情况进行选择。

相对而言,可变编组是为适应线路客流不均衡性的一种编组方法,费用主要在发生拆分作业的该点。多编组是为适应不同时段需求不均衡性的一种编组方法,其成本除了考虑车辆购置费用外,还要考虑在整个运营过程中的成本问题,比如整个运营系统是否需要进一步改进、进一步调整列车运行图等。

12.3.3　车辆类型

车辆类型的选择是确定列车编组的关键,对于可变编组来说作用重大,因为不同类型的车辆在受电方式、结构尺寸、限界、载客人数、装置等方面不同,所以,应尽量使用相同类型的车辆,以便于进一步进行插编和扩编。比如将 4 辆编组列车扩编成 6 辆,在保持 4 辆编组的列车不动的前提下,在中间增加一个新造的动力单元车组,由此扩编为 6 辆编组,若新增的动力车型与原车型相同则在受电方式上容易控制且不会带来其他的技术问题。

12.4　案例分析

12.4.1　可变编组

1. JR 线大月站可变编组

日本 JR 线东京—河口湖线路中的大月站已有可变编组的实例,大月站的设置情况如图 12-1 所示。

大月站是由东日本乘客铁道(JR 东日本)与富士急行线共用的铁路车站,是 JR 东日本的主要干线铁路中央本线与地方私有铁路富士急行线的交汇与转运车站,所以,列车在该站拆分原有列车,使其一列驶入富士急行线,另一列驶入中央本线的终点站河口湖站。

2. 小田急线本厚木站可变编组

厚木站,位于日本神奈川县海老名市中新田,是小田急电铁小田原线和 JR 东日本相模线的交汇车站,也是小田原线的各站皆停、区间准急和准急等列车等级的停车站,如图 12-2 所示。

小田急小田原线是小田急电铁的路线,连接东京都新宿区的新宿站与神奈川县小田原市的小田原站。JR 东日本相模线在本厚木站与小田急小田原线衔接。

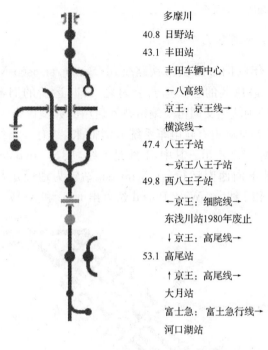

多摩川

40.8 日野站

43.1 丰田站

丰田车辆中心

←八高线

京王：京王线→

横滨线→

47.4 八王子站

←京王八王子站

49.8 西八王子站

←京王：细院线→

东浅川站1980年废止

↓京王：高尾线→

53.1 高尾站

↑京王：高尾线→

大月站

富士急：富士急行线→

河口湖站

图 12-1　东京 JR 线大月站设置情况

图 12-2　东京轨道交通本厚木站设置情况

小田急小田原线现行列车中的快速急行列车，到达两线的衔接站本厚木车站后，列车在该站拆分成 2 列，一列继续在小田急线开行，去往爱甲石田站；一列去往 JR 线的海老名方向（本厚木站—厚木站—海老名站）。

整个拆分过程仅用时 2～3min，占用车站和股道时间短，可操作性强，并大幅降低车底使用,压缩运营成本。

3. 旧金山轨道交通系统可变编组

成立于 1912 年的旧金山城市铁路公司(San Francisco Municipal Railway,Muni)是美国历史最悠久的公交运营公司之一,其运营的旧金山轨道交通系统(Muni Metro)是美国轨道交通可变编组技术运用的典型代表。

旧金山 Muni Metro 由有轨电车系统升级而来,共有 6 条线,分别是 T、J、K、L、M 和 N 线,如图 12-3 所示。其中,T 线是干线,从 Sunnydale 站出发,沿市场街(Market Street)地下向西南运行,在 Vanness 站转为地面运行,并在 Duboce & Church 站分出 N 和 J 线,在 West Portal 站分出 K、L 和 M 线。

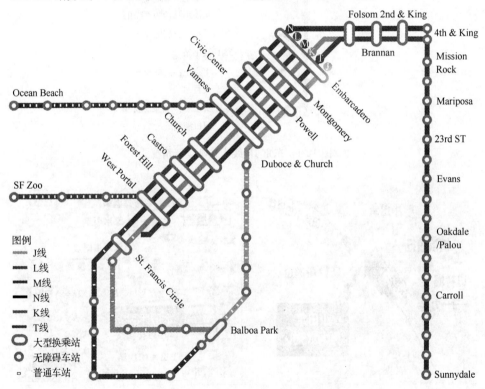

图 12-3 旧金山 Muni Metro 概况

干线运行的列车一般为 3 节编组,根据去向分为两类,一类在 Duboce & Church 站摘解为 2 列车,其中 2 节编组的列车开往 N 线,1 节编组的列车开往 J 线;另一类在 West Portal 站摘解为 3 列车,均为 1 节编组,分别开往 K、L 和 M 线。干线车站的站台上有滚动信息提示列车各车厢前方到站情况,乘客可根据目的地选择乘坐相应的车厢。反向运行时,先到的列车在分岔站等候来自另外支线的列车,之后编组为新的列车继续运行。为减少某线路列车晚点对其他线路列车的影响,站线和站台设计为可以容纳 4 节编组的列车,这样晚点的车辆可以编组到下一列车中。

通过可变编组设计,分岔后的线路与分岔前的线路可以拥有同样的发车频率,有效减少了乘客候车时间,从而保证了服务水平;反之,若不采用可变编组设计,支线上的列车不进行合并编组而是都独立驶入干线,则必将导致干线列车间隔较小,十分容易超出干线最小列车间隔的极限,甚至导致事故的发生。

12.4.2 多编组

多编组以某新线 4 辆扩编至 6 辆的可变编组方法为例。该线初期预测高峰小时最大断面客流量为 1.68 万人次,近期为 2.36 万人次,远期为 3.4 万人次,采用 B 型车辆。

4 辆编组的 B 型列车由 2 个动力单元车组组成,列车由 4 辆扩编为 6 辆编组有 2 种可行方案。

1. 利用 4 辆编组列车解体插编

本方案是把 4 辆编组的列车拆分为 2 个单元车组,分别插到 2 列 4 辆编组的列车中间,改编成 2 列 6 辆编组的列车。采用这一改造方法,其他车辆都不动,只对插在列车中间带司机室的车辆进行局部改造。

对带司机室的头车的改造内容:

(1)带司机室的车前端为半自动车钩,需更换为半永久牵引杆及增加列车风管的连接,拆除头车前端的排障器、裙板、车载 ATC、电笛等设备。

(2)带司机室的车前端没有 108 芯接线箱、交流电源电气连接器与接线箱,需要在其前端增加各种电气连接器和接线箱,并在车下前端增设各电气连接器、接线箱,以及车下配线配管的改造工作。

(3)对带有折棚车厢之间的通过台,需加装车门。如果用户在车辆招标文件中,明确远期采用此方案扩编为 6 辆编组,那么厂家在车辆设计中做一些预留,列车扩编改造时就要容易一些。

方案的优点:

(1) 在 4 辆编组的列车中间插入同类型的单元车组容易实现,不必打乱控制方案,电空混合运算不受影响。

(2) 这些车辆是同一批次的产品,其技术参数和性能无差异。

(3) 这些车辆的车轮直径、运行的车公里数、车辆检修时限和报废时限也相同,便于车辆运用和检修管理。

(4) 列车的零部件性能匹配一致,运行安全可靠。

(5) 列车改造无技术难度,所花代价较低。

方案的缺点:

(1) 在 6 辆编组列车中间多一个司机室,列车外观效果稍差。

(2) 列车的前 2 辆贯通,后 4 辆贯通,对乘客疏散不利。

2. 在 4 辆编组列车中间增加一个新造的动车组

本方案是保持 4 辆编组的列车不动,在中间增加一个新造的动车组,由此扩编为 6 辆编组。新造的动车没有司机室,因而可以保持全列车贯通,便于乘客疏散。

6 辆编组的 B 型列车,一般设置 2 台空气压缩机组和 2 台 SIV 辅助电源。如果初期 4 辆编组列车在采购时,其空气压缩机和 SIV 辅助电源的容量按 6 辆编组设计,预计每辆车的平均价格约增加 2.5%～3%,由此可以减少将来列车扩编时的工作量;否则,远期扩编时有些设备需要扩容,扩编的难度大一些,所花的费用也多。目前北京地铁 13 号线、八通线,天津滨海线 4 辆编组的列车,都是按上述方法设计预留的。因为本方案中新造的动车组没有司机室,拖车上没有空气压缩机和 SIV 辅助电源及其配套设备,车辆采购价格比 4 辆编组 B 型车要低 7%～8%。

本方案的优点:

(1) 原有的 4 辆车不动,在中间增加一个新造的动车,扩编容易操作。

(2) 可不必打乱控制方案,电空混合运算不受影响。只需对列车监控系统的液晶显示器画面分割等相关软件作出调整。

(3) 全列车前后贯通,便于乘客疏散,列车外观效果较好。

本方案的缺点:

(1) 在 6 辆编组的列车中有 2 辆新造的车辆,其新车和旧车的车轮直径不同、走行里程不同、检修时限也不一样,给车辆运用和检修管理带来困难。

(2) 由于科学技术的不断进步,老的产品已被淘汰,存在新造的动车与原有车辆的技术性能是否协调一致的问题,因此有一定的风险。

(3)目前地铁车辆的使用寿命为 30 年,扩编前旧的车辆已经运营了 7～13 年,到旧车报废时,后加入的动力单元车组将不得不提前报废,造成较大的经济损失。

第 13 章　基于网络运营的线路通过能力计算

13.1　概　　述

线路通过能力,是指在采用一定车辆类型、信号设备和行车组织方法的条件下,城市轨道交通系统线路的各项固定设施设备在单位时间内允许通过的列车数。

线路通过能力是城市轨道交通系统的重要参数之一。在城市轨道交通线路设施设备已定的条件下,列车运行的交路形式对线路通过能力具有显著影响。在网络化运营环境下,各种运营组织方法与技术中直接影响列车交路的有多交路运营和共线运营这两种,必须对其引起的线路通过能力利用的变化情况进行研究。

本章在既有研究成果的基础上,探讨城市轨道交通线路采用多交路形式造成的通过能力损失和采用共线运营对提高通过能力利用率的贡献。通过分析多交路不同区段的能力损失的特点,研讨其计算方法以及降低能力损失的交路组织方法;进一步,结合共线运营下的交路形式,计算共线运营的两条线路的通过能力利用及其最大化方法。

13.2　多交路的线路通过能力计算

多交路主要是设置于全线客流不均衡的长线路,长短交路与城市空间布局存在相互适应的关系,一般而言,短交路服务市区而长交路覆盖郊区。多种交路的行车组织方式在满足客运需求和方便乘客出行的同时,也对城市轨道交通线路的通过能力产生不利的影响。

13.2.1　城市轨道交通线路最大通过能力的计算

轨道交通线路的通过能力,通常是由区间追踪能力、中间站通过能力和折返站折返能力共同组成。

由于城市轨道交通的车站一般不设置配线,列车在正线上进行乘降作业,从运行图(图 13-1)上看,在平行运行图条件下,列车站停时间与发到时间共同形成追踪列车间隔时间这一决定线路最大通过能力的根本因素。因此,在计算线路固定技术设施设备的最大通过能力时,应该把区间和车站看做一个整体,以包含列车站停时间的追踪列车间隔时间作为计算依据。因此,可以将城市轨道交通线路的最大通过能力,合并为线路通过能力和折返站折返能力两个方面。根据"木桶效应",这两者的最小值决定了线路的最大通过能力。

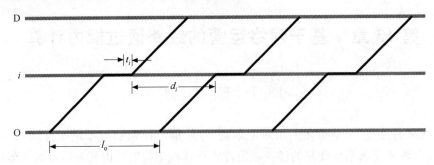

图 13-1　城市轨道交通线路追踪列车间隔时间示意图

1. 线路通过能力

计算城市轨道交通线路通过能力 n_x 的一般公式,如下两式所示:

$$n_x = 3600/I_o \tag{13-1}$$

$$I_o = \max\{d_i + t_i\} \tag{13-2}$$

式中,I_o 为追踪列车间隔时间(单位:s);d_i 为线路第 i 个车站允许的列车最小发到时间间隔(单位:s);t_i 为线路第 i 个车站的站停时间(单位:s)。

2. 折返站折返能力

计算城市轨道交通折返站折返能力 n_z 的一般公式,如下所示:

$$n_z = 3600/t_z \tag{13-3}$$

式中,t_z 为折返站的最小折返发车间隔时间(单位:s)。

车站的折返作业复杂,折返位置、股道情况等条件对折返各项作业的时间有直接影响。在进行折返能力的研究时,不妨将所有折返发车作业及最小发到间隔的时间加和简化为一个 t_z。

3. 最大通过能力

可以看出,I_o 和 t_z 是决定线路通过能力的时间参数,令 $I = \max\{I_o, t_z\}$,定义为"通过能力决定时间",则城市轨道交通线路的最大通过能力 n_{max} 为

$$n_{max} = 3600/I \tag{13-4}$$

13.2.2　一般多交路形式的线路通过能力的损失

比较长短交路的 4 种组合方式(参见 10.2 节图 10-2 和图 10-3),按照长短交路之间互相制约的程度定性分析多交路对通过能力的影响。其中,同站衔接形式

的交路在区间互不影响,对通过能力的影响较小;而其他三种交路形式由于长短交路发车间隔的相互制约,对通过能力的影响较大。这三种交路形式均包含单交路区间和双交路区间,从本质上看,都是双交路区间发车间隔的要求造成了全线通过能力的损失。因此,可以以嵌套交路(a)作为三种交路的代表形式,研究多交路对线路通过能力的影响。

根据嵌套交路(a),简化站间为长短交路的两个区间(A—B—C)进行运行图铺画。为便于讨论,将中间折返站的最小折返发车间隔时间统一为 t_z;采用 t_1、t_s 分别表示长短交路的折返时间;T_1、T_s 分别表示长短交路的周期;d_1、d_s 分别表示长短交路的发车间隔;长短交路列车的均衡开行比例为 $1:k\,(k\in\mathbf{N})$。

可以看出,线路的通过能力损失在 A—B 区间和 B—C 区间具有不同的存在形式,应分段予以讨论。

1. A—B 区间的通过能力损失

从长短交路造成通过能力损失的制约条件来看,A—B 区间的通过能力损失应包含两种算法。

1) 从长短交路发车间隔的角度看

铺图思路:以长交路的运行周期为基础铺图,令 t_1 为 C 站的最短折返时间;将长交路周期适当 m 等分(本图采用 4 等分)设定长交路的发车间隔,等分依据为满足长交路发车间隔内的短交路列车发车频率为 k,即

$$m = \mathrm{int}(T_1/(k+1)I) \tag{13-5}$$

在长交路的发车间隔内,短交路列车以最紧凑方式发车,即 $d_s = I$。铺画所得运行图如图 13-2 所示。

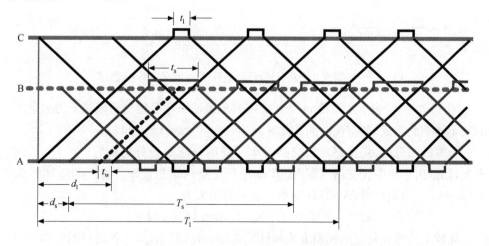

图 13-2　根据嵌套交路(a)铺设的运行图 1 示意图

图 13-2 中，t_w 表示由于短交路列车无法采用最紧凑的发车间隔而造成的"空耗时间"，此时，有 $t_w = d_1 \bmod d_s$。

对应于 t_w 的通过能力，即是 A−B 区间的通过能力损失。对此，徐瑞华等于 2005 年采用"运行图周期分析法"，给出了计算方法。

该方法主要思路为：根据铺图思路，长交路的发车时间间隔是通过对长交路周期的 m 等分而确定的，因此，长交路对周期时间的分配是充分均衡的；每一个 t_w 的产生，都是由于一个长交路发车间隔内某个相邻的长短交路发车间隔大于 I。由此可得，A−B 区间通过能力的损失为

$$n_w^{A-B} = (d_1 \bmod d_s) \times (3600/d_1) \tag{13-6}$$

2) 从长交路周期与通过能力决定时间的角度看

铺图思路：在图 13-2 的基础上，平移每个长交路周期内前 $m-1$ 个长交路之间的发车间隔，使 $d_1/d_s = k+1$。

铺画所得运行图如图 13-3 所示(图中 $d_1/d_s = 2$)。

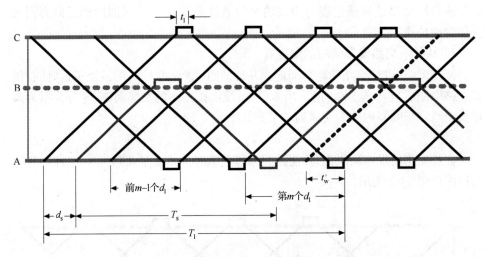

图 13-3　根据嵌套交路(a)铺设的运行图 2(短交路略)示意图

图 13-3 中，t_w' 表示由于第 m 个长交路列车无法采用受短交路限制下的最紧凑的发车间隔而造成的"空耗时间"，此时，有 $t_w' = T_1 \bmod (k+1)I$。

根据铺图思路，短交路对长交路发车间隔的分配是充分均衡的；每一个 t_w' 的产生，都是由于一个长交路周期内，第 m 个长交路列车与前车的发车间隔 $d_1^{(m)}$ 大于 $(k+1)I$。由此可得，A−B 区间通过能力的损失为

$$n_w^{A-B} = (3600/T_1) \times [T_1 \bmod (k+1)I]/I \tag{13-7}$$

比较上述两种角度的铺图方式和计算方法，可以看出，第一种运行图中每个长交路发车间隔内均可能存在一个 t_w，有利于运行图发生扰动时的恢复；第二种运

行图中一个长交路周期内仅存在一个 t'_w，便于计算。以下基于第二种角度进行下一步的研究。

2. B－C 区间的通过能力损失

由于 B－C 区间的发车间隔与 A－B 区间的长交路发车间隔一致，因此，B－C 区间的通过能力损失应包括 A－B 区间的通过能力损失与短交路所占用的通过能力，计算公式为

$$n_w^{B-C} = (3600/T_1) \times \left(mk + [T_1 \bmod (k+1)I]/I \right) \tag{13-8}$$

13.2.3　多交路线路通过能力最大化

通过能力最大化，是指在城市轨道交通线路设施设备（线路设计通过能力）已定的条件下，针对一定列车运行的交路形式，设计合理的列车开行方案，使目标线路或区段的通过能力损失达到最小的方法。

1. 多交路线路通过能力最大化的列车开行方案及存在条件

从交路区间上看，A－B 与 B－C 区间分别为双交路区间与单交路区间，两者的通过能力损失具有不同的性质。由式(13-7)和式(13-8)可得

$$T_1 \bmod (k+1)I = 0 \Rightarrow \begin{cases} \min n_w^{A-B} = 0 \\ m = T_1/(k+1)I \end{cases} \Rightarrow \min n_w^{B-C} = 3600k/(k+1)I$$

$$\tag{13-9}$$

可以看出，对于 A－B 区间的通过能力损失，可以通过适当延长长交路的周期成为 $(k+1)I$ 的整数倍，实现所有交路的追踪列车均采用一致发车间隔 I，从而使 A－B 区间达到最大的通过能力。此时，B－C 区间的通过能力损失相应地达到快慢车开行比例为 $1:k$ 情况下的最小值（以下简称"最小值"），即 $3600k/(k+1)I$。

定义：实现 $T_1 \bmod (k+1)I = 0$ 时的列车开行方案为多交路线路通过能力最大化的开行方案。

对于实现 $T_1 \bmod (k+1)I = 0$，在线路技术设备不变的情况下，延长 T_1 是唯一可行的办法，有两种实现方法：延长长交路的旅行时间或延长长交路的折返时间 t_1，前者降低线路的服务水平，对线路运营影响较大，故如无特别指出，默认不考虑延长旅行时间。

以下推导通过延长折返时间实现 $T_1 \bmod (k+1)I = 0$ 的充分条件，即多交路线路通过能力最大化的列车开行方案的存在条件。

如图 13-4 所示。假设延长前后，长交路折返时间分别为 t_1、t'_1，交路周期分别为 T_1、T'_1，C 站折返的长交路列车前车发车时间分别为 t_f、t'_f，后车到站时间分别为

t_d、t'_d(周期改变前后 A 站的发车间隔不变,则平行运行图情况下,$t_d = t'_d$),延长后的 C 站列车发到时间间隔为 t_{fd},C 站列车最小发到时间间隔为 $t_{fd}^{\min}$。其余参数定义同前。

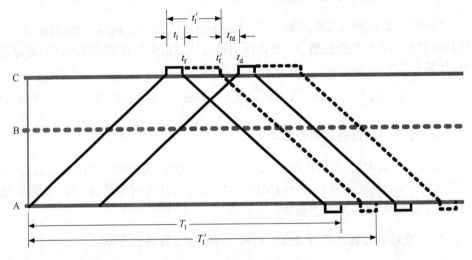

图 13-4 长交路周期改变示意图

推导过程如下。

根据周期延长要求,有

$$t'_f - t_f = (k+1)I - t'_w \tag{13-10}$$

根据参数在平行运行图中的位置关系,有

$$t_d - t_f = (k+1)I - t_1 \tag{13-11}$$

一般情况下,折返站是线路通过能力决定时间的控制点,则

$$I = t_z = t_1 + t_{fd}^{\min} \Rightarrow t_1 = I - t_{fd}^{\min} \tag{13-12}$$

延长折返时间后,C 站列车发到时间间隔必须满足条件

$$t_{fd} \geqslant t_{fd}^{\min} \tag{13-13}$$

$$t_{fd} = t'_d - t'_f = t_d - t'_f$$
$$= [(k+1)I - t_1] - [(k+1)I - t'_w]$$
$$= t'_w - t_1 \tag{13-14}$$

$$\left.\begin{array}{l}式(13\text{-}12)\\式(13\text{-}13)\\式(13\text{-}14)\end{array}\right\} \Rightarrow t_{fd} = t'_w - I + t_{fd}^{\min} \geqslant t_{fd}^{\min} \Rightarrow t'_w \geqslant I \tag{13-15}$$

因此,当 $t'_w \geqslant I$ 时,$\exists\, t'_1$,使 $t'_w = 0$。

即当"空耗时间"t'_w 不小于线路通过能力决定时间 I 时,可以通过延长长交路的折返时间实现多交路线路双交路区间的通过能力达到最大值。当线路的通过能力控制点为折返站时,可以用长交路的最小折返发车间隔时间 t_z 替代 I。

必须指出的是,以上推导基于交路组合中的短长交路比例为 $k:1$ ($k \in \mathbf{N}$),如非特别说明,均默认交路组合符合这一条件。

当 $k<1$ (长交路比例高于短交路)或 $k>1 \bigcap k \notin \mathbf{N}$ (短交路比例高于长交路但交路比例不均衡)时,上述推导结论不适用,即不具备通过不延长旅行时间以消除通过能力损失的充分条件。

其中,当 $k<1$ 且 $(1/k) \in \mathbf{N}$ 时,由式(13-7)和式(13-8)得到全线通过能力损失的计算式为

$$n_{\mathrm{w}} = \begin{cases} (3600/T_1) \times [T_1 \bmod (1/k+1)I]/I, & \text{A—B 区间} \\ (3600/T_1) \times \left(mk + [T_1 \bmod (1/k+1)I]/I\right), & \text{B—C 区间} \end{cases}$$

$$(13\text{-}16)$$

综上所述,对于多交路线路,若长交路发车频率不高于短交路且"空耗时间"不小于线路通过能力决定时间,双交路区间的通过能力损失值可采用合理的行车组织方法消除;而单交路区间的通过能力损失值只能降低而无法消除。根据这一性质,将两者分别定义为"相对通过能力损失"和"绝对通过能力损失"。在仅采用多交路运营这一种组织技术的线路上,单交路区间必然存在绝对通过能力损失。

铺画通过多交路线路通过能力最大化的运行图,如图 13-5 所示。铺图思路:在图 13-3 的基础上,不改变长交路的旅行速度,通过调整长交路折返时间实现长交路周期的延长为 $(k+1)I$ 的整数倍。长短交路周期分别记为 $T_1^{\max}$、$T_s^{\max}$。

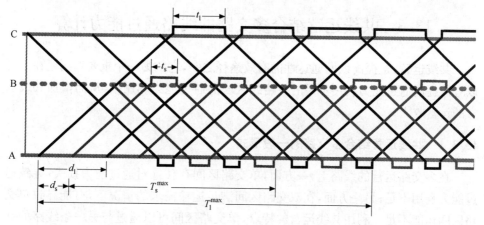

图 13-5　多交路线路通过能力最大化的运行图示意图

2. 车底运用数量

由图 13-5 可以看出,采用多交路线路通过能力最大化的列车开行方案,长交路的折返时间有所延长,从而与单交路相比增加了一定的车底运用数量。

根据徐瑞华等的研究,由长短交路引起的车底运用增加量可用下式计算:

$$N_{车底} = (2t_{B-C} + T_s - T_l)/d_s \qquad (13-17)$$

式中, $N_{车底}$ 为采用多交路导致的车底运用数量的增量(单位:个); t_{B-C} 为列车在 B—C 区间的旅行时间(单位:s)。

对于实现通过能力最大化的列车开行方案,根据此时各参数的关系,可得增加车底运用数量的计算式为

$$N_{车底} = (2t_{B-C} + T_s)/I - m(k+1) \qquad (13-18)$$

必须指出的是,在轨道交通线路上,通过能力与车底运用是一对矛盾。特别是在通过延长长交路折返时间实现通过能力最大化的情况下,必然造成车底运用数量的增加,从而增加运营成本。因此,提高线路通过能力利用率和增加车底运用数量之间的平衡关系,尚待进一步的研究。而探讨两者之间存在的函数关系及其增幅的合理范围,判断是否有必要增加车底运用数量以提高线路的通过能力利用率直至达到最大化,这需要结合线路相应区间的运能与不同时段的运输需求,具体问题具体分析。

从多交路运营的实际应用上看,双交路区间往往为城市轨道交通线路的市区段,运能紧张,特别是在早晚高峰时段,运输的供需关系处于供不应求的状态,此时,提高线路的通过能力利用率以增加运输供给是首要目标,本节研究的应用价值也正在于此。

13.3　共线运营结合多交路的线路通过能力计算

共线运营,是提高线网通达性的有效途径之一,它的另一个重要作用还在于可以有效提高通过能力利用不足的线路或区段的通过能力利用率,从而增加共线双方的运营收入。

13.3.1　共线运营结合多交路的一般形式

在多交路运营的线路上,一方面,单交路区间存在绝对通过能力损失,导致通过能力利用不足;另一方面,在双交路区间满足运输需求的情况下,可能导致单交路区间运能不足。利用共线运营的特点,单交路区间可以通过与另一条线路的共线运营,提高通过能力利用率。

城市轨道交通线网中,末端延伸到郊区的市区线和与市区线衔接的郊区线(市郊线),是一对采用共线运营结合多交路运营的运营组织模式的典型线路,其一般交路形式如图 13-6 所示。

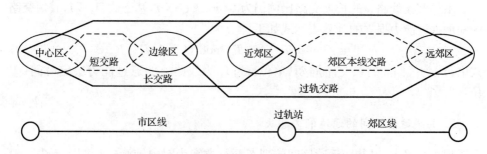

图 13-6　共线运营结合多交路的一般形式示意图

市区线采用长短交路嵌套的形式,短交路服务城市中心区与边缘区,全线长交路延伸到近郊区;郊区线在本线交路的基础上,部分列车采用过轨运输,过轨交路延伸到市区线的边缘区;共线运营区间为市区线的近郊段(原单交路区间)。

在衔接的市区线与郊区线上采用共线运营结合多交路的运营组织方式,对于市区线,可以利用过轨的郊区线列车提高长交路所在的近郊段的通过能力利用率;对于郊区线,通过过轨运输分散、消除在两线换乘站的换乘客流,大幅提高线路的通达性,同时适应长距离出行的需求——特别是早晚高峰的通勤客流,有很强的郊区与市区的直通需求。

13.3.2　共线运营结合多交路的两线通过能力的损失

根据共线运营结合多交路的一般形式,将两线简化为 4 个车站、3 个区间的形式,如图 13-7 所示。其中,A—C 区间属于市区线路 a,B 为市区线短交路的折返站[市区线的长短交路形式不妨仍以嵌套交路(a)为例],C 为过轨车站,C—D 区间属于郊区线路 b。

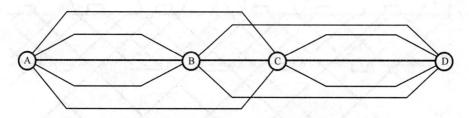

图 13-7　共线运营结合多交路的交路示意图

1. 线路 a 的短交路区间的通过能力损失

共线运营组织以提高线路 a 的长交路单交路区间的通过能力利用率为主要目的,共线运营区间的行车组织应在线路 a 的列车开行方案的基础上进行。因此,线路 a 的短交路区间的通过能力损失不受共线运营的影响。

不妨假设线路 a 的长短交路比例仍为 $1:k$（$k \in \mathbf{N}$），基于式(13-7)，其短交路区间的通过能力损失的计算表达式如下：

$$n_w^{A-B} = (3600/T_{al}) \times [T_{al} \bmod (k+1)I_a]/I_a \qquad (13-19)$$

式中，T_{al} 为线路 a 的长交路周期（单位：s）；I_a 为线路 a 的通过能力决定时间（单位：s）。

2. 共线运营区间的通过能力损失

根据交路图，以共线运营区间的列车开行方案为对象铺画运行图。不失一般性，假设郊区线列车在过轨前后的速度发生变化（一般为速度下降）；线路 a 的长交路列车和线路 b 的过轨交路列车的开行比例为 $1:r$。

铺图思路：在图 13-3 的基础上，根据共线运营区段的本线列车、过轨列车的主次关系，以线路 a 的长交路的运行周期为基础铺图。长交路采用与图 13-3 类似的受本线短交路限制下的最紧凑的发车间隔。线路 b 的过轨交路列车根据本线的通过能力决定时间 I_b 采用均匀的行车间隔时间到达过轨站，在 C－B 区间有通过能力的情况下过轨运输；否则折返。铺画所得的运行图，如图 13-8 所示（略去线路 a 短交路与线路 b 本线交路的列车）。

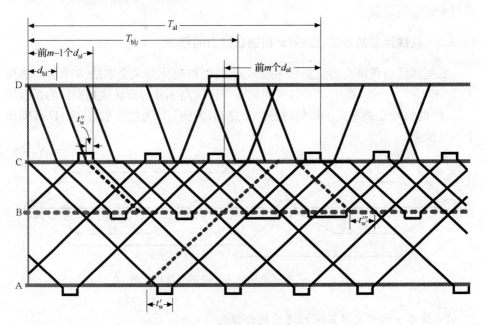

图 13-8　共线运营的两线路长交路与过轨交路运行图示意图

图 13-8 中，d_{al}、d_{bl} 分别表示线路 a 的长交路列车发车间隔和线路 b 的过轨交路列车发车间隔；过轨交路列车在共线运营区间的最小发车间隔，受到 a、b 两条线

路的通过能力决定时间 I_a、I_b 的共同制约,即 $\min d_{bl} = \max\{I_a, I_b\}$。

t_w'、t_w''',分别表示过轨交路列车在前 $m-1$ 个 d_{al} 内与第 m 个 d_{al} 内,由于无法采用最紧凑的发车间隔而造成的"空耗时间"。

T_{blj} 表示线路 b 的第 j 个过轨交路周期。

其他参数定义同 13.2 节。

根据铺图思路,对于 B−C 区间的前 $m-1$ 个 d_{al}(记为 $d_{al}^{(i)}$,$i = 1, 2, \cdots, m-1$),每个均可能无法被 $\max\{I_a, I_b\}$ 均分而分别产生一个 t_w';第 m 个长交路列车与前车的发车间隔 $d_{al}^{(m)}$ 可能产生一个 t_w''',即 t_w''' 在一个长交路周期内对应于一个 t_w',有 $t_w''' = t_w'$。由此可得,B−C 区间通过能力的损失为

$$n_w^{B-C} = (3600/T_{al}) \times \Big(\sum_{i=1}^{m-1} d_{al}^{(i)} \bmod \max\{I_a, I_b\} + [T_{al} \bmod (r+1)I_a] \Big)/I_a$$

(13-20)

3. 线路 b 的通过能力损失

对于线路 b 的本线交路与过轨交路而言,两者类似于 B−D 区间的短长交路,则 C−D 区间的通过能力损失可由式(13-7)推导得到。

设线路 b 的过轨交路(长交路)与本线交路(短交路)的开行列车比例为 $1:p$。由于过轨交路受线路 a 长交路的制约,进一步影响到本线交路,两者的周期并非定值,必须根据运行图的实际铺画情况予以计算。假设全天运营时间 D 内含 x 个过轨交路周期,即

$$\sum_{j=1}^{x} T_{blj} = D(s)$$

(13-21)

则平均单位时间(1h)内 C−D 区间通过能力的损失为

$$n_w^{C-D} = \begin{cases} \dfrac{3600}{D} \displaystyle\sum_{j=1}^{x} [T_{blj} \bmod (p+1)I_b]/I_b, & p \geqslant 1 \\[3mm] \dfrac{3600}{D} \displaystyle\sum_{j=1}^{x} [T_{blj} \bmod (1/p+1)I_b]/I_b, & 0 < p < 1 \end{cases}$$

(13-22)

13.3.3　结合共线运营的多交路线路通过能力最大化

1. 线路 a 的通过能力最大化

一般而言,线路通过能力决定时间的控制点是中间折返站,而两线均在 C 站折返,在折返作业允许的条件下,令两线的通过能力决定时间相同,即 $I_b = I_a = I$。此时,如果 A−B 区间采用如图 13-3 所示的长短交路列车发车间隔,那么 B−C 区间过轨交路对线路 a 长交路的前 $m-1$ 个发车间隔的分配也是充分均衡的,即

$$d_{al}^{(i)} \bmod \max\{I_a, I_b\} = d_{al}^{(i)} \bmod I = 0, \quad i = 1, 2, \cdots, m-1 \quad (13\text{-}23)$$

则共线运营区间的通过能力损失降低为

$$n_w^{B-C} = (3600/T_{al}) \times [T_{al} \bmod (r+1)I]/I \quad (13\text{-}24)$$

对于线路 a 的通过能力损失 n_w^a，有

$$\left.\begin{array}{l} T_{al} \bmod (k+1)I = 0 \\ T_{al} \bmod (r+1)I = 0 \end{array}\right\} \Rightarrow \min n_w^a = 0 \quad (13\text{-}25)$$

又易知：$T_{al} \bmod (k+1)I = 0$ 的充分条件为 $k \in \mathbf{N}$ 且 $T_{al} \bmod (k+1)I \geqslant I$。

同理，当 $r \in \mathbf{N}$ 且 $T_{al} \bmod (r+1)I \geqslant I$ 时，对于共线运营区间的通过能力损失，可以通过适当延长长交路折返时间使长交路周期成为 $(r+1)I$ 的整数倍，实现共线运营区间的通过能力损失降低为零。此时，线路 a 的所有交路（包括线路 b 的过轨交路）的追踪列车均采用一致发车间隔 I，达到最大的通过能力。

定义：实现 $T_{al} \bmod (k+1)I = 0$ 且 $T_{al} \bmod (r+1)I = 0$ 时的列车开行方案，为共线运营结合多交路运营模式下的多交路线路通过能力最大化的开行方案。

铺画多交路线路通过能力最大化的运行图，如图 13-9 所示。

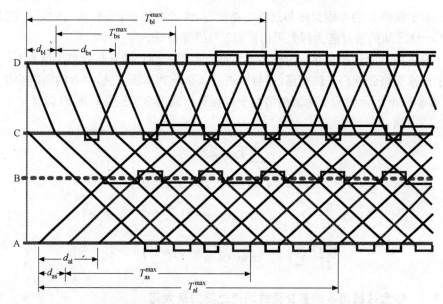

图 13-9　结合共线运营的多交路线路通过能力最大化的运行图示意图

2. 线路 b 的通过能力损失

在实现线路 a 通过能力最大化的开行方案下，线路 b 由于过轨交路的发车间隔受 B−C 区间的限制，有 $d_{bl} = I$，则 $d_{bl} \leqslant d_{bs}$，因此 $0 < p < 1$。由式(13-22)，得线路 b 的通过能力损失为

$$n_{\mathrm{w}}^{\mathrm{b}} = p\sum_{j=1}^{y}(3600/T_{\mathrm{bl}j}) \times [T_{\mathrm{bl}j} \bmod (1/p+1)I]/I \qquad (13\text{-}26)$$

$$y = 1/p \qquad (13\text{-}27)$$

在 $T_{\mathrm{al}} \bmod (k+1)I = 0$ 的前提下,探讨 $T_{\mathrm{bl}j} \bmod (1/p+1)I = 0$ 的存在条件。

根据已知两线列车开行对数的关系,当 B-C 区间所有列车采用 I 为发车间隔运行时,有

$$\left.\begin{array}{l} d_{\mathrm{as}} = d_{\mathrm{bl}} = I \\ d_{\mathrm{al}}/(k+1) = d_{\mathrm{as}} \\ d_{\mathrm{al}}/(r+1) = d_{\mathrm{bl}} \\ (1/p+1)d_{\mathrm{bl}} = d_{\mathrm{al}} = (r+1)d_{\mathrm{bl}} \end{array}\right\} \Rightarrow 1/p = r = k \in \mathbf{N} \qquad (13\text{-}28)$$

当且仅当 $k=1$ 时,$p=1$,可以通过延长折返时间实现 $T_{\mathrm{bl}j} \bmod (1/p+1)I = 0$(判定方法同多交路线路);$k \geqslant 2$ 时,$p < 1$,根据本节结论,线路 b 不具备通过能力损失最小化的充分条件。

13.4　算例研究

13.4.1　算例设定

假设两条如图 13-7 所示的线路,线路 a 的起讫车站为 A、C 站,线路 a 采用多交路运营,B 站为线路 a 小交路折返站;线路 b 的起讫车站为 D、C 站、B 站。线路的基本数据以及列车的运行数据如表 13-1 所示。

C 站是两线通过能力的控制点,受 C 站的折返能力所限,两线的通过能力决定时间 $I = t_{\mathrm{z}}^{\mathrm{C}} = 180\mathrm{s}$。

线路 a 的长短交路比例 $1:k = 1:2$。

表 13-1　假设线路数据

线路	车站	折返发车间隔/s	折返时间/s	区间	旅行时间/min
a	A	150	120	A-B	35
	B	150	120	B-C	25
	C	180	130		
b	D	150	120	C-D	30

13.4.2　数值计算

1. 未共线运营前的各线通过能力损失计算

计算以下两交路的初始周期:

$$T_{al} = 60 \times 2 \times (35 + 25) + 130 + 120 = 7450(s)$$

$$T_{bs} = 60 \times 2 \times 30 + 120 + 130 = 3850(s)$$

在不采用共线运营的情况下,两线的通过能力损失计算如下。

1) 线路 a 区间 A－B

未进行通过能力最大化铺图之前,单位小时的通过能力损失为

$$n_w^{A-B} = (3600/T_{al}) \times [T_{al} \bmod (k+1)I]/I$$

$$= (3600/7450) \times [7450 \bmod (3 \times 180)]/180$$

$$\approx 1.2(\text{列}/h)$$

判断能否达到最大通过能力:

$$t'_w = T_{al} \bmod (k+1)I = 7450 \bmod (3 \times 180) = 430(s) > 180(s)$$

因此,可以达到区间 A－B 的最大通过能力,需要延长长交路在 C 站的折返时间:$(k+1)I - t'_w = 540 - 130 = 110(s)$。

此时,区间 A－B 的通过能力损失为

$$\min n_w^{A-B} = 0$$

因此,通过延长折返时间 110s,区间 A－B 的单位小时通过能力提高了 1.2 列。

2) 线路 a 区间 B－C

未进行通过能力最大化铺图之前,单位小时的通过能力损失为

$$n_w^{B-C} = (3600/T_{al}) \times \left(mk + [T_{al} \bmod (k+1)I]/I \right)$$

$$= (3600/7450) \times [\text{int}(7450/(3 \times 180)) \times 2 + 7450 \bmod (3 \times 180)/180]$$

$$\approx 13.7(\text{列}/h)$$

通过延长长交路在 C 站的折返时间,当区间 A－B 的最大通过能力达到最大时,区间 B－C 也相应提高通过能力,损失值降为

$$\min n_w^{B-C} = 3600k/(k+1)I = 3600 \times 2/540$$

$$\approx 13.3(\text{列}/h)$$

因此,通过延长折返时间 110s,区间 B－C 的单位小时通过能力提高了 0.4 列。

3) 线路 b

线路 b 独立运营的平行运行图中,单位小时的通过能力损失为

$$n_w^{C-D} = (3600/T_{bs}) \times (T_{bs} \bmod I)/I = (3600/3850) \times (3850 \bmod 180)/180$$

$$\approx 0.4(\text{列}/h)$$

2. 结合共线运营的多交路线路通过能力最大化的开行方案

线路 b 部分列车过轨运行到 B－C 区间与线路 a 的长交路列车共线运营,过轨列车采用 $d_{bi} = I$ 的发车间隔均匀地进入 B－C 区间,即采用结合共线运营的多

交路线路通过能力最大化开行方案,铺画的相应运行图如图 13-10 所示。

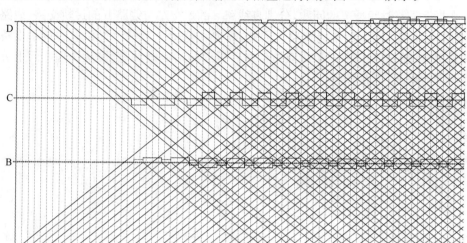

图 13-10　两线采用共线运营结合多交路的算例方案运行图(2min/格)

对于线路 a,有 $k = 2 \in \mathbf{N}$ 且 $T_{\mathrm{al}} \bmod (k+1)I = 430\mathrm{s} \geqslant I = 180\mathrm{s}$。根据 11.3.3 节的结论,可知共线运营后,线路 a 通过延长折返时间 110s,可达到最大的通过能力,全线通过损失能力为零,即 $\min n_{\mathrm{w}}^{\mathrm{a}} = 0$。

令线路 b 的过轨交路与本线交路比例为 $1:p$,由式(13-28)可知,当实现 $\min n_{\mathrm{w}}^{\mathrm{a}} = 0$ 时,有 $p = 1/k = 1/2 < 1$。

根据运行图 13-10,$T_{\mathrm{bl1}} = 7200\mathrm{s}$,$T_{\mathrm{bl2}} = 7380\mathrm{s}$。

由式(13-26)可知线路 b 的通过能力损失为

$$n_{\mathrm{w}}^{\mathrm{b}} = \frac{1}{2} \sum_{j=1}^{2} (3600/T_{\mathrm{bl}j}) \times [T_{\mathrm{bl}j} \bmod (1/p+1)I]/I$$

$$\approx 0.7(\text{列}/\mathrm{h})$$

与独立运营的情况相比较,共线运营后线路 b 的通过能力损失增加了 0.3 列/h。

算例结果表明,通过采用结合共线运营的多交路线路通过能力最大化的开行方案,在损失郊区线通过能力 0.3 列/h 的条件下,提高了市区线原单交路区间通过能力 13.3 列/h,实现了市区线全线通过能力利用率 100%。

综上所述,郊区线与多交路的市区线采用共线运营方式时,可以通过调整共线运营区间各交路折返时间,提高市区线的通过能力,当市区线长交路发车频率不高于短交路且"空耗时间"不小于线路通过能力决定时间时,可以实现全线通过能力最大化;该运营组织方法可能导致郊区线通过能力损失,需要通过式(13-26)的计算结果确认能力损失值。

　　必须指出的是,由图 13-9 可知,采用上述行车组织方式,可能导致在 B、C 两站存在折返进路时间冲突的问题,分别是线路 a 的短交路与线路 b 的过轨交路、线路 a 的长交路与线路 b 的本线交路。因此,需要在这两个车站设置相应的技术设备并采用合理的进路,例如,采用双站台站后折返的站线设计,直接从物理空间上分离两者的进路,从而消除冲突。

第14章 网络列车运行计划一体化编制方法

根据新中国成立以来我国不同时期铁路列车运行计划编制的特点,本章提出将运行计划编制从方法论上划分为 4 个阶段,并分析归纳了这 4 个阶段编辑方法的基本特征、主要成果、与发达国家的差异及存在问题。接着,本章根据列车运行计划编制涉及的主要方法与技术,从列车运行图、人员与设备周转计划、车站作业计划、方案计算验证 4 个方面分析了列车运行计划编制的主要方法和技术关键。通过对列车运行计划集成编制的研究,提出了新一代列车运行综合计划编制的系统框架、需要突破的关键科学问题以及技术实现的要点。最后,结合作者在该领域已经取得的研究进展,阐述了新一代列车运行综合计划系统的功能及其应用案例。

14.1 引　　言

铁路运输具有"高度集中,大联动机,半军事化"的特点,其生产过程组织可以被认为是最严谨的陆地运输生产方式之一。铁路运输的生产流程,经历了从客货运输需求(客货流)、车流到列车流的过程,该过程每一个环节都需要进行详细规划。列车运行组织过程是指从需求分析与预测开始,一直到乘客到达目的地、货物交付货主的整个运输过程所涉及的全部活动的设计、实施与监督过程。具体来说,它包括需求分析与预测、车流组织、客车开行方案与货物列车编制计划编制、列车运行图及相关计划编制、车站作业计划编制,以及为实施上述计划所采取的列车运行调整与调度指挥活动。图 14-1 给出了铁路运输生产组织具体过程的一个基本描述。

可以看出,列车运行计划也是铁路运输的综合计划,因为它对内是铁路运输系统中工务、机务、电务、车辆以及运输管理部门、各环节工作的基本依据,铁路运输的所有活动都必须围绕它来开展。以列车时刻表形式发布的铁路运行计划对乘客和货主是一种服务的承诺,很大程度上界定了铁路运输产品的性能与质量。

新中国成立以来,我国列车运行计划的编制从方法及采用的手段上可以分为 4 个阶段(图 14-2)。第一阶段是以手工编制为主的阶段,这一阶段编制方法的基本特征是:基础数据准备时间长,重复性工作多;采用全手工编制,效率低;区段之间的接续衔接与协调依靠人工谈判,优化效果差;每次编制需要 3 个月,周期 2 年;这一阶段从新中国成立以后一直到 20 世纪 70 年代末。

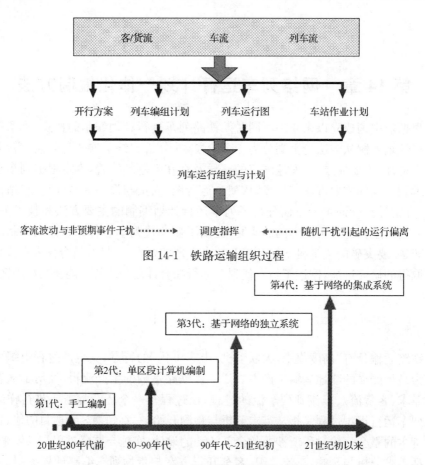

图 14-1　铁路运输组织过程

图 14-2　不同时期列车运行计划的编制

　　第二阶段是单区段计算机编制阶段,时间大致从 20 世纪 80 年代初到 90 年代初,其特点是:以模拟手工编制过程为主,效率有所提高;区段之间的接续衔接与协调仍依靠谈判,长途列车优化效果难以保证;每次编制需要 3 个月,周期 1 年。

　　第三阶段是从 20 世纪 90 年代初开始的,可以称为"基于网络的独立系统编制阶段",这一阶段的特点有两个方面:一方面,采用分布式处理与并行计算技术,通过人机对话的半自动化方式初步解决了区段之间长途列车接续衔接与协调的优化问题;另一方面,这一阶段的计划编制与调整之间、列车运行组织与牵引供电、设备维修之间仍为独立系统,底层基础数据的一致性仍比较缺乏。

　　21 世纪以来,我国铁路列车运行计划编制进入集成编制的第四阶段。这一阶段面临的需求主要体现在两个方面:一是需要解决大规模网络条件下基于实时计算需求的列车群运行的快速计算方法及实现技术,以适应客运专线、高速铁路、城际铁路列车运行计划编制的需求;二是在第三阶段基础上需要解决基于实际经验的专家知识库及推理机的构建与实施技术,提高系统的智能化水平,为编制高精细度、高可靠性、高服务质量的运输计划奠定基础。

14.2 编制方法的历史沿革

铁路列车运行计划研究的重点包括列车运行图、设备与人员周转计划、运行调整计划及计划实施的模拟验证技术四个主要方面。

14.2.1 列车运行图编制

列车运行计划编制中最核心的部分是列车运行图的编制。运行图编制一般可分为战略、战术与运营三个层次。战略层面需要研究确定列车运行计划编制的总体目标、需要重点关注的要点以及计划编制与审批的程序等;战术层面研究的主要内容是根据客流分布确定列车开行方案、跨区段列车的协调以及方案运行线的确定等;运营层面则需要研究确定具体的运行线方案、疏解相关固定设备和移动设备在运用过程中的冲突、分析最终运行图指标等。

计算机编制列车运行计划的早期研究主要集中在模拟人工思维。人的经验被固化在模型中,模型的适应性以及灵活性相对较低;此后,研究重点转移到以专家系统为主的人工智能方法上,但由于知识获取、表示等方面的困难,加上大规模知识搜索导致效率的降低限制了该方法的进一步应用。

目前,该领域研究的焦点主要集中在数学规划方法上,模型的形式以线性混合整数规划为主,非线性混合整数规划以及整数规划较少,模型的求解一般采用分支定界、启发式算法、拉格朗日松弛法或专用的数学规划软件等方法。与人工智能方法相比,数学模型虽然能较准确地描述问题,有利于获得最优方案。不过,由于路网的庞大以及问题的复杂性导致大多模型仅就某一方面,如列车的到发时刻、到发线的运用、能耗等,进行建模,而忽略了其他相关因素的影响,并且大部分模型只适用于简单的算例。

20世纪90年代以后的部分研究讨论了以上各种方法的组合应用。如周磊山等(1998)用离散事件动态系统建立了列车运行过程的状态转移方程,提出了路网结构的分层节点表示法和列车时刻表的序列事件表示法,并设计了网状线路条件和多条列车路径条件下列车运行时刻表规划的网络分层并行算法(NHPA),提出一种统一布点、按列车优先级分层的算法来求解运行图,并以此为基础,对列车到发时刻、到发线以及机车运用等采用有限时域滚动优化算法实现了列车运行的实时调整。倪少权等(2001)在编制列车运行图的系统中采用专家系统设计了列车运行调整子系统,可以对所编制的运行图进行调整。史峰等(2005)建立了以总旅行时间最小为目标的混合整数规划模型,并提出了时间循环迭代优化方法,在阶段优化的基础上按时间循环迭代进行求解,逐步得到整体优化运行图。彭其渊等(1994)以列车总旅行时间最小、列车技术站接续时间最小和机车总消耗小时最小为目标,建立了完整的网络运行图编制模型,并对问题按照区段进行了分解,采用加边法进行滚动优化,该模型具有较强的实用性及对复杂网络结构的适应性,但解的优化程度依赖于第一个区段的选择。孙焰等(1993)借鉴车间调度问题以单线区间上一个车站接续最好为目标建立了列车最优运行次序的排序模型,并应用网络理论设计了一个分支定界求解算法。聂磊等(2001)提出的有效时间链法、回溯搜索法、有效时刻插入法以及自动阶段移线法等均属于模拟方法,较好地解决了高速、高密度运行图的求解问题。

14.2.2 设备运用与人员周转计划编制

合理可行的人员与设备运用计划是保障列车运行计划实施性的基础,其周转需要满足一定的约束条件。与列车运行相关的设备运用计划包括动车组运用计划、乘务组周转计划以及车站作业计划。

在机车(动车组)周转计划编制中,考虑到机车(动车组)数量既可作为约束条件,也可作为优化的目标。由于各类计划之间的关联性,这里可以运用双层规划思想,将计划编制过程分为由开行方案编制、运行线及机车接续框架计划编制等组成的战略层和由运行线冲突疏解、车站作业计划和动车交路计划组成的战术层两个层次,建立列车开行方案和列车运行计划编制的双层优化模型,从而提高计划的可实施性,提高整体优化水平。

在车站到发线运用计划编制方面,需要考虑不同类型线路客流需求规律和运营组织特点,根据给定的客流及设备特征信息,研究解决基于乘客出行需求与服务水平变化的车站能力的供需均衡问题,实现基于信息共享与多岗位、多目标协调优化的车站作业计划编制系统,最终制定车站作业计划及设备运用方案,实现枢纽环境下多方向列车运行计划编制的多目标、多岗位一体化编制。这里,整数规划算法得到较普遍采用,并在到发线运用调整中考虑了与列车运行调整方案的结合。此外,滚动调整启发式算法较好地考虑了到发线调整对于列车运行秩序的反馈影响,使到发线调整与列车运行调整形成了一个完整的闭环过程,可以保证整体调整方案的进一步优化。

车站作业计划编制中还需要解决基于多粒度仿真的高精细度冲突疏解技术,针对我国铁路列车运行组织高密度的特点,运用多目标评价、计算机仿真技术,建立列车运行计划调整、车站作业过程中的冲突疏解模型,实现冲突疏解方案的仿真验证,以满足现代铁路运输高可靠性、高质量服务的要求。

14.2.3 列车运行调整计划

在实际运行中,列车可能会因为各种因素的影响偏离计划的运行轨迹。因此,调整与调度指挥就是在列车运行计划既定条件下,根据可能的扰动及其导致的运行偏离和当时的设备与人力资源约束条件,综合运用各种理论、方法与技术,对列车运行作出科学合理的调整,以保证列车安全、有序、高效运行。

列车运行调整与调度指挥的早期研究重点主要集中在模拟方法,其核心思想为以人工经验为指导,以启发式搜索或离散事件动态系统方法为手段寻找可行或满意的运行调度方案。20 世纪 70 年代,美国联邦铁路局采用计算机模拟方法研究铁路运输组织问题,分析了线路能力与各种影响因素之间的统计关系。此后,Mellit 等(1978)研究了快速轨道交通系统的运营组织及列车调度问题。20 世纪 90 年代,Booch(1991)构建了一个大型铁路网络的管理与调度系统,涉及列车径路选择、系统运行监督、交通规划、线路定位、碰撞避免、失效预测及设备维护等方面。文献开始探讨大规模路网为背景的列车综合协调,运行调整和协调也从局部优化发展为全局寻优,并应用了分布式的智能调整和协调理论和方法。研究问题涉及大规模路网行调与客调、货调或者既有铁路之间协同工作模式与方法,故障或晚点的传播扩散理论以及运行图预测和调整控制方法等。此外,Dorfman 等(2004)建立了一个离散事件模型,提出了 Greedy TAS(travel advance strategy)方法来模拟列车运行过程,解决列车间的运行冲突,其能力检查算法可避免系统死锁;Cheng(2000)构造了一个基于网络的事件驱动的模拟模型以解决列车调度过程中的冲突问题。模拟方法具有易于建立计算机模型、求解速度快等优点,但难以实现优化,并且由于人的经验被固化在模型中,降低了模型的适应性及灵活性。

随着人工智能技术的发展,专家系统以基于知识的推理功能受到关注。例如,Komaya(1992)提出了一种以模拟和专家系统为主要手段的方法,该方法中包含局部模拟、基本命令、战术层面知识以及战略层面知识等内容,局部模拟和基本命令用以模拟列车的运行过程,战术层面知识解决局部的规划,战略层面知识在模拟以及局部规划的基础上利用专家的经验进行宏观控制。Fay(2000)在启发式知识中加入了模糊评判规则,并使用 Petri 网来形式化描述具体的推理过程来应对列车运行扰动,建立了调度辅助决策系统。Chiang 等(1998)以台湾铁路为背景实现了一个基于知识的铁路计划编制系统,以专家系统的方式解决运行线之间的冲突问题。专家系统较好地解决了模拟方法的缺陷,但由于知识的获取、表示等困难,加以大规模知识搜索导致效率的降低都限制了该方法的进一步应用。自 1971 年 Amit 和 Gildfarb 将数学规划方法用于计划编制与调整领域以来,不少学者相继以旅行时间最短、成本最小、收益最高、运行图的抗干扰性最好等为目标建立了运行计划编制;在运行调整方面,主要考虑了与计划运行图的偏差最小、晚点时间最小等目标,这些模型运用了线性混合整数规划、非线性混合整数规划以及整数规划等方法,模型的求解多数采用了分支定界、启发式算法、拉格朗日松弛法或专用的数学规划软件等方法。

　　国内自 20 世纪 60 年代起开始计算机编制运输计划以及列车运行调整等方面的研究工作,其重点是高负荷下客货混跑线路背景下的调度算法。例如,杨肇夏等(1985)分析了列车晚点的影响因素以及传播的规律,提出了运行图的动态性能指标。程宇等(1998)根据我国铁路的特点,建立了列车运行调整的专家系统;对运行图的编制以及运行调整均具有重要的指导意义。

　　作为一种典型的多目标优化问题,列车运行调整问题的解法主要有规划方法、人工智能方法、模拟方法、智能优化算法等。多数研究的思路采用以人工智能与计算机模拟相结合的运行调整方法。例如,以人工智能方法为基础,提出基于离散事件和人工调整模拟的滚动调整算法,用于解决双线的列车运行调整问题。另一方面,以计算机模拟方法为基础,可以根据列车运行调整特点建立列车运行仿真模型,对上述方法产生的备选调整方案进行仿真评估,最终选择最优方案用于实施。上述算法效率高,调整速度快,能较好地适用于实时列车运行调整过程中。

14.2.4　计划实施的模拟验证方法

　　对列车运行计划从模拟角度加以验证是提高运输计划编制质量的重要内容,而关于列车运行过程计算的技术是列车运行计划编制和计算验证的基础。各类运输计划编制后,需要运用现代计算(模拟)技术对各类计划及调整计划(调度方案)进行验证,以寻求更容易实施的计划。Cordeau 指出:模拟方法之所以较数学规划方法更多地在实践中得到应用,是因为数学规划模型虽然能较准确地描述问题,有利于最优方案的获得,但由于路网的庞大以及问题的复杂性使得多数模型必须进行简化或分块建模,如分别按列车到发时刻、到发线运用、能耗分析等进行建模;分块建模忽略了其他相关因素的影响,且大部分模型只适用于简单的算例。在这方面,北美铁路常用的 RAILSIM 软件以 TPC(train performance calculator)为基础,可以精确地描述铁路系统中的所有列车的运行轨迹,为调整提供了有效手段。日本交通控制实验室在 80 年代开始研制的 UTRAS 系统以及我国毛保华团队的研究成果 GTMSS 系统均可以对多列车运行及调度方案进行评价。

　　快速计算技术还可以改进传统轨道交通设计中存在的效率不高问题,为考虑更加复杂局面下的组织优化问题提供可能。毛保华等研制了列车运行计算系统,并在现代计算机技术与信息技术的基础上,对列车运行计算方法进行了一系列重要改进:包括将列车视为与实际更为接近的均匀质量带而不是质点;采用实际线路条件而不进行有失精度的简化;根据列车实际编组来计算阻力与制动力等。采用可控制精度的等步长法来替代传统的基于线路条件简化的事件表法;计算过程中考虑了基于位置变化的列车间的相互作用;考虑不同信号闭塞方式以及它们对不同种类列车的信息含义与效果等。设计的节时算法可用于评估列车牵引潜力和确定牵引定数,定时算法可用于运行图再现及实时仿真,节能算法可用于列车实时在线的操纵指导和驾驶员培训等；这些不同的操纵策略可以服务于不同需求等。在国内首次实现了多列车实时运行过程计算，解决了列车群运行计划的计算实验技术问题，为运行计划一体化编制奠定了基础。此后，他们还先后将其用于多列车运行环境下的信号机布局问题，丁勇等(2003)则探讨了大规模仿真过程中的并行处理算法的效率及优化方法。

理论上，计划编制过程采用由流到线、由框架至具体计划的由粗到细的优化过程。这里可以应用一系列新方法：运行线以及动车运用框架编制采用智能搜索以及线性混合整数规划的混合优化方法，调度指挥中运行线的冲突疏解采用按照时段进行的滚动优化，动车交路计划的编制采用 0-1 整数规划、模拟人工以及智能搜索混合的优化方法，车站作业计划编制采用禁忌搜索。

与西方学者相比，国内学者更侧重于获得问题的可行解，因为国外学者所研究的对象基本上是能力比较富裕、运营管理比较成熟的系统，而我国铁路的能力非常紧张，运营模式尚在不断变革中。从工程实践角度来看，国内的研究多数还停留在各类计划的单独编制阶段，具有整体思想的一体化编制平台仍处于探索之中。例如，对轨道交通系统而言，动车组运用既是约束条件，又是优化目标。编制列车开行方案时考虑动车组的运用，有利于保证计划的可行性和整体优化性。因此，有必要将列车开行方案和运输计划一体化编制，综合考虑各计划间的内在联系和相互影响，以保证计划的可实施性和整体优化性。

14.3 列车运行计划集成编制方法研究

与西方发达国家相比，我国的铁路问题具有 3 个重要特点：一是负荷高，这使得运输过程中相关因素之间的协调难度成几何级数增加，建模的难度也迅速增加；二是长距离列车多，包括夜行列车组织及设备维修计划等问题，极大地增加了计划编制过程的复杂性；三是需要考虑与既有线的运营协调与兼容，涉及的网络复杂度显著增加。

14.3.1 技术需求分析

列车运行调度的核心任务是在列车运行计划既定条件下，在列车运行过程中，根据可能的扰动及其导致的运行偏离和当时的设备与人力资源约束条件，综合运用各种智能与信息技术、现代计算技术、系统科学理论和运筹学方法，对运行过程作出科学合理的运行调整，以保证列车安全、有序、高效地运行，实现为乘客提供高质量服务的目标。

传统的运行组织系统中，各类计划是按顺序分别编制的，缺乏足够的反馈修正，全局优化效果与计划预见性不够理想，实际执行中兑现率低。这种状况难以适应现代铁路列车运行组织高速度、高密度的要求。因此,铁路运输计划的编制应该从"规划型"行车模式入手,解决具有"高精细度和高可靠性"特点的运输计划一体化编制技术。

与我国既有线路相比,以高速铁路、客运专线和城际铁路为代表的新型铁路系统对服务质量有了更高要求,因此,列车运行计划编制方法需要考虑 2 个重要的需求特征:一是列车运行组织方案要更多地考虑需求特性,包括时间与空间规律;二是运行计划编制要求具备更高的稳定性、可靠性,这是保证计划实施过程质量的重要基础,因此,在计划编制过程中需要进行更高精细度的分析、验证和评估。

14.3.2　理论与技术难点

我国铁路列车运行调度要考虑的主要理论问题包括以下 3 个方面。

首先,要研究复杂线路网络上多种类列车流在偏离预定轨迹时的调整理论,建立不同目标体系下的列车运行线综合调整模型,提出实时快速的模型求解方法,最终建立多种类列车运行调整中的冲突疏解理论。

其次,要研究城市地区综合交通枢纽内多方式联合运输条件下面向乘客的运行计划编制理论及动态实施算法,建立多方式运输组织及调度调整模型,提出不同各类实用算法,尤其是大型枢纽内基于多方式接续的列车运行计划编制及动态调整优化算法。

第三,要研究建立集计划编制与调度调整于一体的列车运行组织多目标优化模型,提出各种不同运行条件下列车运行计划编制的实用算法,最终建立列车运行计划编制与调度实施计划一体化编制理论体系。

因此,新一代列车运行计划编制方法需要解决 3 个方面的关键科学问题:首先,要研究轨道交通网络客(货)流、车流、列车流的形成与作用机理,建立多类流并存条件下列车组织方案优化模型与算法;其次,要研究列车运行计划编制过程中专家知识表达与学习机理,建立计划编制过程中的专家知识积累模型;第三,要研究建立高负荷、有干扰条件下多部门计划编制与运行调整中的多目标优化方法与快速协调模型,为列车运行调整与调度提供优化手段。

14.3.3　编制思路研究

如前所述,第四代运行计划编制的基本思想起源于 21 世纪初。2005 年,北京交通大学开始致力于研发轨道交通计划编制平台,到 2008 年基本建成了具有实用功能的计算机综合实验平台(图 14-3)。

该平台需要突破的技术关键主要包括:

(1)以第三代计划编制技术为基础,在架构上需要寻求一种具有更好的可扩展性的通用计划编制实验系统框架。

（2）突破传统数据结构模式，建立统一的集成数据服务平台，能够支撑实现列车开行方案、列车运行计划、动车组周转计划、乘务周转计划、车站作业计划的一体化编制。

（3）鉴于各类列车运行环境的动态与复杂特性，需要研究采用多智能体技术、分布式并行处理技术等，解决列车群在复杂运行环境下整个移动过程的实时计算效率问题。

（4）计划编制过程涉及大量难以描述的智能因素，需要研究采用人工智能方法建立系统的自学习机理，初步解决运行调整及车站多类列车冲突疏解中的专家知识积累难题，以便提高系统的智能化水平。

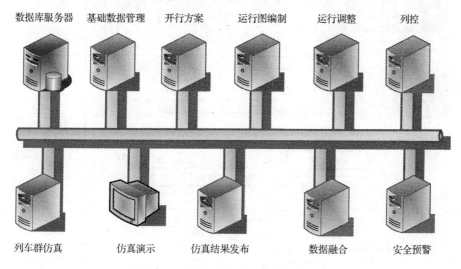

图 14-3　列车运行计划一体化编制平台

此外，作为系统的重要基础，本平台需要研究解决通过实际运行记录仪数据修正运动方程参数的技术，实现运行计划参数的快速标定，为动态运行计划及其调整提供手段。

图 14-4 描述了一体化平台的算法逻辑与系统的主要功能。

与过去的平台相比，本平台在技术上的具体思路主要有：

（1）通过 HLA 技术，搭建起具有良好可扩展性的通用实验系统框架；在系统的具体算法方面，运用多智能体技术和分布式并行处理技术解决了复杂运行环境下列车群实时计算的算法效率问题。

（2）针对列车运行计划中不确定性因素多、人工经验影响大的特点，通过人工智能等技术，在系统各模块中建立了自学习机理，解决了运行调整及车站多类列车冲突疏解中的人工知识积累难题。

（3）在列车运行过程的建模过程中，充分利用车载的实际运行数据记录仪中

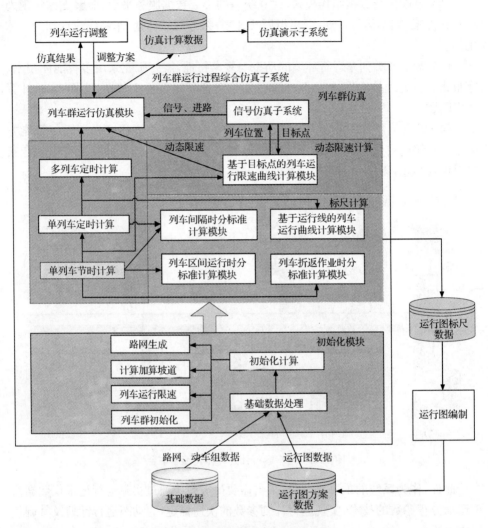

图 14-4　一体化平台的算法框架

的实时数据,建立了运动方程参数滚动修正模型,实现了运行计划参数的快速、实时标定,为动态运行计划及其调整提供了手段。

14.4　列车运行计划集成编制系统的实现

以上述框架为基础,作者团队依托铁道部交通运输系统模拟开放实验室和教育部城市交通复杂系统理论与技术重点实验室研制了列车运行计划集成编制系统。图 14-4 描述了该系统的逻辑与算法框架。

系统实现的主要功能包括以下几个方面。

第一，系统以现代铁路为背景，融入了作者建立的计划编制与调整、列车运行组织与过程计算、设备运用与维修一体化模型，建立了实用平台。这些算法及功能为研究轨道交通系统多工种、多岗位、跨专业的运输组织优化问题提供了理论与方法基础。

第二，在系统研制过程中，建立了列车流演化的动力学模型与乘客期望值目标规划模型，解决了乘客出行分布不确定条件下基于乘客出行需求与服务水平变化的开行方案编制优化问题。同时，研究了列车群运行计算理论与过程优化方法，建立了不同闭塞方式下站点布局、信号机设置优化模型；提出了固定站间运行时分的节能算法以及基于列车实际晚、早点状况的轨迹校正算法。这两点突破使列车运行计划及其调整方法从传统的静态模式发展到动态模式，为高精细度、高服务质量的计划编制提供了理论基础。

第三，系统研究提出了枢纽地区列车作业过程中时空冲突的疏解方法，构建了车站进路选择的 0-1 整数规划模型及逐步寻优的复合优化算法。可以实现高负荷条件下不同方向列车接入枢纽站时的车站设备综合运用计划的优化编制。该突破极大地强化了我国高负荷混跑运营环境下运输计划的可靠性和可实施性，缩小了基本计划与具体运营组织过程的距离，提高了计划的整体优化水平。

第四，从一体化思想出发构建了客运专线列车开行方案和运输计划的集成编制模式。在分析我国客运专线运营模式对开行方案和运输计划编制影响的基础上，剖析了开行方案、列车运行计划、动车组运用计划和乘务计划之间的内在联系，建立了计划间的自动反馈机制和一体化编制列车开行方案和运输计划的模型。

第五，研究了基本图、日班计划和阶段计划一体化的模式下的列车运行智能调整问题，建立了基于 MAS 理论的多级分层调度框架，便于实现调度指挥的相互协调与配合，突出了运行调整优化问题的全局优化与局部优化的统一性；开发了列车运行调整智能辅助决策支持系统。

第六，在运行调整的多智能体模型中，利用智能体间的交互与协调实现了调度系统中同层次的子系统之间相互协调，上下层的子系统进行仲裁决策的机制，对调整方案在全局寻优提供了有效方法。

第七，研究了轨道交通区段列车群运行过程的计算理论与相关优化算法，建立了列车运行过程相关参数的优化模型，提出了不同闭塞方式下车站布局、信号机设置、列车运行行为优化方法。

第八，研究了两站间有给定运行时分约束时的节能运行算法，提出了根据列车实际运行状况(晚、早点)校正列车运行轨迹的算法，并在研制的系统中实时实现了相关算法，运行结果表明算法的列车运行时间精度达到了国际先进水平，满足了机车实时操纵指导系统的要求。

图 14-5 给出了系统的部分界面。

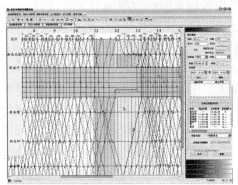

(a) 列车站间运行与车站作业一体化协调模块   (b) 运行计划参数标定模块

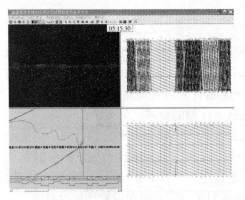

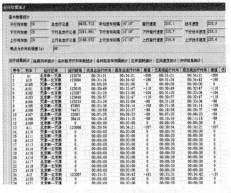

(c) 运行计划综合校验模块(图形界面)   (d) 运行计划综合校验系统(表格界面)

图 14-5　列车运行计划集成编制平台界面

14.5　结　　论

在 20 世纪 90 年代系列成果基础上,第四代计划编制方法针对我国轨道交通系统列车构成复杂、网络结构多样化、线路定位差异大、运输组织过程不确定性大等特点,深刻剖析了面向市场需求并考虑资源运用优化的列车编组计划(列车开行方案)、运行计划编制与日常调度计划的一体化编制技术,主要特点如下:

(1) 建立了基于网络的列车运行图编制模型及求解算法,利用分布式算法、并行处理与多智能体技术,研制了集计划编制、实施控制与仿真评测为一体的实验平台,为开展不同需求条件下列车运行图编制与优化、网络列车运行调整的优化方法及实施技术、列车运行组织分析与评价提供了实验环境和技术支持。

(2) 通过对网络轨道交通流的形成和演化机理的深入研究,提出了轨道交通网络系统中列车流演化的动力学模型,并用于列车编组计划模拟和实际现象分析,讨论了网络条件下列车的延迟传播以及轨道交通流的演化机理,研究了轨道网络的空间关联特性,为车流径路以及编组计划的优化编制奠定了理论基础。

(3) 在工程技术领域,在分析我国铁路运营模式对列车开行方案和运输计划编制影响的基础上,剖析了列车开行方案、列车运行计划、动车组运用计划和乘务计划之间的内在联系,建立了计划间的自动反馈机制和一体化编制列车开行方案和运输计划的模型。

(4) 研究了轨道交通区段列车群运行过程的计算理论与相关优化算法,建立了列车运行过程相关参数的优化模型,提出了不同闭塞方式下车站布局、信号机设置、列车运行行为优化方法;在两站间有给定运行时分约束时的节能运行算法研究中,提出了根据实际运行状况(晚、早点)校正列车运行轨迹的算法,并在研制的系统中成功地实时实现了相关算法,运行结果表明算法的列车运行时间精度达到了国际先进水平,满足了机车实时操纵指导系统的要求。

参 考 文 献

安栓庄.2008.轨道交通客流预测的几个关键问题.北京,轨道交通客流预测研讨会.

柏赟.2010.内燃牵引货物列车节能操纵模型与实时优化算法.北京:北京交通大学博士学位论文.

班长青.1966.铁路列车运行图的编制方法.北京:人民铁道出版社.

北京地铁运营公司设计研究所.2009.轨道交通网络规划与网络化运营技术关系研究.北京地铁运营公司设计研究所.

北京交通发展研究中心.2009.北京地铁六号线客流预测专题报告.北京交通发展研究中心.

曹守华,袁振洲,赵丹.2009.城市轨道交通乘客上车时间特性分析及建模.铁道学报,31(3):89—93.

陈绍宽.2006.铁路牵引供电系统维修计划优化模型与算法.北京:北京交通大学博士学位论文.

陈绍宽,李思悦,李雪等.2008.地铁车站内乘客疏散时间计算方法研究.交通运输系统工程与信息,8(4):101—107.

陈帅,孙有望.2008.大都市市域通勤轨道交通网规划方案评价.同济大学学报(自然科学版),36(3):344—349.

陈涛,蒋文,刘智丽等.2010.基于改进拓扑度量法的城市轨道交通网络可达性分析.2010年交通运输类院校研究生学术论坛,1—6.

陈团生,毛保华.2005.轨道交通系统在航空枢纽运用研究.2005全国博士学术论坛论文集.

陈团生,毛保华,高利平等.2007.客运专线旅客出行选择行为分析.铁道学报,29(3):8—12.

陈团生,毛保华,何宇强.2006.旅客列车发车时间域优化研究.铁道学报,28(4):12—16.

程宇,秦作睿.1992.列车运行调整专家系统的研究.铁道学报,14(2):42—50.

单连龙.2004.国外大城市交通发展的经验及思考.综合运输,26(3):66—69.

单宁,宋键.2003.重庆市轨道交通三号线运输能力及行车交路研究.地下工程与隧道,13(2):8—13.

丁勇.2005.列车运行计算与操纵优化模拟系统的研究.北京:北京交通大学博士学位论文.

丁勇,毛保华.2003.城市轨道交通列车运行并行计算与仿真.系统仿真学报,15(9):1234—1236.

法国SYSTRA公司.2002.北京市城市轨道交通线网优化调整方案.

方昌福,张海波.2004.深圳市轨道交通在资源共享方面的尝试.都市快轨交通,17(6):12—15.

方蕾,庞志显.2004.城市轨道交通客流与行车组织分析.城市轨道交通研究,42—44.

高爽,蒋学良.2008.城市轨道交通资源共享探讨.世界轨道交通,6(10):48—50.

顾保南.2000.上海市城市轨道交通网络规划方案评价.城市轨道交通研究,3(3):38—40.

顾伟华.2005.上海城市轨道交通网络建设与资源共享.城市轨道交通研究,8(6):15—19.

郭春安.2004.北京城市轨道交通线网调整规划.都市快轨交通,17(1):9—15.

郭富娥.1993.利用计算机编制旅客列车运行方案.铁道学报,15(2):71—75.

郭欢,陈峰.2010.城市轨道交通资源共享探讨.铁道工程学报,27(1):99—103.

何宇强,毛保华,宋丽莉.2005.大规模客流条件下铁路车站旅客安全保障体系的研究.中国安全科学学报,15(9):17—20.

何宗华,汪松滋,何其光.2003.城市轨道交通运营组织.北京:中国建筑工业出版社,

洪玲,陈菁菁,徐瑞华.2006.市域快速轨道交通线行车间隔优化问题研究.城市轨道交通研究,9(3):35—37.

侯云章,戴更新,刘天亮等.2004.闭环供应链下的联合定价及利润分配策略研究.物流技术,23(6):50—52.

胡凯山,裴红玫,梁伟聪.2005.双层岛式同站台换乘车站.铁道建筑,45(9):47－49.

胡思继.2007.列车运行图编制理论.北京:中国铁道出版社.

黄荣.2010.城市轨道交通网络化运营的组织方法及实施技术研究.北京:北京交通大学博士学位论文.

黄荣,毛保华,刘智丽等.2010.市郊铁路参与都市圈轨道交通的企业组织模式分析.物流技术,29(7):
　　32－36.

季令,张国宝.1998.城市轨道交通运营组织.北京:中国铁道出版社.

加藤晃,竹内传史.1998.城市交通和城市规划.南昌:江西省城市规划研究所译.

贾文峥.2010.大型铁路客运站的进路分配问题及缓冲时间研究.北京:北京交通大学博士学位论文.

贾文峥,毛保华,何天健等.2010.大型客运站股道分配问题的模型与算法.铁道学报,32(2):8－11.

江志彬,徐瑞华,吴强等.2010.计算机编制城市轨道交通共线交路列车运行图.同济大学学报(自然科学版),
　　38(5):692－696.

蒋文,陈涛,刘智丽等.2010.铁路旅客运输服务网络特性研究.2010年交通运输类院校研究生学术论坛,
　　7－11.

蒋玉琨.2009.通往郊区的轨道交通线路客流预测方法.都市快轨交通,22(6):44－48.

金世杰,邰春海.2007.城轨交通信号系统资源共享与互联互通.都市快轨交通,20(2):92－95.

赖树坤,毛保华.2007.轨道交通系统票务清分算法的研究.铁道运输与经济,29(6):42－45.

李凤玲.2007.城市轨道交通枢纽换乘方案的优选.城市轨道交通研究,10(1):14－17.

李世雄.2004.上海轨道交通线网的换乘.城市轨道交通研究,7(3):66－69.

李为为,唐祯敏.2004.地铁运营事故分析及其对策研究.中国安全科学学报,14(6):105－108.

李夏苗,曾明华,黄桂章.2009.基于交通系统与城市空间结构互馈机制的城际轨道交通走廊客流预测.中国
　　铁道科学,30(4):118－123.

梁广深.2005.同站台换乘车站方案研究.城市轨道交通研究,8(5):11－14.

刘光武.2009.城市轨道交通应急平台建设研究.都市快轨交通,22(1):12－15.

刘海东.2010.基于移动闭塞的区间信号布置理论与优化方法研究.北京:北京交通大学博士学位论文.

刘海东,毛保华,丁勇等.2007.城市轨道交通列车节能问题及方案研究.交通运输系统工程与信息,7(5):
　　68－73.

刘剑锋,丁勇,刘海冬等.2005.城市轨道交通多列车运行模拟系统研究.交通运输系统工程与信息,5(1):
　　31－37.

刘剑锋,孙福亮,柏赟等.2009.城市轨道交通乘客路径选择模型及算法.交通运输系统工程与信息,9(2):
　　91－96.

刘乐毅.2007.地铁运营应急联动问题研究.现代城市轨道交通,4(1):47－49.

刘丽波,叶霞飞,顾保南.2006.东京私铁快慢车组合运营模式对上海市域轨道交通线的启示.城市轨道交通
　　研究,9(11):38－41.

刘迁.2002.城市快速轨道交通线网规划发展和存在问题.城市规划,6(11):71－75.

刘拓瑜,王丹平.2001.广州市快速轨道交通近期线网规划研究.城市公共交通,13(4):21－23.

刘晓燕.2008.上海轨道交通应急机制研究.上海:上海交通大学硕士学位论文.

陆化普,王建伟,陈明.2003.城际快速轨道交通客流预测方法研究.土木工程学报,36(1):41－45.

陆锡明,王祥.2002.城市轨道交通系统规划相关问题研究.城市轨道交通研究,5(3):24－30.

吕春娟.2008.城市轨道交通换乘站机电设备资源共享探讨.轨道交通,(10):87－89.

马超群,王玉萍.2009.轨道交通网络与城市形态在分形上的一致性分析.铁道运输与经济,31(3):46－50.

马剑,李卫军.2010.北京轨道交通网络化运营车辆资源共享初探.现代城市轨道交通,7(1):37－40.

马沂文.2004.对地铁车辆段用地情况的分析.都市快轨交通,17(1):42—47.

毛保华.2008.列车运行计算与设计.北京:人民交通出版社.

毛保华等.2006.北京市城市轨道交通运营模式研究报告.北京交通大学.

毛保华,何天健,袁振洲等.2000.通用列车运行模拟软件系统研究.铁道学报,22(1):44—51.

毛保华,李夏苗,王明生.2006.城市轨道交通系统规划设计.北京:人民交通出版社.

毛保华,李夏苗,王明生.2006.城市轨道交通系统运营管理.北京:人民交通出版社.

毛保华,四兵锋,刘智丽.2007.城市轨道交通网络管理及收入分配理论与方法.北京:科学出版社.

毛保华,王保山,徐彬等.2009.我国铁路列车运行计划集成编制方法研究.交通运输系统工程与信息,9(2):
27—37.

毛保华,姜帆,刘迁等.2001.城市轨道交通.北京:科学出版社.

明瑞利,叶霞飞.2009.东京地铁与郊区铁路直通运营的相关问题研究.城市轨道交通,11(1):21—25.

聂磊,赵鹏,杨浩等.2001.高速铁路动车组运用的研究.铁道学报,23(3):1—7.

聂英杰.2003.城市轨道交通的客流特性分析.地下工程与隧道,13(4):20—22.

倪少权,吕红霞,刘继勇.2001.计算机编制列车运行图系统调整系统设计及实现.西南交通大学学报,36(3):
240—244.

彭其渊,王慈光.2007.铁路行车组织.北京:中国铁道出版社.

彭其渊,杨明伦.1994.计算机编制复线实用货物列车运行图的整数规划模型及求解方法.中国铁道科学,
15(4):60—66.

蒲之艳.1999.高速铁路跨线中速列车的成本及过轨清算的研究.成都:西南交通大学硕士学位论文.

秦应兵,杜文.2000.城市轨道交通对城市结构的影响因素分析.西南交通大学学报,35(3):284—287.

全永燊,李凤军,黄伟等.2006.关于城市交通和城市用地相互关系的讨论.城市交通,4(4):32—34.

邵伟中,吴强.2009.上海城市轨道交通网络化运营特征分析.城市轨道交通研究,22(1):1—5.

邵伟中,朱效洁,徐瑞华等.2006.城市轨道交通事故故障应急处置相关问题研究.城市轨道交通研究,9(1):
3—6.

沈景炎.2006.城市轨道交通车站配线的研究.城市轨道交通研究,19(9):1—5.

史峰,黎新华,秦进等.2005.单线列车运行图铺划的时间循环迭代优化方法.铁道学报,27(1):1—5

四兵锋,毛保华,刘智丽.2007.无缝换乘条件下城市轨道交通网络客流分配模型及算法.铁道学报,29(6):
12—18.

孙林祥.2007.地铁运行发车间隔和旅行速度指标下降的分析.都市快轨交通,20(2):6—9.

孙有望,荆新轩,李磊.2004.上海城市轨道交通的超常规发展及其保障体系.城市轨道交通研究,7(2):
28—30.

孙壮志.2007.城市交通网络形态特征分形计量研究.交通运输系统工程与信息,7(1):29—38.

孙焰,李致中.1993.单线区间列车最优运行次序的排序模型及解法.铁道学报,15(1):62—71.

谭云江,董守清,闫海峰.2005.两种速度地铁动车组混合开行的影响分析.城市轨道交通研究,18(6):
37—39.

陶志祥.2008.区域城际铁路与城市轨道交通跨线运行的兼容性分析.城市轨道交通研究,21(1):6—8.

天津市建设管理委员会.2007.天津市处置轨道交通突发事件应急预案.天津.

天野光三.1988.都市の公共交通.东京:技报堂出版株式会社.

田夏冰,孙才勤,李力鹏.2008.深圳轨道交通主变电所资源共享方案研究.电气化铁道,20(5):44—47.

田振清.2010.城市轨道交通运营补贴模式及参数研究.交通运输系统工程与信息,10(1):33—37.

王荻.2007.城市轨道交通规划与城市规划的关系研究.上海:同济大学硕士学位论文.

王峰. 2006. 广州城市快速轨道交通的规划与实践. 城市规划,30(7):79—84.

王海丹,李映红. 2005. 高峰期城市轨道交通线路通过能力的研究. 上海铁道科技,27(3):39—40.

王灏. 2004. 城市轨道交通市场化投融资方式变革. 中国投资,20(1):111—114.

王念念. 2009. 无锡轨道交通线网资源共享规划. 山西建筑,35(24):59—61.

王如路. 2007. 上海轨道交通形成网络化运营的特点及对策初探. 地下工程与隧道,17(1):6—11.

王如路,李素莹,陈光华. 2008. 上海轨道交通网络化流特征及规律初探. 地下工程与隧道,18(4):17—21.

王晓保,周剑鸿,何莉君. 2006. 城市轨道交通供电系统网络资源共享及实施研究. 地下工程与隧道,16(2):
  8—10.

王修志,宋建业. 2009. 断面客流不均衡条件下的地铁行车组织方法. 铁道运营技术,15(1):16—19.

韦强,谢宗毅,诸仕荣等. 2009. 基于概率模型的轨道交通清分算法. 城市轨道交通研究,12(9):43—51.

谢美全. 2010. 基于列车运行图优化的动车组周转接续问题的研究. 北京:北京交通大学博士学位论文.

谢美全,毛保华,何天健等. 2010. 多交路动车组周转模型研究. 交通运输系统工程与信息,10(3):50—57.

徐锦帆,梁广深. 2007. 地铁列车编组分期实施的合理性及扩编的可行性. 都市快轨交通,20(2):94—99.

徐瑞华,陈菁菁,杜世敏. 2005. 城轨交通多种列车交路模式下的通过能力和车底运用研究. 铁道学报,27(4):
  6—10.

徐瑞华,罗钦,高鹏. 2009. 基于多路径的城市轨道交通网络客流分布模型及算法研究. 铁道学报,31(2):
  110—114.

杨东援,韩皓. 2000. 世界四大都市轨道交通与交通结构剖析. 城市轨道交通研究,3(4):10—15.

杨浩. 2006. 铁路运输组织学. 北京:中国铁道出版社.

杨肇夏,孔庆钤. 1985. 微计算机编制双线自动闭塞方向货物列车运行图的研究. 铁道学报,4:65—74.

叶霞飞,李君,霍建平. 2003. 国内外城市轨道交通车辆段对比研究. 城市轨道交通研究,6(1):71—77.

袁博晖,王英涛. 2004. 针对断面客流量差异的行车组织适应性探讨. 城市轨道交通研究,7(5):32—33.

岳芳,毛保华,陈团生. 2007. 城市轨道交通接驳方式的选择. 都市快轨交通,20(4):36—39.

運輸省運輸政策局情報管理部統計課. 2008. 地下鉄の駅別乗降車人員(平成 19 年度)(続). 運輸及び通信,
  247—251.

张朝峰,张秀媛. 2009. 地铁末端周边区域通勤客流分布和出行方式选择. 都市快轨交通,22(4):26—29.

张春民,李引珍,杨涛. 2007. 多目标模糊优选动态规划在方案优选中的应用. 兰州交通大学学报,26(1):
  108—111.

张陆. 2008. 深圳地铁运营与地面交通应急处理机制及模式. 公路与汽运,24(1):32—34.

张铱莹,彭其渊. 2009. 综合运输旅客换乘网络优化模型. 西南交通大学学报,44(4):517—522.

张蓁. 2007. 城市轨道交通转换点的内部换乘和外部衔接. 上海:同济大学硕士学位论文.

赵峰,张星臣,刘智丽. 2007. 城市轨道交通系统运费清分方法研究. 交通运输系统工程与信息,7(6):85—90.

赵钢,彭其渊. 2008. 城际铁路列车开行方案优化分析. 交通科技与经济,10(6):103—105.

中里幸圣. 2008. 地下鉄事业体の运营概况. 东京:经营战略研究所.

周建军,顾保南. 2004. 国外市域轨道交通共线运营方式的发展和启示. 城市轨道交通研究,7(6):75—77.

周磊山,胡思继,马建军. 1998. 计算机编制网状线路列车运行图的方法研究. 铁道学报,20(5):15—21.

周立新,李英,缪和平. 2001. 城市轨道交通系统的换乘研究. 城市轨道交通研究,4(4):35—38.

朱捷. 2003. 节约城市轨道交通车辆基地投资及用地的探讨. 铁道标准设计,47(9):69.

朱军,宋健. 2003. 城市轨道交通资源共享探讨. 城市轨道交通研究,6(2):5—8.

Abramovic B,Petrovic M,Blaksovic Z J. 2008. Use of railways for urban passenger transport. WIT Transac-
  tions on the Built Environment,101:243—251.

Assis W O, Milani B E A. 2004. Generation of optimal schedules for metro lines using model predictive control. Automatica, 40: 1397—1404.

Bahn Munich. 2010. MVV urban rail network 2009. http://www. mvv-muenchen. de/en/ home/mvv_network/transportnetworkmaps/urbanrailnetwork/index. html.

Bai Y, Liu J F, Sun Z Z, et al. 2008. Analysis on route choice behavior in seamless transfer urban rail transit network. International Workshop on Modelling, Simulation and Optimization, 264—267.

Bai Y, Mao B H, Zhou F M, et al. 2009. Energy-efficient driving strategy for freight trains based on power consumption analysis. Journal of Transportation Systems Engineering and Information Technology, 9(3): 43—50.

Barbehell M. 1998. A note on the com plexity of Dijkstra's algorithm for graphs with weighted vertices. IEEE Transactions on Computers, 47(2): 263—266.

Bell D. 1993. Dylan funding methods for urban railroad construction and improvements in Japan. Transportation Research Record, 1402: 9—16.

Booch G. 1991. Object Oriented Design with Applications. Redwood: Benjamin-Cummings Publishing Co.

Caimi G, Burkolter D, Herrmann T, et al. 2009. Design of a railway scheduling model for dense services. Networks and Spatial Economics, 9 (1): 25—46.

Chou Y H. 2002. Design of route service pattern for MRT system. Transportation Planning Journal, 31(2): 323—360.

Cismaru C D, Nicola D A, Manolea G, et al. 2008. Mathematical models of high-speed trains movement. WSEAS Transactions on Circuits and Systems, 7(2): 67—74.

Cury J E, Gomide F A. 1980. A methodology for generation of optimal schedules for an underground railway system. IEEE Transactions on Automatic Control, 25(2): 217—222.

Cheng Y. 1998. Rule-based train traffic reactive simulation model. Applied Artificial Intelligence, 12(1): 5—27.

Chiang T, Hua H. 1998. Knowledge-based system for railway scheduling. Data and Knowledge Engineering, 27(3): 289—312.

Department for Transport. 2004. The Future of Rail. http//www. dft. gov. uk/about/strategy/ whitepapers/ rail, 2004-07-15.

Drechsler G. 1996. Light railway on conventional railway tracks in Karlsruhe, Germany. Proceedings of the Institution of Civil Engineers, Transport, 117(2): 81—87.

Dorfman M J, Medanic J. 2004. Scheduling trains on a railway network using a discrete event model of railway traffic. Transprotation Research Part B, 38(1): 81—98.

Falco F, Accattatis F, Castro G. 1979. Minimum interval between trains on a metropolitan railway. Ingegneria Ferroviaria, 34(6): 413—428.

Fernandez A, Cucala A P, Sanz J I. 2004. An integrated information model for traffic planning, operation and management of railway lines. Advances in Transport, 15: 743—752.

Fukumori K, Sano H, Hasegawa T, et al. 2007. Fundamental algorithm for train scheduling based on artificial intelligence. Systems and Computers in Japan, 18(3): 52—64.

Fay A. 2000. A fuzzy knowledge-based system for railway traffic control. Engineering Applications of Artificial Intelligence, 13(6): 719—729.

Garzon N J, Sanz B J D D, Gmez R J, et al. 2008. A new tool for railway planning and line management. WIT

Transactions on the Built Environment,103:263—271.

He J,Liu R,Chen Y. 2009. LOS theory and evaluate method to urban comprehensive passenger transport hub. Proceedings of the 2nd International Conference on Transportation Engineering, Chengdu, 4043—4048.

Huang R,Jiang Y,Liu Z,et al. 2010. Algorithm and implementation of urban rail transit network based on joint operation. Journal of Transportation Systems Engineering and Information Technology, 10 (2): 130—135.

Huang R,Liu Z L,Wang D B,et al. 2009. Organization mode of suburban railways in urban rail transit system. Proceedings of the Fifth Advanced Forum on Transportation of China (AFTC 2009), Beijing, 129—136.

Huang R,Mao B,Yang Y. 2009. Company organization mode for city group railway resource integration. The Dynamics of Urban Agglomeration in China,116—119.

Jaeger H. 1990. Passenger requirements on regional rail transport. Public Transport International,38—40.

Jia W Z,Mao B H,Ho T K,et al. 2009. Bottlenecks detection of track allocation schemes at rail hubs by Petri nets. Journal of Transportation Systems Engineering and Information Technology,9(6):136—141.

Jiang F,Han B. 1998. Design and planning of high capacity urban rail systems. Proceedings of the Conference on Traffic and Transportation Studies,Beijing,149—156.

Joaquín R. 2007. A constraint programming model for real-time train scheduling at junctions. Transportation Research,41B(2):231—245.

Kavicka A,Klima V. 2000. Simulation support for railway infrastructure design and planning processes. Advances in Transport,7:447—456.

Keivan G,Fahimeh M. 2006. ACS-TS: Train scheduling using ant colony system. Journal of Applied Mathematics and Decision Sciences(S1173-9126),1:1—28.

Ken Y N. 2008. Japan's busiest railway lines. http://whatjapanthinks. com/2008/09/07/japans- busiest- railway-lines.

Ku B Y,Jang J S R,Ho S L. 2000. Modulized train performance simulator for rapid transit DC analysis. Proceedings of the IEEE/ASME Joint Railroad Conference,Newark,213—219.

Komaya K. 1992. An integrated framework of simulation and scheduling in railway systems. Computers in Railways Ⅲ, 611—622.

Liu J,Ahuja R K,Sahin G. 2008. Optimal network configuration and capacity expansion of railroads. Journal of the Operational Research Society,59(7):911—920.

Liu M J,Mao B H,Gao F,et al. 2008. Multiobjective decision model of train plan for passenger-dedicated line. Proceedings of 2008 Chinese Control and Decision Conference,Yantai,(1-11):1033—1037.

Liu Z,He J. 2008. Operation management of transfer hub in urban rail transit service. Service Operations and Logistics,and Informatics,2:1571—1575.

Livingstone K. 2001. The Mayor's transport strategy. http://www. London. gov. uk/mayor/ strategies/ transport/trans_strat. jsp,2001-07.

Makoto A. 2002. Railway operators in Japan 4,central Tokyo. Railway Operator,30(3):42—53.

Mignone A,Accadia G. 2010. Operations research models for programming support of cadenced timetables. Ingegneria Ferroviariav,65(1):9—29.

Moore E F. 1957. The shortest path through a maze. Paper presented at the International Symposium on the

Theory of Switching at Harvard University.

Mellit B, Goodman C J, Arthurton R I M. 1978. Simulator for studying operational and power-supply conditions in rapid-transit railways. Proceedings IEE, 125(04):298—303.

Network Rail. 2008. London Connections. http://www. nationalrail. co. uk/system/galleries/download/print_maps/LondonConnections. pdf.

Network Rail. 2008. National Rail Passenger Operators. http://www. nationalrail. co. uk/system/galleries/download/print_maps/Nat_rail_passenger_operators_2008. pdf.

Peric K, Boile M. 2006. Combined model for intermodal networks with variable transit frequencies. Transportation Research Record, (1964):136—145.

Phraner S D, Roberts R T, Korach K A. 1999. Joint operation of light rail transit or diesel multiple unit vehicles with railroads. National Research Council, Washington D C.

RATP. 2008. RER B fiche horaire: Direction, robinson, antony, St-Rémy-lès-Chevreuse. Horaires a partir du 15.

Renfrew R M. 1977. Technology selection and development for an intermediate capacity transit system. Conference Record—IAS Annual Meeting (IEEE Industry Applications Society), 939—945.

Sigurd Grava. 2003. Urban Transportation Systems. New York: McGraw-Hill Professional.

Stella F, Vigano V, Bogni D, et al. 2006. An integrated forecasting and regularization framework for light rail transit systems. Journal of Intelligent Transportation Systems, Technology, Planning, and Operations, 10(2):59—73.

Taplin M. 1995. Light Rail in Europe. Middlesex: Capital Transport Publishing.

Tokyo Convention & Visitors Bureau (TCVB). 2008. Transportation of Tokyo Metro. Tokyo Educational Map, 18—25.

Transport for London. 1578. London underground organizational chart. http://www. tfl. gov. uk/corporate/modesoftransport/londonunderground/management/1578. aspx.

Transportation Research Board. 2006. NCHRP Report 525: Maring transportation tunnels safe and secure. Washington D C.

Verma A, Dhingra S L. 2005. Optimal urban rail transit corridor identification within integrated framework using geographical information system. Journal of Urban Planning and Development, 131(2):98—111.

Vuaillat P. 2006. The challenges of new information technologies applied to public transport and rail operations. WIT Transactions on the Built Environment, 89:713—721.

Vuchic V R. 2007. Urban Transit Systems and Technology. New York: John Wiley & Sons Inc.

Wanderson O A, Baslio E A M. 2004. Generation of optimal schedules for metro lines using model predictive control. Automatica, 40(8):1397—1404.

Wikipedia. 2009. London Underground. http://en. wikipedia. org/wiki/London_Underground.

Wikipedia. 2010. Paris Underground. http://en. wikipedia. org/wiki/Paris_Underground.

Wikipedia. 2008. Tokyo Metro_Shinjuku. http://en. wikipedia. org/wiki/Tokyo Metro_ Shinjuku.

Wikipedia. 2009. Transport in London. http://en. Wikipedia. org/wiki/Transport_in_London.

Zhang M, Du S. 2009. Transfer coordination optimization for network operation of urban rail transit based on hierarchical preference. Journal of the China Railway Society, 31(6):9—14.